电工成才三部曲

电工技能
现场全能通

杨清德　杨　伟　主编
徐海涛　丁秀艳　副主编

入门篇
RUMENPIAN

化学工业出版社
·北京·

图书在版编目（CIP）数据

电工技能现场全能通（入门篇）/杨清德，杨伟主编.
北京：化学工业出版社，2016.11
（电工成才三部曲）
ISBN 978-7-122-28158-6

Ⅰ.①电…　Ⅱ.①杨…　②杨…　Ⅲ.①电工技术
Ⅳ.①TM

中国版本图书馆 CIP 数据核字（2016）第 231717 号

责任编辑：高墨荣　　　　　　　　　　　文字编辑：孙凤英
责任校对：宋　玮　　　　　　　　　　　装帧设计：刘丽华

出版发行：化学工业出版社（北京市东城区青年湖南街 13 号　邮政编码 100011）
印　　刷：北京永鑫印刷有限责任公司
装　　订：三河市宇新装订厂
787mm×1092mm　1/16　印张 17¾　字数 440 千字　2017 年 1 月北京第 1 版第 1 次印刷

购书咨询：010-64518888（传真：010-64519686）　　售后服务：010-64518899
网　　址：http://www.cip.com.cn
凡购买本书，如有缺损质量问题，本社销售中心负责调换。

定　　价：58.00 元

版权所有　违者必究

近年来，随着电工技术的进步，新技术、新材料、新设备、新工艺层出不穷，电气系统的先进性、稳定性、可靠性、灵敏性、安全性越来越高，这就要求电气工作人员必须具有熟练的专业技能。技术全面、强（电）弱（电）精通、懂得管理的电气工作人员已成为用人单位的第一需求，为此，我们组织编写了"电工成才三部曲"丛书。

编写本丛书的目的，主要在于帮助读者能够在较短时间内基本掌握电气工程现场施工的各项实际工作技术、技能，能够解决工程实际安装、调试、运行、维护、维修，以及施工组织、工程质量管理与监督、成本控制、安全生产等技术问题，即：看（能识别各种电工元器件，能看懂图纸，会分析线路的基本功能及原理）；算（能根据用户和图纸的要求，计算或估算器件、线路的各种电气参数，为现场施工提供参考数据）；选（合理且科学地选择电工元器件，以满足施工的实际需要）；干（能实际动手操作接线、调试，并能排除电路故障）；管（能够协助工程负责人参与电气设备管理、生产管理、质量管理、运行管理等工作）。

本丛书根据读者身心发展的特点，遵循由浅入深、循序渐进、由易到难的原则，强化方法指导，注重总结规律，激发读者的主动意识和进取精神。在编写过程中，我们特别注重牢固夯实基础，对内容进行合理编排，使读者分层次掌握必备的基本知识和操作技能，能够正确地在现场进行操作，提高对设备故障诊断和维修的技术水平，减少相应的维修时间。

本丛书共三个分册，即：《电工技能现场全能通（入门篇）》、《电工技能现场全能通（提高篇）》和《电工技能现场全能通（精通篇）》，其主要内容如下：

本书为《电工技能现场全能通（入门篇）》，主要讲述常用电工工具及专用电工工具的选择及使用，常用电工仪表的正确使用，内、外线电工必须掌握的基本技能，照明线路现场施工的知识及技能，户内配电装置与常用灯具的安装，配电线路及装置的安装与维护，电动机的安装维护与常见故障检修等内容。

本书由杨清德、杨伟担任主编，徐海涛、丁秀艳担任副主编，第1章由张良、张强、丁秀艳编写，第2章由林兰、顾怀平编写，第3章由郑汉声、吴荣祥编写，第4章由陈海容、孙红霞编写，第5章由葛争光、冷汶洪编写，第6章由杨伟、高杰编写，第7章由周永革、徐海涛编写，全书由杨清德统稿。

本书内容丰富、深入浅出，具有很强的实用性，便于读者学习和解决工程现场的实际问题，以达到立竿见影的良好效果。本书适合于职业院校电类专业师生阅读，也适合于电气工程施工的技术人员、管理人员、维修电工阅读。本书既适合初学者使用，又适合有一定经验的读者使用。

由于水平有限，书中不妥之处在所难免，敬请广大读者批评指正。信函请发至主编的电子邮箱是：vqd611@163.com，来信必复。

编　者

CONTENTS

目 录

第1章　活学活用电工工具

1.1　活学活用常用电工工具 ······························· 1
  1.1.1　活学活用电工钳 ······························· 1
  1.1.2　活学活用试电笔 ······························· 5
  1.1.3　活学活用螺丝刀 ······························· 8
  1.1.4　活学活用扳手 ······························· 9
  1.1.5　活学活用电烙铁 ······························· 11
  1.1.6　活学活用电工刀 ······························· 12
  1.1.7　工具套（包）的使用 ······························· 14
1.2　活学活用其他电工工具 ······························· 14
  1.2.1　活学活用电动工具 ······························· 14
  1.2.2　活学活用外线电工工具 ······························· 15

第2章　活学活用常用电工仪表

2.1　活学活用万用表 ······························· 18
  2.1.1　认识万用表 ······························· 18
  2.1.2　万用表测电压 ······························· 22
  2.1.3　万用表测电流 ······························· 26
  2.1.4　万用表测电阻 ······························· 27
  2.1.5　万用表测常用元器件 ······························· 30
2.2　活学活用绝缘电阻表 ······························· 47
  2.2.1　认识绝缘电阻表 ······························· 47
  2.2.2　绝缘电阻表检测常用电气设备 ······························· 50
2.3　活学活用钳形电流表 ······························· 51
  2.3.1　认识钳形电流表 ······························· 51
  2.3.2　正确使用钳形电流表 ······························· 52
  2.3.3　钳形电流表测线路电流 ······························· 54
  2.3.4　钳形电流表测量电动机电流 ······························· 55
  2.3.5　钳形电流表使用注意事项 ······························· 56

第3章　电工操作必备技能

3.1　导线连接技能 ······························· 57

　　3.1.1　导线连接基础 ･･ 57

　　3.1.2　导线绝缘层的剥削 ･･ 58

　　3.1.3　导线连接 ･･ 61

　　3.1.4　导线绝缘层的恢复 ･･ 67

　3.2　登杆技能 ･･･ 70

　　3.2.1　认识登杆必备用具 ･･ 70

　　3.2.2　用登高板登杆 ･･ 71

　　3.2.3　用脚扣登杆 ･･･ 72

　3.3　电气故障检修技能 ･･ 74

　　3.3.1　一般电气故障诊断法 ･･･････････････････････････････････････ 74

　　3.3.2　特殊电气故障诊断法 ･･･････････････････････････････････････ 79

　　3.3.3　电气设备故障维修程序 ･････････････････････････････････････ 84

　3.4　安全用具使用技能 ･･ 86

　　3.4.1　绝缘杆和绝缘夹钳的使用 ･･･････････････････････････････････ 86

　　3.4.2　绝缘手套和电绝缘鞋的使用 ･････････････････････････････････ 87

　　3.4.3　绝缘垫和绝缘站台的使用 ･･･････････････････････････････････ 89

　　3.4.4　临时接地线的使用 ･･･ 89

　3.5　手工焊接技能 ･･･ 92

　　3.5.1　电烙铁焊接 ･･ 92

　　3.5.2　喷灯焊接 ･･ 96

第4章　照明线路安装技能

　4.1　照明供配电基础知识 ･･ 100

　　4.1.1　照明供配电系统及网络 ･････････････････････････････････････ 100

　　4.1.2　室内配线原则及要求 ･･･････････････････････････････････････ 103

　　4.1.3　配线施工的一般工序 ･･･････････････････････････････････････ 105

　4.2　电气预埋件安装 ･･･ 106

　　4.2.1　预埋铁件 ･･ 106

　　4.2.2　预埋尼龙胀管 ･･ 106

　　4.2.3　预埋金属膨胀螺栓 ･･･ 109

　4.3　线路布线与敷设 ･･･ 110

　　4.3.1　室内电线的选用 ･･･ 110

　　4.3.2　电线管配线与敷设 ･･･ 111

　　4.3.3　护套线配线与敷设 ･･･ 119

　　4.3.4　电线管明敷设布线 ･･･ 123

　　4.3.5　工地临时供电线路安装 ･････････････････････････････････････ 126

第5章　户内配电装置与灯具安装

　5.1　户内配电箱的安装 ･･･ 134

5.1.1 户内配电箱安装须知 ··· 134

5.1.2 安装户内配电箱 ··· 137

5.1.3 配电箱中断路器的选择与安装 ······································· 141

5.1.4 配电箱内的线路安装 ··· 143

5.2 开关插座的安装 ·· 146

5.2.1 开关插座安装须知 ·· 146

5.2.2 开关插座安装工艺 ·· 151

5.3 常用灯具的安装 ·· 158

5.3.1 室内灯具安装技术要领 ··· 158

5.3.2 节能灯具的安装 ··· 160

5.3.3 吸顶灯具的安装 ··· 161

5.3.4 吊灯的安装 ·· 164

5.3.5 水晶灯的安装 ··· 167

5.3.6 筒灯的安装 ·· 172

5.3.7 LED 灯带的安装 ··· 173

第6章 电动机的安装维护与检修

6.1 电动机的安装 ··· 178

6.1.1 电动机安装基础建造 ·· 178

6.1.2 电动机安装前的准备工作 ·· 179

6.1.3 电动机安装就位与校正 ··· 181

6.1.4 传动装置的安装和校正 ··· 182

6.1.5 电动机的接线 ··· 185

6.1.6 电动机的试车 ··· 191

6.2 电动机的运行与维护 ··· 193

6.2.1 电动机启动与停车 ·· 193

6.2.2 电动机日常维护检查 ·· 194

6.2.3 电动机运行检查 ··· 195

6.2.4 电动机定期检查与保养 ··· 199

6.3 三相异步电动机的拆卸与装配 ·· 200

6.3.1 认知三相异步电动机 ·· 200

6.3.2 三相异步电动机的拆卸 ··· 204

6.3.3 三相异步电动机的组装 ··· 208

6.4 三相电动机的检修 ·· 212

6.4.1 三相异步电动机的定期检修 ··· 212

6.4.2 三相异步电动机常见故障的检查与分析 ······························ 213

6.4.3 三相异步电动机常见故障检修 ··· 215

第7章 配电线路及装置的安装与维护

7.1 低压架空线路施工 ·· 218

　　7.1.1　杆位定位和挖坑 ……………………………………………………… 218

　　7.1.2　立杆 ………………………………………………………………… 220

　　7.1.3　杆上组装作业 ………………………………………………………… 224

　　7.1.4　拉线制作与安装 ……………………………………………………… 227

　　7.1.5　架线 …………………………………………………………………… 230

　　7.1.6　在绝缘子上固定导线 ………………………………………………… 232

7.2　电力电缆线路敷设 ………………………………………………………… 235

　　7.2.1　电力电缆线路施工基础 ……………………………………………… 235

　　7.2.2　电缆终端头和中间接头的制作 ……………………………………… 237

　　7.2.3　电力电缆线路敷设工艺 ……………………………………………… 243

7.3　配电变压器的安装 ………………………………………………………… 245

　　7.3.1　变压器安装要求及施工准备 ………………………………………… 245

　　7.3.2　变压器安装前的检查项目 …………………………………………… 246

　　7.3.3　室内变压器的安装 …………………………………………………… 249

　　7.3.4　室外变压器的安装 …………………………………………………… 252

7.4　低压进户装置与配电箱的安装 …………………………………………… 258

　　7.4.1　低压进户装置的安装 ………………………………………………… 258

　　7.4.2　电能表的选用与安装 ………………………………………………… 261

　　7.4.3　配电柜（盘、箱）的安装 …………………………………………… 265

7.5　防雷与接地装置的安装 …………………………………………………… 266

　　7.5.1　电气设备的接地和接零 ……………………………………………… 266

　　7.5.2　接地装置的应用及安装 ……………………………………………… 269

　　7.5.3　防雷装置的安装 ……………………………………………………… 271

参 考 文 献

第1章

活学活用电工工具

1.1 活学活用常用电工工具

1.1.1 活学活用电工钳

电工钳主要包括钢丝钳、尖嘴钳、剥线钳和斜口钳，但它们的用途不一样。

(1) 钢丝钳

1) 选用

钢丝钳一般采用铬钒钢或高碳钢制作。铬钒钢的硬度高，质量好，用这种材质制造的钢丝钳可列为高档钢丝钳；高碳钢制作的钢丝钳相对来说档次要低一些。

钢丝钳的常用规格有：160mm、180mm、200mm、250mm。一般中等身材的人选用180mm的钢丝钳用起来比较合适。太大则略显笨重，太小则剪切稍微粗点的钢丝就比较费力。

电工所用的钢丝钳，在钳柄上应套有耐压为500V以上的绝缘管。电工严禁选用钳柄没有绝缘管的钢丝钳。

2) 使用及方法

电工钳是钳夹和剪切工具，由钳头和钳柄两部分组成，如图1-1所示。电工钳各个组成部分的作用见表1-1。

表1-1　电工钳各个组成部分的作用

部　　位	作　　用	图　　示
钳口	用来弯绞或钳夹导线线头	
齿口	用来紧固或起松螺母	
刀口	用来剪切导线或剥削软导线绝缘层	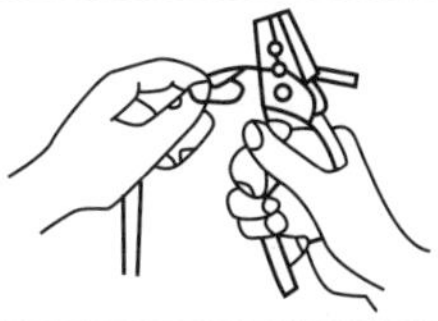

续表

部　位	作　用	图　示
铡口	用来铡切电线线芯和钢丝、铅丝等较硬金属	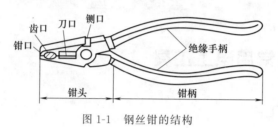

操作时，刀口朝向自己面部，以便于控制钳切部位，用小指伸在两钳柄中间来抵住钳柄，张开钳头，这样分开钳柄灵活。

图 1-1　钢丝钳的结构

3）使用注意事项

① 使用前检查其绝缘柄绝缘状况是否良好，若发现绝缘柄绝缘破损或潮湿，则不允许带电操作，以免发生触电事故。

② 用钢丝钳剪切带电导线时，必须单根进行，不得用刀口同时剪切相线和零线或者两根相线，否则会发生短路事故。

③ 不能用钳头代替手锤作为敲打工具，否则容易引起钳头变形。钳头的轴销应经常加机油润滑，保证其开闭灵活。

④ 严禁用钳子代替扳手紧固或拧松大螺母，否则会损坏螺栓、螺母等工件的棱角。

⑤ 带电操作时，手于钢丝钳的金属部分要保持 2cm 以上距离。剪断带电导线时，不得同时剪断零线和火线，或同时剪两根火线，应一根一根地剪。

(2) 尖嘴钳

1）选用

尖嘴钳不带刃口者只能夹捏工件，带刃口者能剪切细小部件，它是电工（尤其是内线电工）装配及修理操作常用工具之一，如图 1-2 所示。

(a) 普通尖嘴钳　　　　　　　　　(b) 多功能尖嘴钳

图 1-2　尖嘴钳

尖嘴钳的常用规格有 130mm、160mm、180mm 和 200mm 四种。

电工用尖嘴钳一般由 45 钢制作，类别为中碳钢，含碳量为 0.45%，韧性硬度都合适。

电工选用尖嘴钳时，应选用带有绝缘手柄的耐酸塑料套管，耐压为 500V 以上。

多功能电工尖嘴钳是普通尖嘴钳的改进，其主要零部件仍为上下钳口、钳轴和绝缘套，当上下钳口闭口后，自前向后将形成夹持口部、剥线口部、剪切口部和压线口部。

2）使用及方法

尖嘴钳的头部尖细，主要用来剪切线径较细的单股与多股线，以及给单股导线接头弯圈、剥塑料绝缘层等，例如在狭小的空间夹持较小的螺钉、垫圈、导线及将单股导线接头弯圈、剖削塑料电线绝缘层，也可用来带电操作低压电气设备。

尖嘴钳的握法有平握法和立握法，如图 1-3 所示。

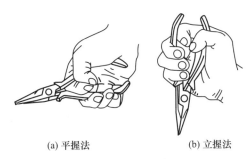

(a) 平握法   (b) 立握法

图 1-3　尖嘴钳的握法

尖嘴钳使用灵活方便，适用于电气仪器仪表制作或维修操作。在装接控制线路时，尖嘴钳能将单股导线弯成需要的各种形状。尖嘴钳的使用方法举例如图 1-4 所示。

(a) 弯制接线鼻   (b) 辅助拆卸螺钉

图 1-4　尖嘴钳使用方法举例

3）使用注意事项

① 手离金属部分的距离应不小于 2cm。

② 注意防潮，钳轴要经常加油，以防止生锈。

③ 经常检查尖嘴钳的柄套是否完好，以防止触电。

④ 由于钳头比较尖细，且经过热处理，所以钳夹物体不可过大，用力时不要过猛，以防损坏钳头。

（3）剥线钳

1）选用

剥线钳为内线电工、电机修理、仪器仪表电工常用的工具之一。它适宜于塑料、橡胶绝缘电线、电缆芯线的剥皮。

剥线钳的规格有 140mm（适用于剥削直径为 0.6mm、1.2mm 和 1.7mm 的铝、铜线）和 160mm（适用于剥削直径为 0.6mm、1.2mm、1.7mm 和 2.2mm 的铝、铜线）。

剥线钳的钳柄上套有额定工作电压为 500V 的绝缘套管。

2）使用及方法

剥线钳由钳头和钳柄两部分组成，如图1-5所示。钳头部分由压线口和切口构成，分为0.5～3m的多个直径切口，用于剥削不同规格的芯线。

使用剥线钳时，先将要剥削的绝缘层长度用标尺确定好，然后用右手握住钳柄，用左手将导线放入相应的刀口中，右手将钳柄握紧，导线的绝缘层即被割破拉开，自动弹出，如图1-6所示。

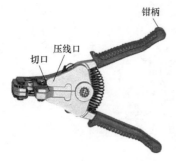

图1-5　剥线钳的结构

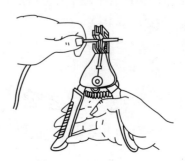

图1-6　剥线钳的使用

3）使用注意事项

使用剥线钳时，选择的切口直径必须大于线芯直径，即电线必须放在大于其芯线直径的切口上切剥，否则会切伤芯线。

剥线钳不能用于带电作业。

（4）斜口钳

1）选用

斜口钳主要用于剪切导线以及元器件多余的引线，还常用来代替一般剪刀剪切绝缘套管、尼龙扎线卡等，如图1-7所示。

图1-7　斜口钳

斜口钳常用规格有130mm、160mm、180mm和200mm四种。

2）使用及方法

使用斜口钳时用右手操作。将钳口朝内侧，便于控制钳切部位，用小指伸在两钳柄中间来抵住钳柄，张开钳头，这样分开钳柄灵活。

斜口钳专用于剪断较粗的金属丝、线材及电线电缆等。

斜口钳的刀口可用来剖切软电线的橡皮或塑料绝缘层。钳子的刀口也可用来切剪电线、铁丝。剪8号镀锌铁丝时，应用刀刃绕表面来回割几下，然后只须轻轻一扳，铁丝即断。铡口也可以用来切断电线、钢丝等较硬的金属线。

3）使用注意事项

① 斜口凹槽朝外，防止断线碰伤眼睛。

② 剪线时头应朝下，以免线头剪断时，伤及自身。

③ 不可以用来剪较粗或较硬的物体，以免伤及刀口。

④ 不可用于敲打物件。

大型的斜口钳可用来剪断较粗的钢丝、金属丝及电缆；小型的斜口钳小巧可随身携带，但是开口不是很大，钢火也不能和大型的比，所以使用时应避免用来剪断较粗的钢丝、金属丝及电缆导线。

1.1.2 活学活用试电笔

(1) 试电笔的选用

试电笔也称测电笔，简称电笔，是一种用来检验导线、电器和电气设备的金属外壳是否带电的电工工具。试电笔具有体积小、重量轻、携带方便、使用方法简单等优点，是电工必备的工具之一。

目前，常用的试电笔有钢笔式试电笔、螺丝刀（螺钉旋具）式试电笔和感应式试电笔等多种，如图1-8所示。

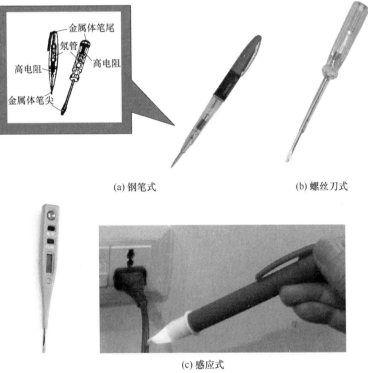

(a) 钢笔式　　　　　　(b) 螺丝刀式

(c) 感应式

图 1-8　试电笔

① 钢笔式试电笔的外形为书写用的钢笔，最大的优点是因为它有一个挂鼻，所以便于使用者随时随地随身携带。

② 螺丝刀式试电笔的外形为一字螺丝刀，可以兼作试电笔和一字螺丝刀用。

③ 感应式试电笔采用感应式测试，无需物理接触，可检查控制线、导体和插座上的电

压或沿导线检查断路位置（特别适合于检查墙壁上暗敷设的导线），如图 1-9 所示。有的感应式试电笔还有听觉和视觉双重提示，因此极大地保障了操作者的人身安全。

图 1-9　感应式试电笔应用示例

（2）钢笔式和螺丝刀式试电笔的使用方法

试电笔的工作原理是被测带电体通过电笔、人体与大地之间形成的电位差超过 60V 以上时（其电位不论是交流还是直流），电笔中的氖气管在电场的作用下会发出红色光。

使用钢笔式和螺丝刀式试电笔时，人手接触电笔的部位一定要是试电笔的金属端盖或挂鼻，而绝对不是试电笔前端的金属部分，如图 1-10 所示。

正确握法　　错误握法　　　　　正确握法　　错误握法

(a) 钢笔式握法　　　　　　　　(b) 螺丝刀式握法

图 1-10　钢笔式和螺丝刀式试电笔的握法

使用试电笔时，要让试电笔氖气管的小窗背光，以便看清它测出带电体带电时发出的红光，如图 1-11 所示。如果试电笔氖气管发光微弱，切不可就断定带电体电压不够高，也许是试电笔或带电体的测试点有污垢，也可能测试的是带电体的地线，这时必须擦干净测电笔或者重新选测试点。反复测试后，氖气管仍然不亮或者微亮，才能最后确定测试体确实不带电。

(a) 氖气管发光　　　　　　(b) 氖气管不发光

图 1-11　观察氖气管的发光情况

注意：普通低压试电笔的电压测量范围为 60～500V。低于 60V 时电笔的氖气管可能不会发光显示，高于 500V 的电压严禁用普通低压试电笔去测量，以免产生触电事故。

钢笔式和螺丝刀式试电笔除了可用来测量区分相线与中性线之外，还具有一些特殊用途（辅助测量），见表1-2。

表 1-2　巧用试电笔

用途	操作说明
区别交、直流电源	当测试交流电时，氖气管两个极会同时发亮；而测试直流电时，氖气管只有一个极发光，把试电笔连接在正、负极之间，发亮的一端为电源的负极，不亮的一端为电源的正极
估计电压的高低	有经验的电工可凭借自己经常使用的试电笔氖管发光的强弱来估计电压的大约数值，氖气管越亮，说明电压越高
判断感应电	在同一电源上测量，正常时氖气管发光，用手触摸金属外壳会更亮，而感应电发光弱，用手触摸金属外壳时无反应
检查相线是否碰壳	用试电笔触及电气设备的壳体，若氖管发光，则有相线碰壳漏电的现象
作为零线监视器	把试电笔一头与零线相连接，另一头与地线连接，如果零线断路，氖管即发亮
判断电气接触是否良好	测量时若氖管光源闪烁，则表明为某线头松动、接触不良或电压不稳定

(3) 数显感应式试电笔的使用方法

① 交流验电：手触直测钮，用笔头测带电体，有数字显示者为火线，反之为零线，如图 1-12 所示。

图 1-12　交流电测量

② 线外估测零火线及断点：手触检测钮，用笔头测带电体绝缘层，有符号显示为火线，反之为零线；沿线移动符号消失处为导线的断点位置。

③ 自检：手触直测钮，另一手触笔头，发光管亮者证明试电笔本身正常（以下测量均要用手触直测钮）。

④ 测电气设备的通断（不能带电测量）：手触被测设备一端，测另一端，亮者为设备通，反之为断。

⑤ 测电池容量：手触电池正极，笔头测负极，不亮者为电池有电，亮者为无电。

⑥ 测电子元器件

a. 测小电容器：手触电容器的一个极，用试电笔测另一极，闪亮一下为电容器正常，对调位置测量，同上。如均亮或均不亮，证明电容器短路（或容量过大）或断路。

b. 测二极管：手触二极管的一个极，用试电笔测另一极，亮者，手触极为正极，反之为负极。双向均亮或均不亮，则二极管短路或断路。

c. 测三极管：轮流用手触三极管的一个极，分别测另两个极，直至全亮时，手触极为基极，该三极管为 NPN 型。测某极，手触另两个极亮者，所测极为基极，该三极管为

PNP 型。

在使用数显感应式试电笔时，如果试电笔自检失灵，要打开后盖检查电池是否正常或接触是否良好。

（4）使用试电笔注意事项

① 使用试电笔之前，首先要检查电笔内有无安全电阻，然后直观检查试电笔是否损坏，有无受潮或进水现象，检查合格后才能使用。

② 在使用试电笔测量电气设备是否带电之前，要先将试电笔在已知有电源的部位试一试氖气泡是否能正常发光。能正常发光才能使用，如图 1-13 所示。

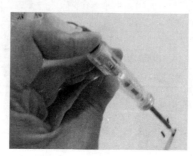

图 1-13　检查试电笔的好坏

③ 在明亮的光线下或阳光下测试带电体时，应当注意避光，以防光线太强不易观察到氖气泡是否发亮，造成误判。

④ 大多数试电笔前面的金属探头都制成小螺丝刀形状，在用它拧螺钉时，用力要轻，转矩不可过大，以防损坏。

⑤ 试电笔使用完毕，要保持试电笔清洁，并放置在干燥、防潮、防摔碰处。

1.1.3　活学活用螺丝刀

（1）螺丝刀的选用

螺丝刀是一种用来拧转螺钉以迫使其就位的工具（京津冀晋和陕西方言称为"改锥"，安徽、河南和湖北等地称为"起子"，中西部地区称为"改刀"，长三角地区称为"旋凿"），通常有一个薄楔形头，可插入螺钉头的槽缝或凹口内。按其头部形状不同，可分为一字形和十字形两种，如图 1-14 所示。

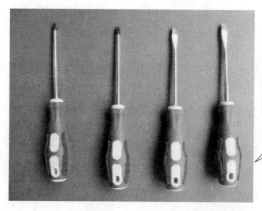

由于螺钉有很多种，其长度和粗度均不同，电工需要准备多支不同规格的螺丝刀

图 1-14　螺丝刀

　　螺丝刀的规格很多，其标注方法是先标杆的外直径，再标杆的长度（单位都是 mm）。如："6×100"就是表示杆的外直径为 6mm，长度为 100mm。

　　近年来，还出现了多用组合式、冲击式和电动式等新型螺丝刀，如图 1-15 所示，可根据需要进行选用。

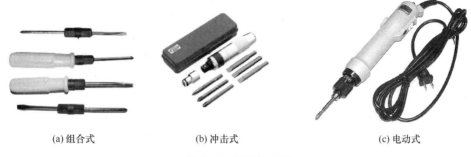

(a) 组合式　　　　　　　(b) 冲击式　　　　　　　(c) 电动式

图 1-15　新型螺丝刀

(2) 螺丝刀的使用

　　正确的方法是以右手握持螺丝刀，手心抵住柄端，让螺丝刀口端与螺栓或螺钉槽口处于垂直吻合状态，如图 1-16 所示。当开始拧松或最后拧紧时，应用力将螺丝刀压紧后再用手腕力扭转螺丝刀；当螺栓松动后，即可使手心轻压螺丝刀柄，用拇指、中指和食指快速转动螺丝刀。

　　根据规格标准，顺时针方向旋转为拧紧；逆时针方向旋转则为松出（极少数情况下则相反）。

> 力度要合适。用力过大，螺钉有可能被拧断，也有可能滑丝；用力过小，不能拧紧螺钉

图 1-16　螺丝刀的使用

(3) 螺丝刀使用注意事项

　　① 应根据螺钉的规格选用不同规格的螺丝刀。

　　② 特别要注意用力均匀，不要在槽口中蹭动，以免磨毛槽口。在努力保护好产品的基础上，顺利地把螺钉螺母拧下来或者拧紧。

　　③ 不要把螺丝刀当作錾子使用，以免损坏螺丝刀。

　　④ 电工带电作业时，最好是使用塑料柄或木柄的螺丝刀，且应注意检查绝缘手柄是否完好。绝缘手柄已经损坏的螺丝刀不能用于带电作业。

1.1.4　活学活用扳手

(1) 扳手的选用

　　电工常用的扳手有活络扳手、呆扳手和套筒扳手，这些都是用于紧固和拆卸螺母的工具。

电工最常用的是活络扳手，其结构如图 1-17 所示，它的扳口大小可以调节。

图 1-17　活络扳手的结构

扳手的主要规格数据是其开口尺寸（套筒和梅花扳手为其对边距离，活口扳手为其最大开口尺寸），一般用公制 mm 为单位，有些品种使用英制的"英寸"为单位。常用活络扳手的规格有 200mm、250mm、300mm 三种，使用时应根据螺母的大小来选配。

电工还经常用到呆扳手（亦叫开口扳手），它有单头和双头两种，其开口与螺钉头、螺母尺寸相适应，并根据标准尺寸做成一套，以便于根据需要选用，如图 1-18 所示。

图 1-18　呆扳手

(2) 活络扳手的使用

① 使用时，应将钳口调整到与螺栓或螺母的对边距离同宽，并使其贴紧，让扳手可动钳口承受推力，固定钳口承受拉力。使用时，右手握手柄。手越靠后，扳动起来越省力。

② 扳动小螺母时，因需要不断地转动蜗轮，调节扳口的大小，所以手要握在靠近呆扳唇处，并用大拇指调制蜗轮，以适应螺母的大小。

(3) 活络扳手使用注意事项

① 活络扳手的扳口夹持螺母时，呆扳唇在上，活扳唇在下。活络扳手切不可反过来使用，如图 1-19 所示。

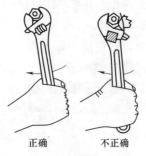

正确　　　不正确

图 1-19　活络扳手的使用

② 在扳动生锈的螺母时，可在螺母上滴几滴机油，这样就好拧动了。

③ 不可用于拧紧力矩较大的螺栓、螺母，以防损坏扳手活动部分。不可采用钢管套在活络扳手的手柄上来增加扭力，因为这样极易损伤活络扳唇。

④ 不得把活络扳手当锤子用。

1.1.5 活学活用电烙铁

(1) 电烙铁的选用

电烙铁的种类有：内热式电烙铁、外热式电烙铁、恒温式电烙铁和吸锡式电烙铁，见表 1-3。

表 1-3 电烙铁的种类

种类	优 缺 点	图 示
内热式电烙铁	优点：升温快、重量轻、耗电省、体积小、热效率高； 缺点：功率较小（一般在 50W 以下）	
外热式电烙铁	优点：功率较大，烙铁头使用寿命较长； 缺点：升温较慢，体积较大，不适于焊接小型器件	
恒温式电烙铁	优点：装有磁铁式温度控制器，便于控制烙铁头的温度； 缺点：成本较高	
吸锡式电烙铁	优点：是将活塞式吸锡器与电烙铁融为一体的拆焊工具，它具有使用方便、灵活、适用范围宽等优点； 缺点：一次只能拆下一个焊接点	

合理地选用电烙铁的功率及种类，对提高焊接质量和效率有直接的关系。选用电烙铁时，可从以下几个方面进行考虑。

① 焊接集成电路、晶体管及受热易损元器件时，应选用 20W 的内热式电烙铁或 25W 的外热式电烙铁。

② 焊接导线及同轴电缆时，应选用 45～75W 外热式电烙铁或 50W 内热式电烙铁。

③ 焊接较大的元器件时，如大电解电容器的引线脚、金属底盘接地焊片等，应选用 100W 以上的外热式电烙铁。

(2) 电烙铁的使用

电烙铁是手工焊接中最常用的工具，作用是将电能转换成热能对焊接点进行加热焊接，其焊接是否成功很大一部分是看对它的操控怎么样，因此从某种角度上来说电烙铁的使用依靠的是一种手法感觉。

1）电烙铁的握法

电烙铁的握法一般有三种，如图1-20所示。

① 反握法。即用五指把电烙铁的柄握在掌内。此法适用于大功率电烙铁，焊接散热量大的被焊件。

② 正握法。适用于较大的电烙铁，弯形烙铁头的一般也用此法。

③ 握笔法。即用握笔的方法握电烙铁，此法适用于小功率电烙铁，焊接散热量小的被焊件。

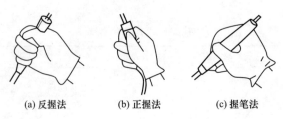

(a) 反握法　　　　(b) 正握法　　　　(c) 握笔法

图1-20　电烙铁的握法

2）电烙铁使用前的处理

在使用前，先通电给烙铁头"上锡"。其方法是：首先用锉刀把烙铁头按需要锉成一定的形状，然后接上电源，当烙铁头温度升到能熔锡时，将烙铁头在松香上蘸涂一下，等松香冒烟后再蘸涂一层焊锡，如此反复进行两至三次，使烙铁头的刃面全部挂上一层锡后即可使用。

（3）电烙铁使用注意事项

① 根据焊接对象合理选用不同类型的电烙铁。使用前，应认真检查电源插头、电源线有无损坏，并检查烙铁头是否松动。

② 电烙铁不宜长时间通电而不使用（俗称空烧），这样容易使烙铁芯加速氧化而烧断，缩短其寿命，同时也会使烙铁头因长时间加热而氧化，甚至被"烧死"不再"吃锡"。一般来说，10min以上不使用电烙铁时，应切断电烙铁的电源。

③ 使用过程中不要任意敲击。

④ 电烙铁不使用时放在烙铁架上，以免烫坏其他物品。

⑤ 电烙铁应保持干燥，不宜在潮湿或淋雨环境中使用。

⑥ 电烙铁使用过程中，要注意检查烙铁温度和是否漏电。

⑦ 使用外热式电烙铁要经常将铜头取下，清除氧化层，以免日久造成铜头烧死。

⑧ 烙铁头上焊锡过多时，可用布擦掉。不可乱甩，以防烫伤他人。

⑨ 电烙铁在焊接时，最好选用松香焊剂，以保护烙铁头不被腐蚀。

1.1.6　活学活用电工刀

（1）电工刀的选用

电工刀是电工常用的一种切削工具，例如电工在装配、维修工作中割削电线绝缘外皮，以及割削绳索、木桩等。电工刀可以折叠，尺寸有大小两号。普通的电工刀由刀片、刀刃、刀把、刀挂等构成，如图1-21（a）所示。

多功能电工刀除了有刀片外，还有锯片、锥子等，使用起来非常方便，如图1-21（b）

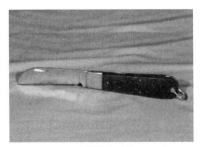
(a) 普通电工刀

(b) 多功能电工刀

图 1-21　电工刀

所示。例如在硬杂木上拧螺钉很费劲时，可先用多功能电工刀上的锥子锥个洞，这时拧螺钉便省力多了。

有的多功能电工刀除了刀片以外，还带有尺子、锯子、剪子和开啤酒瓶盖的开瓶扳手等工具。

(2) 电工刀的使用

下面以电工刀剥削导线为例，介绍电工刀的使用操作方法，见表 1-4。

表 1-4　电工刀的使用操作方法

步骤	操 作 方 法	图　示
1	打开刀片	
2	右手握住刀把	
3	刀刃成 45°角剥削导线	
4	关闭刀片	

(3) 电工刀使用注意事项

① 使用电工刀时刀口一定要朝人体外侧，切勿用力过猛，以免不慎划伤手指。

② 电工刀的手柄一般是不绝缘的，因此严禁用电工刀带电操作电气设备。

③ 一般情况下，不允许用锤子敲打刀背的方法来剖削木桩等物品。

④ 电工刀不用时，注意要把刀片收缩到刀把内，防止刀刃割伤别的物品或伤人。

⑤ 电工刀的刀刃部分要磨得锋利才好剥削电线。但不可太锋利，太锋利容易削伤线芯；磨得太钝，则无法剥削绝缘层。磨刀刃一般采用磨刀石或油磨石，磨好后再把底部磨点倒角，即刀口略微圆一些。

1.1.7 工具套（包）的使用

电工工具套和电工工具包（图 1-22）是维修电工随身携带的用于放置常用工具或零星电工器材及辅助工具的用具。

(a) 电工工具套   (b) 电工工具包

图 1-22　电工工具套和电工工具包

电工工具套可用皮带系结在腰间，置于右臀部，常用工具插入电工工具套里，便于随手取用。

电工工具包跨在肩上，用来盛放零星电工器材（如开关、灯头、木螺钉、熔丝、黑胶布等）和辅助工具（如榔头、钢锯），以便外出使用。

记忆口诀

电工用钳种类多，不同用法要掌握。

绝缘手柄应完好，方便带电好操作。

电工刀柄不绝缘，不能带电去操作。

螺丝刀有两种类，规格一定要选对。

使用电笔来验电，握法错误易误判。

松紧螺栓用扳手，受力方向不能反。

1.2　活学活用其他电工工具

1.2.1　活学活用电动工具

安装电工常用的电动工具主要有手电钻、电锤和电动螺丝刀，其使用方法及注意事项见

表 1-5。

表 1-5 电工常用电动工具的使用

名称	图示	用途	使用及注意事项
手电钻	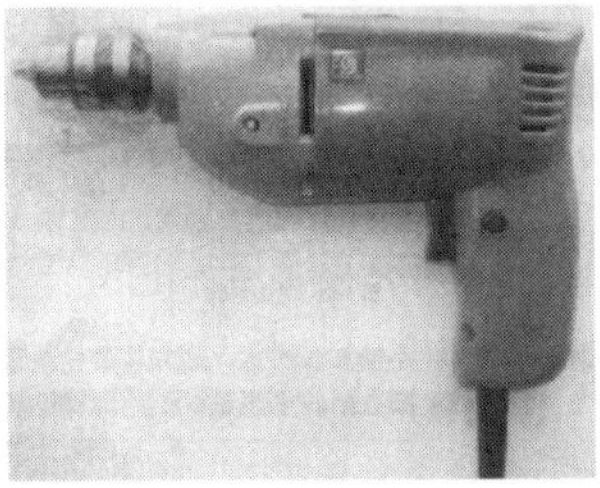	用于在工件上钻孔	在装钻头时要注意钻头与钻夹保持在同一轴线上，以防钻头在转动时来回摆动。在使用过程中，钻头应垂直于被钻物体，用力要均匀，当钻头被被钻物体卡住时，应立即停止钻孔，检查钻头是否卡得过松，重新紧固钻头后再使用。钻头在钻金属孔过程中，若温度过高，很可能引起钻头退火，为此，钻孔时要适量加些润滑油
电锤		在墙上冲打孔眼	电锤使用前应先通电空转一会儿，检查转动部分是否灵活，待检查电锤无故障后方能使用；工作时应先将钻头顶在工作面上，然后再启动开关，尽可能避免空打孔；在钻孔过程中，发现电锤不转时应立即松开开关，检查出原因后再启动电锤。用电锤在墙上钻孔时，应先了解墙内有无电源线，以免钻破电线发生触电。在混凝土中钻孔时，应注意避开钢筋
电动螺丝刀	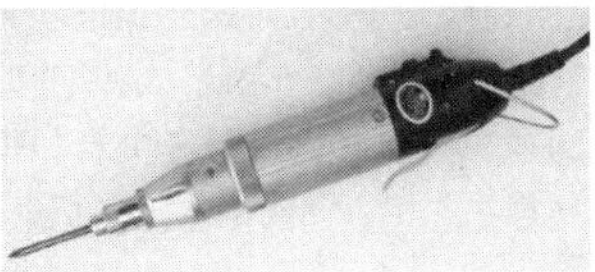	用于拧紧和旋松螺钉	根据需要正确选择大小合适的起子头（一字形或十字形），操作时将螺丝刀拿直，起子头紧贴螺钉头缺口进行操作。注意不能有歪斜、晃动，否则螺钉会有锁不紧、滑丝、打爆、螺钉头花等不良现象

记忆口诀

钻头选用专用型，孔径大小应匹配。

手中工具要拿稳，对准位置再打孔。

电动工具勤保养，绝缘检查最重要。

1.2.2 活学活用外线电工工具

外线电工操作常用的工具有脚扣、登高板、梯子、紧线器等，其使用方法及注意事项见表 1-6。

表 1-6 外线电工操作常用工具的使用

名称	图示	用途	使用及注意事项
脚扣	 	用于攀登电力杆塔	使用前，必须检查弧形扣环部分有无破裂、腐蚀，脚扣皮带有无损坏，若已损坏应立即修理或更换。不得用绳子或电线代替脚扣皮带。在登杆前，对脚扣要做人体冲击试验，同时应检查脚扣皮带是否牢固可靠

续表

名称	图示	用途	使用及注意事项
登高板		用于攀登电力杆塔	使用前,应检查外观有无裂纹、腐蚀,并经人体冲击试验合格后再使用;登高作业动作要稳,操作姿势要正确,禁止随意从杆上向下扔登高板;每年对登高板绳子做一次静拉力试验,合格后方能使用
梯子		用于室内外登高作业	梯子有人字梯和直梯两种。使用方法比较简单,梯子要安稳,注意防滑;同时,梯子安放位置与带电体应保持足够的安全距离
腰带、保险绳、腰绳	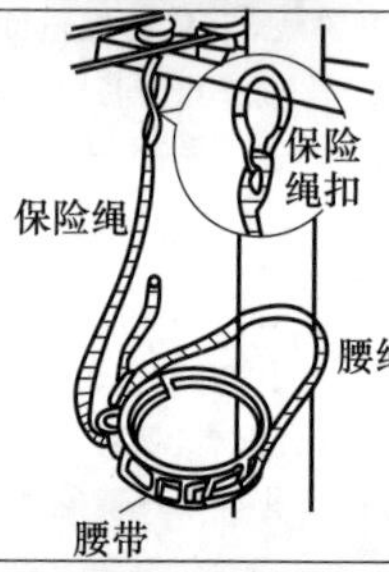	是电工高空操作必备的安全保护辅助用具	腰带用来系挂保险绳。腰绳应系结在臀部上端,而不是系在腰间。否则,操作时既不灵活又容易扭伤腰部。保险绳用来防止万一失足时坠地摔伤。其一端应可靠地系结在腰带上,另一端用保险钩钩挂在牢固的横担或抱箍上。腰带用来固定人体下部,以扩大上身活动幅度,使用时应将其系结在电杆的横担或抱箍下方,防止腰绳窜出电杆顶端而造成工伤事故
紧线器		在架空线路中用来拉紧电线的工具	使用时,将镀锌钢丝绳绕于右端滑轮上,挂置于横担或其他固定部位,用另一端的夹头夹住电线,摇柄转动滑轮,使钢丝绳逐渐卷入轮内,电线被拉紧而收缩至适当的程度
高压验电器	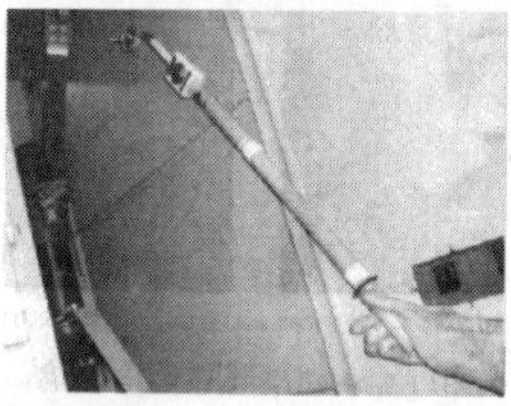	用于测试电压在500V以上的电气设备	使用时,要戴上绝缘手套,手握部位不得超过保护环;逐渐靠近被测体,看氖管是否发光,若氖管一直不亮,则说明所测对象不带电;在使用高压验电器测试时,至少应该有一个人在现场监护
绝缘操作杆	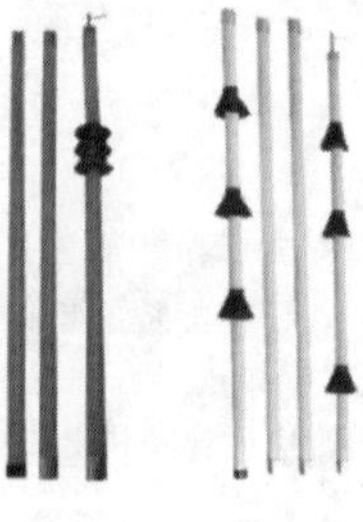	主要用于操作高压隔离开关和跌落式熔断器的分合、安装,拆除临时接地线、放电操作、处理带电体上的异物,以及进行高压测量、试验、直接与带电体接触的操作等各项工作	①在使用前应进行外观检查,表面应无裂纹、划痕、毛刺、孔洞、断裂及机械损伤,并用干净的棉布将操作杆擦拭干净 ②使用时,必须戴上相应电压等级的绝缘手套,穿上相应电压等级的绝缘靴,必要时还要站在绝缘垫上进行操作,有时也可以戴上护目镜 ③电压等级低的绝缘操作杆不能操作高一级电压的电器,但能操作低一级的。使用绝缘操作杆时应有专人监护 ④绝缘操作杆用完后,应放置在便于取用的地方,并应注意防潮;应垂直存放,放在木架上或吊挂在室内,不能接触墙壁,以免受潮破坏绝缘 ⑤雨雪天气操作室外高压电器时,绝缘杆上应装有防雨雪的伞形罩

续表

名称	图示	用途	使用及注意事项
弯管器	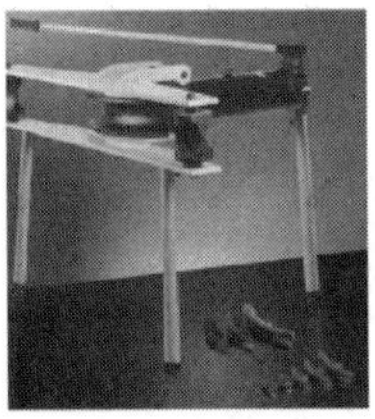	用于管路配线时将管子弯曲成形	弯管器由钢管手柄和铸铁弯头组成,其结构简单、体积小、操作方便,便于现场使用,适于手工弯曲直径在50mm及以下的线管,可将管子弯成各种角度。弯管时先将管子要弯曲部分的前端送入弯管器工作部分,如果是焊管,应将焊缝置于弯曲方向的侧面,否则弯曲时容易造成焊缝开裂现象。然后操作者用脚踏住管子,手适当用力来扳动管弯管器手柄,使管子稍有弯曲,再逐点移动弯头,每移动一个位置,扳弯一个弧度,最后将管子弯成所需要的形状
绝缘钳	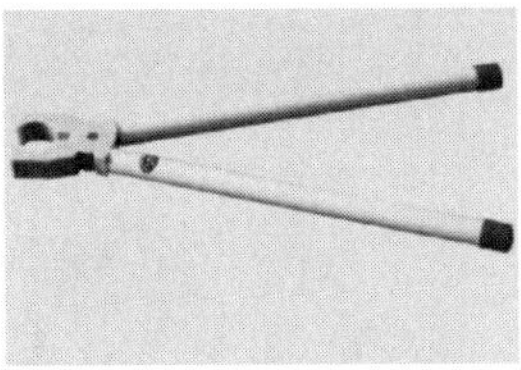	用来安装和拆卸高压熔断器或执行其他类似工作的工具,主要用于35kV及以下电力系统	①绝缘钳适用于一人操作使用 ②使用时,不能在绝缘钳上装设接地线,以免接地线在空中飞舞造成接地短路或人身触电事故 ③在潮湿的雨雪天气情况下使用时,应使用专门的防雨绝缘钳 ④操作中要佩戴护目镜、绝缘手套、穿绝缘靴或站在绝缘台上,集中精神;注意保持身体平衡,握紧绝缘夹,不能使夹持物滑脱落下 ⑤绝缘钳使用完毕后,应保存在专用的箱子里或匣子里,以免受潮和碰损 ⑥绝缘夹钳应定期进行试验,试验方法同绝缘棒,试验周期为一年
临时接地线	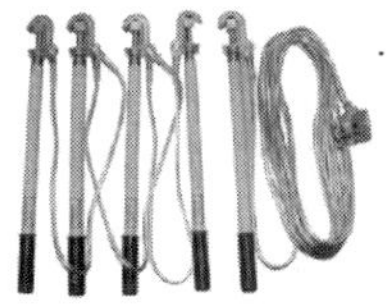	检修、试验时为了人身设备安全做的临时性接地装置	①在停电设备与可能送电至停电设备的带电设备之间,或者在可能产生感应电动势的停电设备上,都要装设接地线。接地线与带电部分的距离应符合安全距离的要求,防止因摆动发生带电部分与接地线放电的事故 ②若检修设备为几个电气上不相连的部分(如分段母线以隔离开关或断路器分段),则各部分均应装接地线 ③接地线应挂在工作人员看得见的地方,但不得挂设在工作人员跟前,以防突然来电时烧伤工作人员

第2章

活学活用常用电工仪表

2.1 活学活用万用表

2.1.1 认识万用表

(1) 万用表的功能

万用表是一种可以用来测量交流电压、直流电压、电流、电阻、电容、电感、电平及粗略判断二极管、晶体管电极和性能的好坏等的便携式仪表。

万用表以功能多、简单易用的优点，已成为电子电气工作者手中必不可少的工具之一。尽管不同型号万用表的功能有一定的差异，但都具有测量电压、电流、电阻等电气参数的基本功能。

> **记忆口诀**
> 万用电表功能多，四个功能为主要。
> 直流电流和电阻，电压分为直和交。

(2) 万用表的类型及优缺点

现在的万用表有指针式和数字式两大类，如图 2-1 所示，这两种类型的万用表各有优缺点，如表 2-1 所示。

(a) 指针式万用表   (b) 数字式万用表

图 2-1　指针式万用表和数字式万用表

表2-1 指针式万用表和数字式万用表的比较

项 目	指针式万用表	数字式万用表
测量值显示线	表针的指向位置	液晶显示屏显示数字
读数情况	很直观、形象(读数值与指针摆动角度密切相关)	间隔0.3s左右数字有变化,读数不太方便
万用表内阻	内阻较小	内阻较大
使用与维护	结构简单、成本较低、功能较少、维护简单、过流过压能力较强、损坏后维修容易	内部结构多采用集成电路,因此过载能力较差,损坏后一般不容易修复
输出电压	有10.5V和12V等,电流比较大,可以方便地测试晶闸管、发光二极管等	输出电压较低(通常不超过1V),对于一些电压特性特殊的元件测试不便(如晶闸管、发光二极管等)
量程	手动量程,挡位相对较少	量程多,很多数字式万用表具有自动量程功能
抗电磁干扰能力	差	强
测量范围	较小	较大
准确度	相对较低	高
对电池的依赖性	电阻量程必须要有表内电池	各个量程必须要有表内电池
重量	相对较重	相对轻
价格	价格差别不太大	

记忆口诀

万用电表有两类,指针式和数字式。
指针式表很实在,变化过程指针摆。
表盘上有几条线,读数一定要明辨。
数字式表功能多,分辨力强速度快。
读数直观误差小,电工使用最方便。

(3) 万用表的外部结构

一般来说,万用表的面板上都设计有指示或显示装置、量程选择装置和表笔及插孔等。

① 指示或显示装置 指针式万用表的表头是灵敏电流计,表头上的刻度盘上印有各种符号、刻度线及数值;数字式万用表的显示装置一般采用液晶显示屏,如图2-2所示。

(a) 指针式　　　　　　　　　(b) 数字式

图2-2 万用表的指示或显示装置

② 量程选择装置 万用表通过一个多挡位的旋转开关来实现选择测量项目及其量程,

有的数字式万用表还设计有一组轻触按钮，以配合量程选择开关一起实现特殊的电气参数测量功能选择，如图 2-3 所示。

(a) 指针式　　　　　　　　(b) 数字式

图 2-3　量程选择装置

③ 表笔及插孔　万用表的表笔分为红、黑两种颜色。通常情况下，红表笔插入标有"＋"或红色的插孔，黑表笔插入标有"－"或黑色的插孔，如图 2-4 所示。

图 2-4　表笔及其插孔

万用表上的表笔插孔一般有 3～4 个，黑表笔的插孔只有 1 个；红表笔的插孔有 2～3 个，操作时表笔应该插入哪个插孔，要根据具体测量参数及量程来决定。表笔插孔误用，有可能损坏万用表。

(4) 使用指针式万用表的注意事项

① 使用前应通过调零器调整好指针的机械零位，如图 2-5 所示，并核对转换开关及表笔插孔的位置是否符合测量要求。

让表针指在"0"处

图 2-5　机械调零

② 在大多数情况下，万用表损坏是因测量挡位选择错误造成的，如在测量交流 220V 电压时，挡位误选为电阻挡，这种情况下表笔一旦接触市电，瞬间即可造成万用表内部元件损坏。因此，在使用万用表测量前，一定要先检查测量挡位是否正确。

③ 指针式万用表的表头是动圈式电流表，表针摆动是由线圈磁场驱动的，因而测量时

要避开强磁场环境，以免造成测量误差。同时，万用表在使用时，必须水平放置，以免造成测量误差。

④ 有时万用表损坏是测量的电压、电流超过量程范围所造成的，如在交流 20V 挡位测量交流 220V 电压，很容易引起万用表电路损坏。在测量直流电压时，所测电压超出测量量程，同样易造成表内电路故障。在测量电流时如果实际电流值超过量程，一般仅引起万用表内的熔丝烧断，不会造成其他损坏。所以在测量电压参数时，如果不知道所测电压的大致范围，应先把测量挡置于最高挡，根据万用表的指示再逐步换到合适的量程（注意不能带电转换量程开关），直到指针指示在仪表满刻度 1/2 左右为止，以得到比较精确的数值。这样，既能避免损坏万用表，又可减少测量误差。如果所要测量的电压数值远超出万用表所能测量的最大量程，应另配高阻测量表笔。

⑤ 指针式万用表在测量直流参数时（例如直流电流和直流电压）要特别注意被测量的极性，否则表盘的指针将会反向偏转，轻则打弯指针，重则损坏万用表。

⑥ 在测量直流高电压和交流高电压时，表笔与测量处一定要接触好，表笔不能有任何晃动。否则，有可能造成万用表损坏而使测量不准确。

⑦ 不要带电测量电阻，应断电进行测量，否则会损坏万用表。

⑧ 在使用万用表的过程中，不能用手去接触表笔的金属部分，这样一方面可以保证测量的准确，另一方面也可以保证人身安全。

⑨ 在测量时，正确读数是一个比较重要的问题，尤其是初学者。因为表盘上有多条标度尺，读数上要根据被测电量观看对应的标度尺，再与量程配合才能读出正确的测量数值。读数时应正视刻度盘，即眼睛的视线要与刻度垂直，否则会造成读数误差。如图 2-6 所示为MF47 型万用表读数举例。

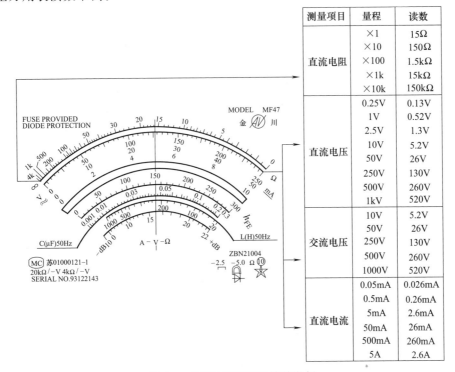

测量项目	量程	读数
直流电阻	×1	15Ω
	×10	150Ω
	×100	1.5kΩ
	×1k	15kΩ
	×10k	150kΩ
直流电压	0.25V	0.13V
	1V	0.52V
	2.5V	1.3V
	10V	5.2V
	50V	26V
	250V	130V
	500V	260V
	1kV	520V
交流电压	10V	5.2V
	50V	26V
	250V	130V
	500V	260V
	1000V	520V
直流电流	0.05mA	0.026mA
	0.5mA	0.26mA
	5mA	2.6mA
	50mA	26mA
	500mA	260mA
	5A	2.6A

图 2-6　MF47 型万用表读数举例

⑩ 经验表明，使用完毕，应将挡位选择置于交流最高挡位处，这样在下次测量时无论误测什么参数，都不会引起万用表损坏。如果万用表长期不用应将内部干电池取出，以防电池渗液损坏仪表。

（5）使用数字式万用表的注意事项

上面介绍的指针式万用表使用注意事项，许多都适用于数字式万用表的使用。下面介绍使用数字式万用表应特别注意的几个问题。

① 满量程时，仪表仅在最高位显示数字"1"，其他位均消失，这时应选择更高的量程。数字式万用表不能用于测量高于 1000V 的直流电压和高于 700V 的交流电压。

② 测直流量时不必考虑表笔对应的正、负极性。测量电压时，应将数字万用表与被测电路并联；测电流时应与被测电路串联。

③ 显示屏显示"000"，或低位上的数字出现跳动，说明是误用交流电压挡去测量直流电压，或者是误用直流电压挡去测量交流电压，应立即予以纠正。

④ 在测量高电压（220V 以上）或大电流（0.5A 以上）时禁止换量程，以防止产生电弧，烧毁开关触点。

⑤ 当显示屏显示"凸""BATT"或"LOWBAT"时，表示电池电压低于工作电压，此时应更换电池，如图 2-7 所示。大多数数字万用表使用 9V 电池。

(a) 用螺丝刀旋出螺钉　　　　(b) 打开后盖　　　　(c) 拆下旧电池换上新电池

图 2-7　数字万用表换电池的方法

⑥ 测量完毕，应将量程开关拨到最高电压挡，并关闭电源。

2.1.2　万用表测电压

（1）万用表测量电压的基本方法

① 万用表测量电压前，先根据电压的大小选择合适的量程挡位；如果测量前不清楚被测电压的大小，应先选择最高量程挡，然后逐渐减小到合适的量程。

② 测量时，表笔要与被测量线路或设备并联。

③ 注意始终保持表笔与被测线路接触良好，防止表笔滑落导致线路短路。

④ 指针式万用表测量直流电压时，还要注意电压的正、负极性。

⑤ 注意安全，防止人手触及表笔的金属部分造成触电。

⑥ 指针式万用表的电压标度尺一般为表盘上的第二条线，如图 2-8 所示为 MF47 型万

图 2-8　MF47 型万用表的表盘标度尺

用表的表盘标度尺。

⑦ 数字式万用表应根据需要将量程开关拨至 DCV（直流）或 ACV（交流）的合适量程，红表笔插入 V/Ω 孔，黑表笔插入 COM 孔，并将表笔与被测线路并联。测量直流量时（直流电压、直流电流），数字万用表能自动显示极性，如图 2-9 所示。

图 2-9　测直流电压时表笔的连接不考虑极性

(2) 指针式万用表测量直流电压

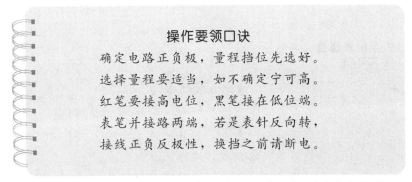

操作要领口诀

确定电路正负极，量程挡位先选好。

选择量程要适当，如不确定宁可高。

红笔要接高电位，黑笔接在低位端。

表笔并接路两端，若是表针反向转，

接线正负反极性，换挡之前请断电。

确定电路正负极，量程挡位先选好。选择量程要适当，如不确定宁可高——用万用表测量直流电压之前，必须分清电路的正负极（或高电位端、低电位端），注意选择好适当的量程挡位。如果不知道被测电压值的大致范围，宁可先选择最高量程挡，然后逐渐减小到合适的量程。电压挡合适量程的标准是：表针尽量指在满偏刻度的 2/3 以上的位置（这与电阻挡合适倍率标准有所不同，一定要注意）。例如：15V 电压在 50V 挡测量而不能在 250V 挡测量，7V 电压在 10V 挡测量而不能在 50V 挡测量。

红笔要接高电位，黑笔接在低位端——测量直流电压时，红笔要接高电位端（或电源正极），黑笔接在低位端（或电源负极），如图 2-10 所示。

红笔接正极
黑笔接负极

图 2-10　测量直流电压

正偏

图 2-11　试测

表笔并接路两端，若是表针反向转，接线正负反极性——测量直流电压时，两支表笔并联接入电路（或电源）两端。如果表针反向偏转，俗称打表，说明正负极性搞错了，此时应交换红、黑表笔再进行测量。

如果事先不知道被测点电位的高低或电压的正、负极，可将任意一支笔先接触被测电路或元器件的任意一端，另一支表笔轻轻地试触一下另一被测端，若表头指针向右偏转（正偏），说明表笔正负极性接法正确，可以继续测量，如图 2-11 所示；若表头指针向左偏转（反偏），说明表笔极性接反了，交换表笔即可以测量。

换挡之前请断电——在测量过程中，如果需要变换挡位，一定要取下表笔，断电后再变换电压挡位。

(3) 指针式万用表测量交流电压

操作要领口诀

量程开关选交流，量程大小符要求。

确保安全防触电，表笔绝缘尤重要。

表笔并联路两端，相接不分火或零。

测出电压有效值，测量高压要换孔。

表笔前端莫去碰，勿忘换挡先断电。

量程开关选交流，挡位大小符要求——测量交流电压，必须选择适当的交流电压量程。若误用电阻量程、电流量程或者其他量程，有可能损坏万用表，一般情况是内部的保险管损坏，如图 2-12 所示。

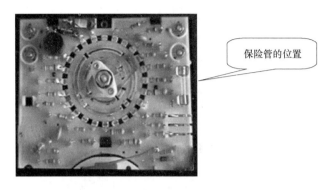

保险管的位置

图 2-12　保险管的位置

确保安全防触电，表笔绝缘尤重要——测量交流电压必须注意安全，这是该口诀的核心内容。因为测量交流电压时与带电的电路接触距离相对较近，所以特别要注意安全。如果表笔有破损、表笔引线有破损露铜等，应该完全处理好后再使用。

为了保证安全，在测交流电压时应养成单手操作的良好习惯。

表笔并联路两端，相接不分火或零——测量交流电压与测量直流电压的接线方式相同，即万用表与被测量电路并联，但测量交流电压不用考虑哪个表笔接火线，哪个表笔接零线的问题，如图 2-13 所示。

图 2-13　测量 220V 交流电压

测出电压有效值，测量高压要换孔——用万用表测得的电压值是交流电的有效值。如果需要测量高于 1000V 的交流电压，要把红表笔插入 2500V 插孔。不过，这种情况在实际工作中一般不经常出现。

注意，指针式万用表交流电压的标度尺是按正弦交流电的有效值来标度的，如果被测量不是正弦量（如方波、尖脉冲等），则误差会很大，这时的测量结果也只能作为参考。

表笔前端莫去碰，勿忘换挡先断电——这两句口诀也是与安全有关的内容，前一句主要是关于操作者的安全，后一句主要是关于万用表的安全。测量时，操作者应注意握笔的姿势，表笔笔尖的金属部分人手是不能接触的，否则会触电。在测量电压时，不能带电换量程。

2.1.3 万用表测电流

(1) 测量电流的基本方法

万用表测量直流电流的方法与测量直流电压大致相同，都要注意正负极性。

① 测量直流电流时，将万用表的转换开关置于直流电流挡，黑表笔插入"－"插孔，至于红表笔插入哪个插孔，一是看被测量电流的大小，二是不同型号万用表电流插孔不一样，一般的指针式万用表电流挡的量程只有 500mA，测量大于 500mA 电流时需要把红表笔插入专用的大电流测量插孔中。例如 MF47 型万用表测量 500mA～5A 的直流电流时，将旋转开关置于"500mA"挡，红表笔插入"5A"插孔，如图 2-14 所示。

图 2-14　MF47 型万用表测大电流的挡位选择及表笔接法

② 测量时必须先断开电路，然后按照电流从"＋"到"－"的方向，将万用表表笔串联到被测电路的断点两端（红表笔接在电源正极的断点，黑表笔接在电源负极的断点），即让电流从红表笔流入，从黑表笔流出。如果误将万用表与负载并联，则因表头的内阻很小，会造成短路烧毁仪表。

③ 一般来说，指针式万用表只能测量直流电流，只有部分数字式万用表才有交流电流测量功能。因此不能用指针式万用表测量交流电流。

④ 万用表测量直流电流读数时，与测量电压一样，都是看第二条刻度线。其刻度特点、读数方法同测电压一样。

⑤ 数字式万用表测量电流，可将量程开关拨至 DCA（直流）或 ACA（交流）的合适量程。黑表笔插入 COM 孔，红表笔插入 mA 插孔或大电流测量专用插孔（不同型号的数字表的电流量程不一样，有的最大量程为 10A，有的最大量程为 20A），并将万用表串联在被测电路中即可。

(2) 指针式万用表测量直流电流

> **操作要领口诀**
>
> 量程开关拨电流，确定电路正负极。
> 红色表笔接正极，黑色表笔要接负。
> 表笔串接电路中，高低电位要正确。
> 挡位由大换到小，换好挡后再测量。
> 若是表针反向转，接线正负反极性。

量程开关拨电流，确定电路正负极——指针式万用表都具有测量直流电流的功能，但一般不具备测量交流电流的功能。在测量电路的直流电流之前，需要首先确定被测点的正、负极性。

红色表笔接正极，黑色表笔要接负——这是正确使用表笔的问题，测量时，红色表笔接电源正极，黑色表笔接电源的负极，如图 2-15 所示为测量电池电流的方法。

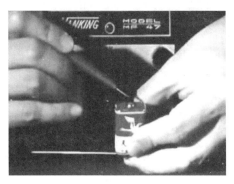

图 2-15　测量电池电流的方法

表笔串接电路中，高低电位要正确——这又是关于表笔与被测量电路的连接方式问题，在测量之前，要将被测电路断开后再接入万用表。红色表笔接电路的高电位端（或电源的正极），黑色表笔接电路的低电位端（或电源的负极），这与测量直流电压时表笔的连接方法完全相同，如图 2-16 所示。

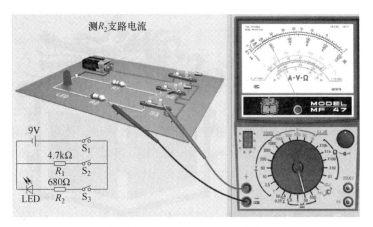

图 2-16　测量直流电流的方法

挡位由大换到小，换好挡后再测量——在测量电流之前，可先估计一下电路电流的大小，若不能大致估计电路电流的大小，最好的方法是挡位由大换到小。

若是表针反向转，接线正负反极性——在测量时，若是表针反向偏转，说明正负极性接反了，应立即交换红、黑表笔的接入位置。

2.1.4　万用表测电阻

(1) 万用表测量电阻的基本方法

① 选择合适的倍率挡。万用表欧姆挡的刻度线是不均匀的，所以倍率挡的选择应以指针停留在刻度线较稀的部分为宜，且指针越接近刻度尺的中间，读数越准确。一般情况下，

使指针指在标度尺的 1/3～2/3 之间比较合适。

② 欧姆调零。测量电阻之前，应将两支表笔短接，同时调节"欧姆（电气）调零旋钮"，使指针刚好指在欧姆刻度线右边的零位。如果指针不能调到零位，说明电池电压不足或仪表内部有问题。并且每换一次倍率挡，都要再次进行欧姆调零，以保证测量准确。

如果需要数字式万用表测量的电阻值比较精确（尤其是对 100Ω 以下的电阻），应先将表笔短路，测出两支表笔引线的电阻值，然后进行电阻测量，每次测量的实际电阻值就是显示数值减去表笔引线电阻值后的值。

③ 读数。指针式万用表的电阻标度尺一般为表盘上的第一条线，指针指示数乘以倍率就是所测电阻的电阻值。数字式万用表可直接在显示屏上读数。

④ 数字式万用表测量电阻时，将量程开关拨至 Ω 的合适量程，红表笔插入 V/Ω 孔，黑表笔插入 COM 孔。如果被测电阻值超出所选择量程的最大值，万用表将显示"1"，这时应选择更高的量程。

⑤ 测量结束后，应拨出表笔，将量程选择开关置于"OFF"挡或交流电压最大挡位。数字式万用表应关闭电源开关。

（2）指针式万用表测量电阻

操作要领口诀

测量电阻选量程，两笔短路先调零。

旋钮到底仍有数，更换电池再调零。

断开电源再测量，接触一定要良好。

两手悬空测电阻，防止并联变精度。

要求数值很准确，表针最好在格中。

读数勿忘乘倍率，完毕挡位电压中。

测量电阻选量程——一般万用表设置有 R×1、R×10、R×100、R×1k、R×10k 等倍率挡。测量电阻时，首先要选择适当的量程及倍率。一般来说，测量 100Ω 以下的电阻可选"R×1Ω"挡，测量 100Ω～1kΩ 的电阻可选"R×10Ω"挡，测量 1～10kΩ 可选"R×100Ω"挡，测量 10～100kΩ 可选"R×1kΩ"挡，测量 10kΩ 以上的电阻可选"R×10kΩ"挡。

两笔短路先调零——选择好适当的量程后，要对表针进行欧姆调零（也叫电阻调零），其方法如图 2-17 所示。注意，欧姆调零是使用万用表的欧姆挡必不可少的步骤，否则会使测量误差增大，因此要求每次变换倍率挡之后都要进行一次欧姆调零操作。

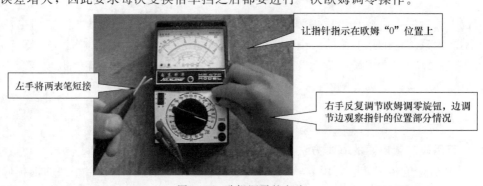

让指针指示在欧姆"0"位置上

左手将两表笔短接

右手反复调节欧姆调零旋钮，边调节边观察指针的位置部分情况

图 2-17　欧姆调零的方法

旋钮到底仍有数，更换电池再调零——如果欧姆调零旋钮已经旋到底了，表针始终在0Ω线的左侧，不能指在"0"的位置上，说明万用表内的电池电压较低，不能满足要求，需要更换新电池后再进行上述调整，如图2-18所示。值得注意的是，欧姆调零操作应快速进行，因为表笔长时间短接会消耗表内电池的电量。

图2-18 更换表内电池

断开电源再测量，接触一定要良好——如果是在路测量电阻器的电阻值，必须先断开电源再进行测量，否则有可能损坏万用表。在测量时，一定要保证表笔接触良好（用万用表测量电路其他参数时，同样要求表笔接触良好）。

两手悬空测电阻，防止并联变精度——测量时，两只手不能同时接触电阻器的两个引脚，如图2-19所示。因为两只手同时接触电阻器的两个引脚，等于在被测电阻器的两端并联了一个电阻（人体电阻），所以将会使得到的测量值小于被测电阻的实际值，影响测量的精确度。

图2-19 测量电阻时的拿法

要求数值很准确，表针最好在格中——量程选择要合适，若太大，不便于读数；若太小，无法测量。只有表针在标度尺的中间部位时，读数最准确。在读数时应注意，由于欧姆挡的刻度是不均匀的，并且是倒刻度线，右边为0，右边刻度稀，每小格代表的欧姆值小；左边为∞，左边刻度密，每小格代表的欧姆值大。因此每一个小格所表示的数值不一样，如图2-20所示。

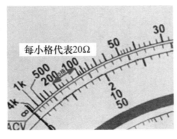
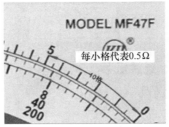

图2-20 MF47型万用表欧姆刻度的含义

读数勿忘乘倍率——读数乘以倍率（所选择挡位，如"R×10""R×100"等），就是该电阻的实际电阻值。例如选用"R×10k"挡测量，指针指示为23，则被测电阻值为

$$23×10k\Omega＝230k\Omega＝230000\Omega$$

完毕挡位电压中——测量工作结束后，要将量程选择开关置于交流电压最高挡位，即交

流1000V挡位。比较高端的指针式万用表设计有"OFF"挡，测量结束后可将选择开关置于"OFF"挡。

2.1.5 万用表测常用元器件

(1) 指针式万用表测量普通二极管

① 二极管极性的检测　先把万用表拨到"欧姆"挡（通常用"R×100"或"R×1k"挡），如图2-21所示，然后按照前面介绍的方法进行欧姆调零。

图2-21　选择合适的欧姆倍率挡

把表笔分别接到二极管的两个电极上。当表内的电源使二极管处于正向接法时，二极管导通，阻值较小（几十到几千欧），如图2-22（a）所示，此时黑表笔接触的是二极管的正极，红表笔接触的二极管的负极。

当表内电源使二极管处于反向接法时，如图2-22（b）所示。二极管截止，阻值很大（一般为几百千欧），此时黑表笔接的是二极管的负极，红表笔接的是二极管的正极。

上述规律见表2-2。

表2-2　二极管的极性判定

测二极管的电阻值	红表笔接的电极	黑表笔接的电极
阻值小	被测管的负极	被测管的正极
阻值大	被测管的正极	被测管的负极

(a) 正向电阻

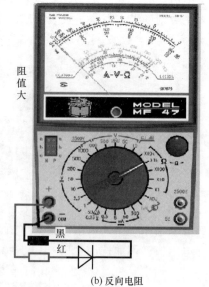

(b) 反向电阻

图2-22　二极管极性判定

上述方法只适用于小功率检波二极管。对于整流二极管，其正向电阻很小，一般为几十欧姆，应选择"R×10"挡或者"R×1"挡测量。

② 二极管性能的检测　通过测量正、反向电阻，可以检查二极管的单向导电性。在正常情况下，二极管的反向电阻比正向电阻大几百倍。也就是说，正向电阻越小越好，反向电阻越大越好。选择万用表的"R×1k"挡分别测出正、反向电阻，对照表2-3即可判断二极管单向导电性的好坏。

表2-3　用"R×1k"挡测量二极管电阻值

正向电阻/Ω	反向电阻/Ω	二极管PN结质量好坏
一百欧至几百欧姆	几十千欧至几百千欧姆	好
0	0	短路损坏
∞	∞	开路损坏
正、反向电阻比较接近		管子失效

注：硅二极管正向电阻为几百至几千欧姆，锗二极管为100Ω～1kΩ。

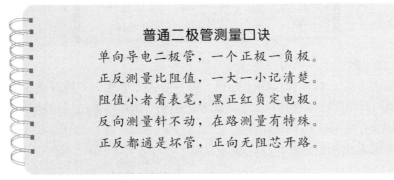

普通二极管测量口诀

单向导电二极管，一个正极一负极。

正反测量比阻值，一大一小记清楚。

阻值小者看表笔，黑正红负定电极。

反向测量针不动，在路测量有特殊。

正反都通是坏管，正向无阻芯开路。

(2) 指针式万用表测量稳压二极管

对于稳压管极性的检测，可参考普通二极管的极性检测方法进行检测，这里不再重复。下面介绍对稳压管稳压值的检测方法。

检测稳压值在15V以下的稳压二极管的步骤如下。

① 选择"R×10k"挡，然后调零。

② 用万用表的红表笔接二极管的正极、黑表笔接二极管的负极，从万用表直流电压挡10V刻度线上读取数值，如图2-23所示。

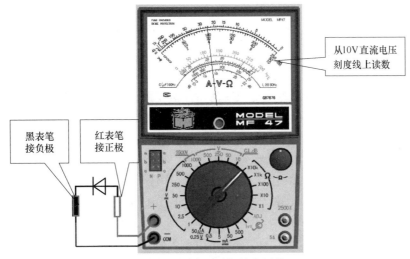

图2-23　测稳压二极管稳压值

③ 用公式 $U_Z =$ (10－读数值)$U_S/10$（V）计算出稳压值。公式中，U_S 为万用表内两种电池电压之和。计算时要注意，MF47 型万用表的"R×10k"挡有 9V 和 1.5V 电池两种型号，10 表示电压的满刻度值。

例如：若测得某一稳压二极管万用表的指针读数刚好是 4，如图 2-24 所示，而该表内电池电压为 9＋1.5＝10.5（V），则该稳压二极管的稳压值为 $U_Z =$ (10－4)×10.5÷10＝6.3（V）。

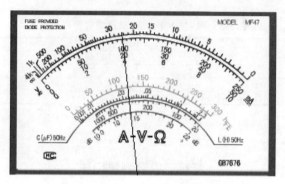

图 2-24　稳压二极管测量举例

对于稳压值大于等于 15V 的稳压二极管，用一个输出电压大于稳压值的直流电源（例如 0～30V 连续可调直流稳压电源），通过限流电阻 R（例如 1.5kΩ）给稳压二极管加上反向电压，用万用表直流电压挡即可测量出稳压二极管的稳压值，如图 2-25 所示。测量时，适当选取限流电阻 R 的阻值，使稳压二极管反向工作电流为 5～10mA。

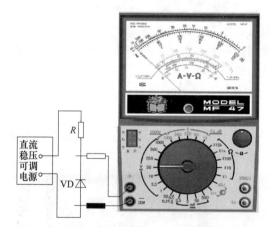

图 2-25　测量稳压值≥15V 的稳压二极管的方法

当一些稳压值较小的稳压标志不清或脱落时，可用此方法鉴别出来：首先将二极管的正负极性判断出来，再用万用表的"R×10k"挡，黑表笔接二极管的负极，红表笔接二极管的正极。如果此时反向电阻值变得很小（与"R×1k"挡测量时相比较），则说明该管为稳压管。若测得反向电阻值很大，则说明该管为普通二极管。

（3）数字万用表测量二极管

① 判断二极管的极性　用数字万用表的二极管挡（"⫞⊢"挡或者"⫞⊢♪"挡），通过测量二极管的正、反电压降来判断出正、负极性。正常的二极管，在测量其正向电压降时，如果是硅二极管正向导通压降为 0.5～0.8V，锗二极管正向导通压降为 0.15～0.3V；测量反向电压降时，表的读数显示为溢出符号"1"。在测量正向电压降时，红表笔接的是二极管

的正极，黑表笔接的是二极管的负极。

另外，此法也可用来辨别硅管和锗管。若正向测量的压降范围为0.5～0.8V，则所测二极管为硅管；若压降范围为0.15～0.3V，则所测二极管为锗管。

② 检测普通二极管性能好坏 将转换开关置于"⊣▷⊢"挡或"⊣▷⊢♪"挡，红表笔接被测二极管的正极，黑表笔接被测二极管的负极，此时显示屏所显示的就是被测二极管的正向压降，具体方法见表2-4。

表2-4 数字万用表检测二极管的好坏

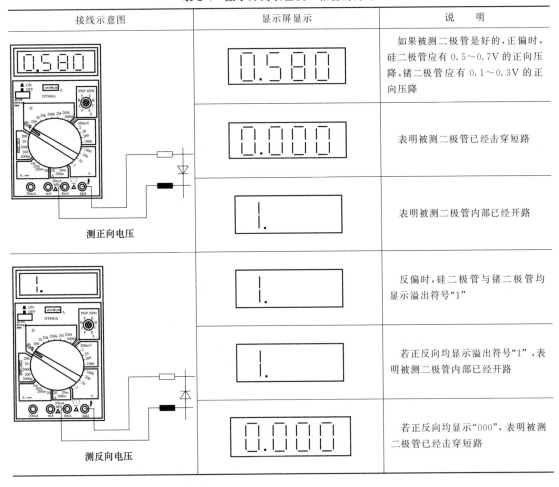

接线示意图	显示屏显示	说　　明
测正向电压	0.580	如果被测二极管是好的，正偏时，硅二极管应有0.5～0.7V的正向压降，锗二极管应有0.1～0.3V的正向压降
	0.000	表明被测二极管已经击穿短路
	1.	表明被测二极管内部已经开路
测反向电压	1.	反偏时，硅二极管与锗二极管均显示溢出符号"1"
	1.	若正反向均显示溢出符号"1"，表明被测二极管内部已经开路
	0.000	若正反向均显示"000"，表明被测二极管已经击穿短路

(4) 指针式万用表检测三极管

1) 判断基极

利用三极管的基极对集电极和发射极具有对称性的结构特点（基极对集电极、发射极的正向电阻都很小，且这两个阻值基本相等），可以迅速判定出基极。

具体做法：先把转换开关拨到欧姆"R×1k"挡，调零。然后用第一支表笔（如红表笔）碰触某个电极，用另一支表笔（如黑表笔）依次碰触其他两个电极，如图2-26所示，记下两次测量的电阻值。

如测出的电阻值都很大或很小（或者都很大，但交换表笔后又都很小），则可判断第一支表笔（即红表笔）接的是基极b。若两次测出的电阻值一大一小，相差很多，说明第一支表笔接的不是基极，应更换其他电极重测。

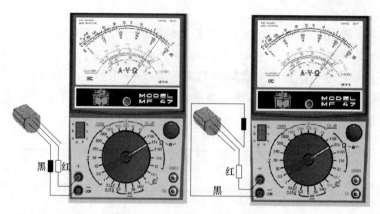

图 2-26　判断三极管的基极

2）判定管型

若已知黑表笔接的是基极，而红表笔依次接触另外两个电极时测出的电阻都较小，则该三极管属于 NPN 管；若两次测出的电阻值都比较大，即为 PNP 管。

在图 2-26 中，红表笔接的是三极管中间的引脚，黑表笔依次接另外两个引脚，根据万用表指针的偏转结果，阻值都很小，可判定红表笔接的是 PNP 型三极管的基极 b。

同样的道理，如果用万用表的黑表笔接假定的基极 b，红表笔依次接另外两个引脚，若测得的阻值都很小，则黑色表笔接的引脚是 NPN 型三极管的基极 b。

3）判断发射极和集电极

用万用表很容易测出三极管的 b 极，但怎么准确断定哪个电极是 c，哪个是 e 呢？这里推荐 β 值法、手捏法和直接测量法 3 种方法，供读者参考。

① β 值法　对于有测三极管 hFE 插孔的万用表，先测出基极 b 后，将万用表转换开关置于 hFE 挡，如图 2-27 所示。再将三极管随意插到插孔中去（当然 b 极应该插入正确），测一下 hFE 值，记录下此数据，然后再将管子倒过来再测一遍，测得 hFE 值，也记录下此数据。然后比较两次测量数据，hFE 值大的一次，各引脚插入的位置是正确的，按照插孔旁边对应的字母，就可以确定集电极和发射极。

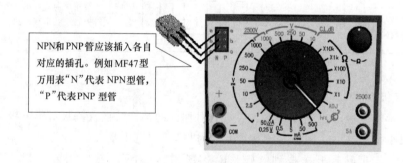

NPN和PNP管应该插入各自对应的插孔。例如 MF47型万用表"N"代表 NPN型管，"P"代表 PNP 型管

图 2-27　β 值法判断 c、e 极

② 手捏法（或舌尖舔法）　对无 hFE 测量插孔的万用表，或管子太大不方便插入 hFE 插孔的，可以用这种方法测量。

对 NPN 管，万用表置于"R×1k"挡，先测出 b 极，再将红表笔接假设的发射极 e（图中的"1"脚，注意拿红表笔的手不要碰到表笔尖或引脚），黑表笔接假设的集电极 c（图中的"2"脚），同时用手指捏住黑表笔尖及这个引脚，将管子拿起来，用你的舌尖舔一下基极 b［也可以用手指把假设的集电极和基极捏住但两引脚不要相碰，如图 2-28（b）所示］。此时注意观察指针偏转的位置，并记下此阻值，如图 2-28（a）所示。

然后再做相反的假设，即把原来假设为集电极 c 的引脚"2"变为发射极 e，原来假定为发射极的引脚"1"变为集电极 c，再做同样的测试，并记下此阻值，如图 2-28（c）所示。

比较两次的阻值的大小，阻值较小的一次（即指针偏转角度较大）所假定的集电极 c 和发射极 e 是正确的，由此就可判定管子的 c、e 极。在图中，引脚"1"为发射极，引脚"2"脚为集电极，如图 2-28（d）所示。

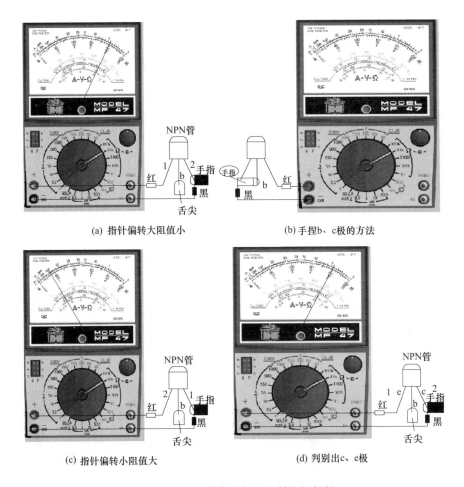

(a) 指针偏转大阻值小　　　　　　　(b) 手捏b、c极的方法

(c) 指针偏转小阻值大　　　　　　　(d) 判别出c、e极

图 2-28　NPN管集电极、发射极的判断

对 PNP 管，要将黑表笔接假设的 e 极（手不要碰到笔尖或引脚），红表笔接假设的 c 极，同时用手指捏住红表笔尖及这个引脚，然后用舌尖舔一下 b 极，如果各表笔接得正确，表头指针会偏转得比较大（阻值较小），如图 2-29 所示。

上述方法适用于所有外形的三极管，方便实用。根据表针的偏转幅度，还可以估计出管子的放大能力，当然这是凭经验的。

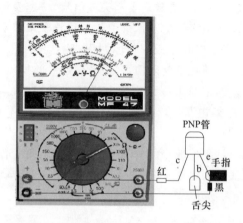

图 2-29 PNP 管集电极、发射极的判断

万用表测量三极管口诀

三极管，两类型，三个极，e、b、c。

万用表，电阻挡，找基极（b），固黑笔，NPN，固红笔，PNP。

NPN，捏基极（b），阻值小，黑接集（c）。

PNP，捏基极（b），阻值小，红接集（c）。

剩余极，是发射（e）。

③ 直接测量法 判定出管子的 NPN 或 PNP 类型及其 b 极后，将万用表转换开关置于"R×10k"挡，对 NPN 管，黑表笔接 e 极，红表笔接 c 极时，表针可能会有一定偏转，如图 2-30 所示；反过来接指针不会有偏转。

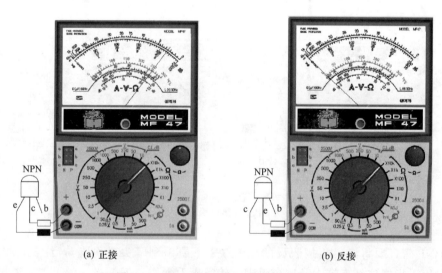

(a) 正接   (b) 反接

图 2-30 NPN 管集电极、发射极的判断

对 PNP 管，黑表笔接 c 极，红表笔接 e 极时，表针可能会有一定的偏转；反过来接指针不会有偏转，如图 2-31 所示。由此也可以判定三极管的 c、e 极。

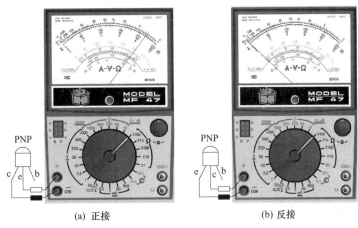

(a) 正接   (b) 反接

图 2-31 PNP 管集电极、发射极的判断

注意：直接测量法不适用于高耐压的三极管。

4）三极管性能测试

① 估测穿透电流 I_{CEO}　不管是 NPN 管还是 PNP 管，不管是小功率、中功率、大功率管，测其 b-e 结 c-b 结都应呈现与二极管完全相同的单向导电性。即反向电阻无穷大，其正向电阻在 $10k\Omega$ 左右。

下面以 NPN 管为例说明，万用表置于"R×1k"挡，如图 2-32 所示为测量正向极间电阻（红表笔接基极），电阻值在 $10k\Omega$ 左右；如图 2-33 所示为测量反向极间电阻，电阻值为无穷大。

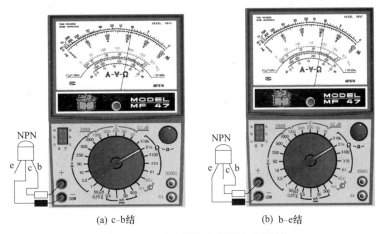

(a) c-b结   (b) b-e结

图 2-32 NPN 管正向极间电阻测量

注意：若为 PNP 管测试，在图 2-32 中测正向极间电阻时，应是黑色表笔接基极 b；在图 2-33 中测反向极间电阻时，应是红表笔接基极。

② 测量放大倍数（β 值）　利用 hFE 刻度线和测试插孔，可以很方便地测量三极管的放大倍数。具体方法是：先将万用表的转换开关拨到"ADJ（校准）"位置，如图 2-34（a）所示。再把红、黑表笔短接，调整零欧姆旋钮，使万用表指针对准 hFE 刻度线的"300"刻度（也就是零欧姆位置），如图 2-34（b）所示。然后分开两表笔，将挡位选择开关置于"hFE"位置，如图 2-34（c）所示。最后把被测晶体管的引脚插入对应的测试插孔进行测

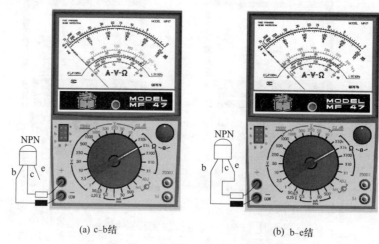

(a) c-b结　　　　　　　　(b) b-e结

图 2-33　NPN 管反向极间电阻测量

量，如图 2-34（d）所示。从 hFE 刻度线即可读出三极管的放大倍数。

如果 β 值太小，表示该管已失去放大作用，不宜使用。

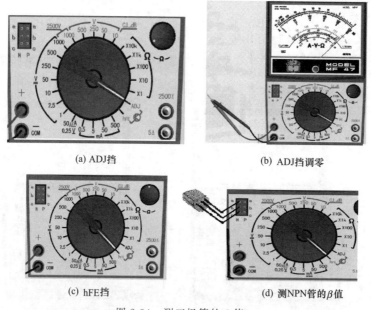

(a) ADJ挡　　　　　　　　(b) ADJ挡调零

(c) hFE挡　　　　　　　　(d) 测NPN管的β值

图 2-34　测三极管的 β 值

注意：图 2-34 中万用表左上角的晶体管插孔"N"供测量 NPN 管用，"P"供测量 PNP 管用。读数时，从 hFE 刻度线上读。

（5）数字式万用表检测三极管

1）判断三极管的管型和基极

按照数字万用表判断二极管的方法，可以判断出其中一极为公共正极或公共负极，此极即为基极 b。对 NPN 型管，基极是公共正极；对 PNP 型管基极则是公共负极。

在实际测量时，每两个引脚间都要测正反向压降，共测 6 次，其中有 4 次显示开路，只有两次显示压降值，否则三极管是坏的或是特殊三极管（如带阻三极管、达林顿三极管等，可通过型号与普通三极管区分开来）。具体做法如下。

① 将黑表笔插入"COM"插孔，红表笔插入"V/Ω"插孔（红表笔极性为"＋"）。

② 将转换开关置于"⊣⊢"挡或者"⊣⊢♪"挡，打开数字表的电源开关。

③ 将三极管的3个脚分别编号为1、2、3，如图2-35所示，并把红表笔接1脚，黑表笔接2脚，观察数字表的读数，记下该数值。测量情况见表2-5。

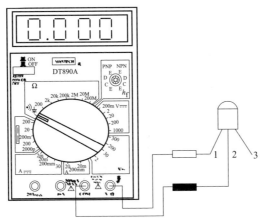

图 2-35 数字表测三极管的基极

表 2-5 数字万用表测三极管的极性

表笔接法	显示屏显示	说 明
红表笔接1脚,黑表笔接2脚	1.	反向截止
红表笔接1脚,黑表笔接3脚	1.	反向截止
红表笔接2脚,黑表笔接1脚	0.642	2脚为基极,三极管为NPN型硅管。1脚为集电极c,3脚为发射极e
红表笔接2脚,黑表笔接3脚	0.685	
红表笔接3脚,黑表笔接2脚	1.	反向截止
红表笔接3脚,黑表笔接1脚	1.	反向截止

在表2-5两次有数值的测量中，有两次是红表笔接同一极即"2"（红表笔极性为"＋"），所以该"2"极是公共正极即基极，并且该三极管为NPN型。如果是黑表笔接同一极，则该极是公共负极即基极，那么该三极管为PNP型。

2）判断发射极和集电极

方法一：用上述方法测试时其中万用表的红表笔接"3"脚的电压稍高，那么"3"脚为三极管的发射极e，剩下的电压偏低的"1"脚为集电极c。

方法二：在判断出基极和管型的基础上，把数字万用表的转换开关旋转至hFE位置，再把其余引脚分别插入 c、e 插孔观察显示屏的读数，再将 c、e 孔中的引脚对调再看数据，数值大的说明引脚插对了。

3）硅、锗三极管的区分

根据导通的压降来区分硅管还是锗管，压降为 0.6V 左右的是硅管，压降为 0.2V 左右的是锗管。如图 2-36（a）所示，b-e、b-c 的极间电压降在 0.6～0.7V 之间，该三极管为硅管。如图 2-36（b）所示，b-e、b-c 的极间电压降在 0.15～0.30V 之间，该三极管为锗管。

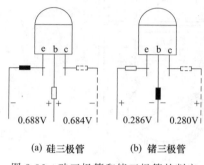

| (a) 硅三极管 | (b) 锗三极管 |

图 2-36　硅三极管和锗三极管的判定

(6) 指针式万用表检测电容器

电容器的好坏可用万用表的电阻挡检测。检测时，首先根据被测电容器容量的大小，将万用表的转换开关置于适当的"Ω"挡位，通常选用万用表的"R×100""R×1k""R×10k"挡进行测试判断。例如，100μF 以上的电容器用"R×100"挡，1～100μF 的电容器用"R×1k"挡，1μF 以下的电容器用"R×10k"挡。

① 检测无极性电容器　用指针式万用表检测无极性电容器的具体方法见表 2-6。

表 2-6　用指针式万用表检测无极性电容器的具体方法

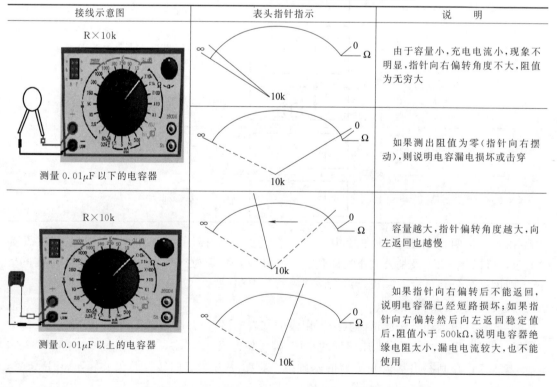

接线示意图	表头指针指示	说　明
R×10k　测量 0.01μF 以下的电容器		由于容量小，充电电流小，现象不明显，指针向右偏转角度不大，阻值为无穷大
		如果测出阻值为零（指针向右摆动），则说明电容漏电损坏或击穿
R×10k　测量 0.01μF 以上的电容器		容量越大，指针偏转角度越大，向左返回也越慢
		如果指针向右偏转后不能返回，说明电容器已经短路损坏；如果指针向右偏转然后向左返回稳定值后，阻值小于 500kΩ，说明电容器绝缘电阻太小，漏电电流较大，也不能使用

② 检测有极性电容器 一般有极性（电解）电容器的容量比无极性（非电解）电容器的容量大，测量时，应根据不同容量选择合适的量程。一般来说，检测容量为 $1\sim47\mu F$ 的电容器，可用"R×1k"挡测量，大于 $47\mu F$ 的电容器可用"R×100"挡测量。具体检测方法如表2-7所示。

表 2-7 用指针式万用表检测有极性电容器的方法

接线示意图	表头指针指示	说 明
	不接万用表	检测前，先将电容器两引脚短接，以放掉电容内残余的电荷
有极性（电解）电容器质量检测	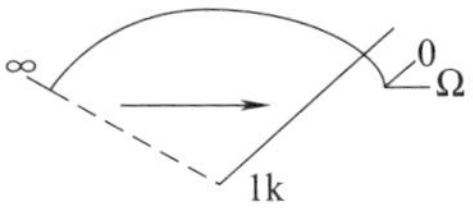	黑表笔接电容器的正极，红表笔接电容器的负极，指针迅速向右偏转，而且电容量越大，偏转角度越大，若指针没有偏转，说明电容器开路失效
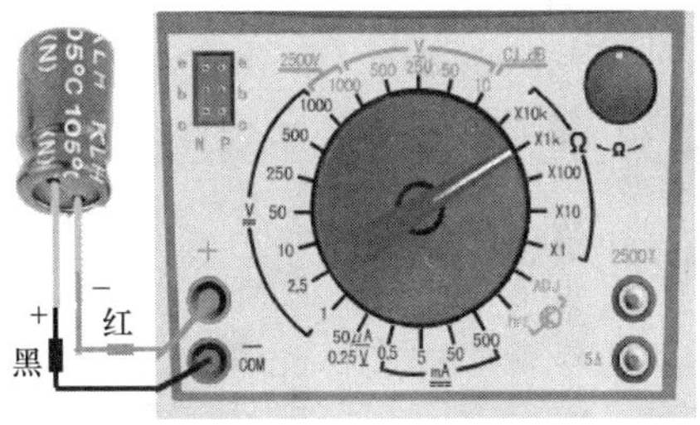	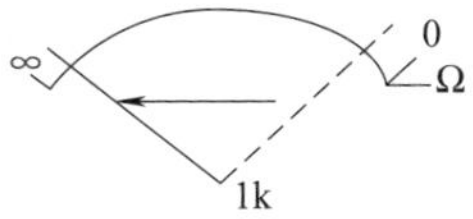	指针到达最右端之后，开始向左偏转，先快后慢，表头指针向左偏到接近电阻无穷大处，说明电容器质量良好。指针指示的电阻值为漏电电阻值。如果指示的值不是无穷大，说明电容器质量有问题。若阻值为零，说明电容器已经击穿
电解电容器极性判断 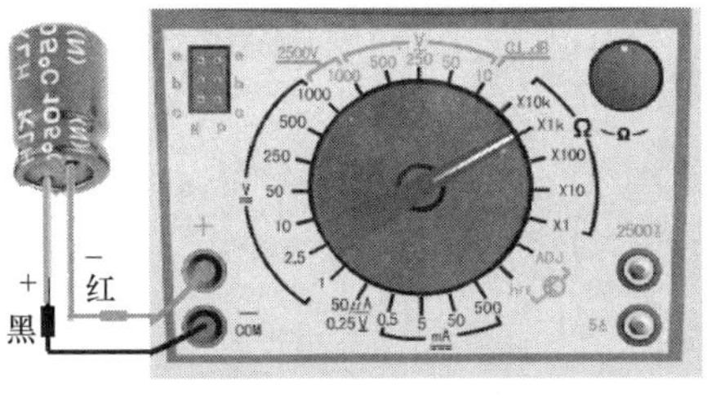	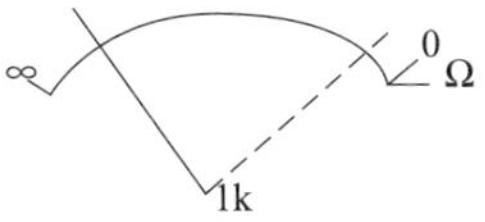 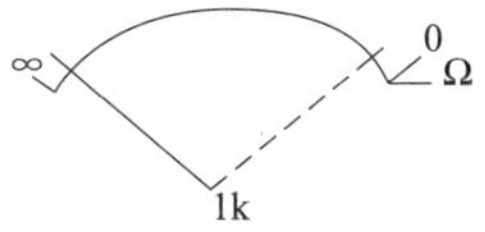	若电解电容器的正、负极性标注不清楚，用万用表"R×1k"挡可以将电容器正、负极性判定出来。方法是先任意测量漏电电阻，记住大小，然后交换表笔再测一次，比较两次测量的漏电电阻的大小，漏电电阻大的那一次黑表笔接的就是电容器正极，红表笔接的为负极

实际使用经验表明，电解电容的漏电电阻一般应在几百千欧姆以上，否则，将不能正常工作。在测试中，如果指针不动，说明该电容器已经断路损坏；如果指针向右偏转后不向左返回，说明该电容器已经短路损坏；如果指针向右偏转然后向左返回稳定后，指针指示的阻值小于 $500k\Omega$，说明该电容器绝缘电阻太小，漏电电流较大，也不能使用。

指针式万用表测量电解电容器口诀

使用电阻 1k 挡，表笔各接一极端。

表针摆到接近零，然后慢慢往回返。

达到某处停下来，返回越多越康健。

到零不动有短路，返回较少有漏电。

开始测量表不走，电容内部线路断。

表针摆幅看容量，积累经验巧判断。

测前放电保安全，换个量程来校验。

电解电容器是允许有一定漏电的，漏电大小与表笔的接法有关。正确的接法是红表笔接电容器的负极，黑表笔接正极，这时候漏电小；反之，就是好的电容器漏电也会加大，这是正常的。利用这一特点，可判断标记不清的电解电容器引脚的正负极性，如图 2-37 所示。

图 2-37　判断标记不清的电解电容器引脚极性

瓷片电容、涤纶电容一般容量较小，可用"R×10k"挡来测量。对于 0.01μF 以上的电容，还是可以看到表针有一点偏转，如图 2-38 所示。

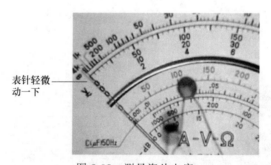

表针轻微
动一下

图 2-38　测量瓷片电容

(7) 数字万用表检测电容器

大多数数字式万用表可以测量 1pF～20μF 的电容量。

测量电容时，根据电容器容量的大小将转换开关置于适当的"C"挡（有的表为"F"挡），将被测电容器插入"CAP"（有的表为"Cx"）插孔中，显示屏上即可显示出电容器的实际容量，如图 2-39 所示。

用数字式万用表检测电容器时应注意以下问题。

① 有的数字表本身已对电容挡设置了保护，故在电容测试过程中不用考虑极性及电容

图 2-39 测量电容器

充放电等情况，但有的数字万用表在把电容器连接到电容插孔前有必要注意极性连接，并且还要放完电。

② 测量大电容时，稳定读数需要一定的时间，可耐心等待。

③ 在待测电容插入之前，注意每次转换量程时，万用表显示屏复零需要一定的时间，这个时段会有漂移读数存在，但不会影响测试精度。

④ 不要把一个外部电压或充好电的电容器（特别是大电容器）连接到测试端。

(8) 万用表测试数码管

LED 数码管是由多个发光二极管组合而成的电子器件，每个二极管的引脚与段符（发光二极管）对应，如图 2-40 所示。

(a) 实物图

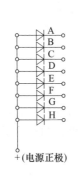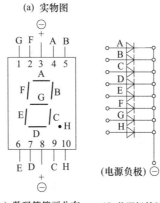

(b) 共阳极接法　　(c) 数码管笔画分布　　(d) 共阴极接法

图 2-40 LED 数码管

采用不同的组合，就可以点亮 0～9 中任意一个数。对不同引脚加电显示的结果如表 2-8 所示。

表 2-8　发光二极管显示工作表

字　　符	加电二极管	不加电二极管
0	A、B、C、D、E、F	G
1	E、F 或 B、C	A、B、C、D 或 A、D、E、F
2	A、B、D、E、G	C、F
3	A、B、C、D、G	E、F
4	B、C、F、G	A、D、E
5	A、C、D、F、G	B、E
6	A、C、D、E、F、G	B
7	A、B、C	D、E、F、G
8	A、B、C、D、E、F、G	—
9	A、B、C、D、F、G	E

1）用二极管挡检测数码管

将数字万用表置于二极管挡时，其开路电压为＋2.8V。用此挡测量 LED 数码管各引脚之间是否导通，可以识别该数码管是共阴极型还是共阳极型，并可判别各引脚所对应的笔段有无损坏。

① 检测已知引脚排列的 LED 数码管　检测接线如图 2-41 所示。将数字万用表置于二极管挡，黑表笔与数码管的 h 点（LED 的共阴极）相接，然后用红表笔依次去触碰数码管的其他引脚，触到哪个引脚，哪个笔段就应发光。若触到某个引脚时，所对应的笔段不发光，则说明该笔段已经损坏。

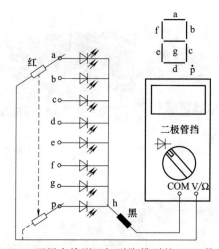

图 2-41　万用表检测已知引脚排列的 LED 数码管

② 检测引脚排列不明的 LED 数码管　有些市售 LED 数码管不注明型号，也不提供引脚排列图。遇到这种情况，可使用数字万用表检测出数码管的结构类型、引脚排列以及全笔段发光性能。

a. 将数字万用表置于二极管挡，红表笔接在①脚，然后用黑表笔去接触其他各引脚，只有接触到⑨脚时，数码管的 a 笔段才发光，而接触其余引脚时则不发光。由此可知，被测管是共阴极结构类型，⑨脚是公共阴极，①脚则是 a 笔段。检测接线如图 2-42 所示。

b. 判别引脚排列。使用二极管挡，将黑表笔固定接在⑨脚，用红表笔依次接触②、③、④、⑤、⑧、⑩、⑦脚时，数码管的 f、g、e、d、c、b、p 笔段先后分别发光，据此绘出该数码管的内部结构和引脚排列（面对笔段的一面），如图 2-43 所示。

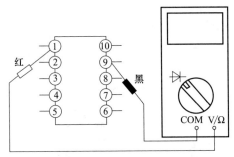

图 2-42　万用表检测引脚排列不明的 LED 数码管

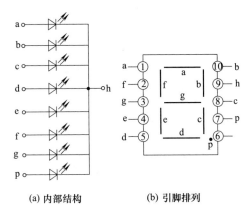

(a) 内部结构　　　　　(b) 引脚排列

图 2-43　数码管内部结构和引脚排列

c. 检测全笔段发光性能。前两步已将被测 LED 数码管的结构类型和引脚排列测出。接下来还应该检测一下数码管的各笔段发光性能是否正常。检测接线如图 2-44 所示，将数字万用表置于二极管挡，把黑表笔固定接在数码管的公共阴极上（⑨脚），并把数码管的 a～p 笔段端全部短接在一起。然后将红表笔接触 a～p 的短接端，此时，所有笔段均应发光，显示出"8"字。

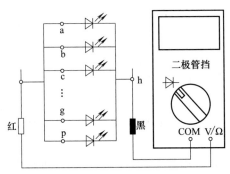

图 2-44　检测全笔段发光情况接线图

2）用 hFE 挡检测数码管

利用数字万用表的 hFE 挡，能检查 LED 数码管的发光情况。若使用 NPN 插孔，则 c 孔带正电，e 孔带负电。例如，在检查 LTS547R 型共阴极 LED 数码管时，从 e 孔插入一根单股细导线，导线引出端接（—）极［第③脚与第⑧脚在内部连通，可任选一个作为（—）］；再从 c 孔引出一根导线依次接触各笔段电极，可分别显示所对应的笔段。若按如图

2-45 所示电路，将第④、⑤、①、⑥、⑦脚短路后再与 c 孔引出线接通，则能显示数字"2"。把 a～g 段全部接 c 孔引线，可显示数字"8"。

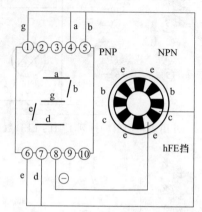

图 2-45　用 hFE 挡检测共阴极数码管接线图

检测时，若某笔段发光黯淡，说明器件已经老化，发光效率变低。如果显示的笔段残缺不全，说明数码管已经局部损坏。注意，检查共阳极 LED 数码管时应改变电源电压的极性。

如果被测 LED 数码管的型号不明，又无引脚排列图，则可用数字万用表的 hFE 挡进行如下测试。

① 判定数码管的结构类型（共阴或共阳）。

② 识别引脚排列。

③ 检查全笔段发光情况。

具体操作时，可预先把 NPN 插孔的 c 孔引出一根导线，并将导线接在假定的公共电极（可任设一引脚）上，再从 e 孔引出一根导线，用此导线依次去触碰被测管的其他引脚。根据笔段发光或不发光的情况进行判别验证。测试时，若笔段引脚或公共引脚判断正确，则相应的笔段就能发光。当笔段电极接反或公共电极判断错误时，该笔段就不能发光。

(9) 万用表检测扬声器

① 判断扬声器的正负极　首先，把指针式万用表拨到直流 0～5mA 挡，然后将两表笔分别接在待测扬声器的两个焊片上。用手轻按扬声器的纸盆，观察万用表指针的摆动方向，若指针正向（向右）偏转，则红表笔接的是扬声器负极，黑表笔接的是扬声器正极，如图 2-46（a）所示。若指针反向（向左）偏转，则红表笔接的是正极，黑表笔接的是负极，如图 2-46（b）所示。

② 测量扬声器的阻抗　将万用表置于"R×1"挡，进行欧姆调零，用两表笔（不分正负极）接触其接线端，直接测量扬声器音圈的直流电阻，此阻值应略小于扬声器的标称阻抗，如图 2-47 所示。

③ 检测扬声器的性能　在图 2-47 的检测中，测出的阻抗与标称值相近，还同时听到发出的振动声，正常时会发出清脆响亮的"哒哒"声，并且声音越大，表示扬声器电声转换效果越好；声音越清脆，表示扬声器音质越好，总体显示扬声器质量良好。

若测试时，振动声和阻抗值如表 2-9 所示，则表示扬声器不能正常工作，需要更换。

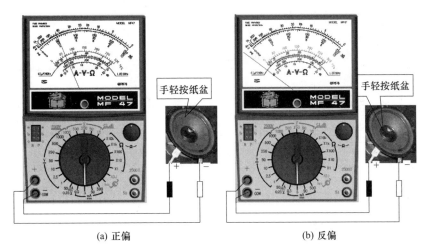

(a) 正偏   (b) 反偏

图 2-46 扬声器正负极性的判别

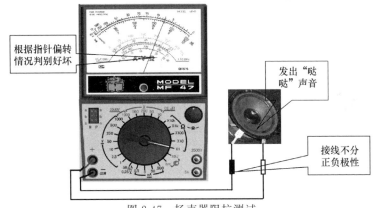

图 2-47 扬声器阻抗测试

表 2-9 扬声器故障现象及处理方法

纸盆发出的振动声	扬声器的阻抗	原 因	处理办法
响声小而尖	实际阻值比标称阻值小得多	扬声器线圈存在匝间短路	更换
没有响声	阻值为∞	线圈内部断路,或接线端有可能断线、脱焊或虚焊	更换

2.2 活学活用绝缘电阻表

2.2.1 认识绝缘电阻表

(1) 绝缘电阻表的作用

绝缘电阻表的计量单位是兆欧（MΩ），故又名兆欧表；又因为使用时需要摇动表内的手摇发电机，故把绝缘电阻表习惯上称为摇表。

绝缘电阻表主要用来测量和检验各种电气设备、电动机、变压器、线路及电缆等的绝缘电阻是否达到规定的要求，以保证这些设备、电器和线路工作在正常状态，避免发生触电伤亡及设备损坏等事故。

（2）绝缘电阻表的种类及结构

绝缘电阻表的种类见表 2-10。

表 2-10   绝缘电阻表的种类

分类标准	种类
按照工作原理分类	手摇直流发电机的绝缘电阻表、自带电源的晶体管绝缘电阻表
按照读数方式分类	指针式绝缘电阻表、数字式绝缘电阻表
按照电压等级分类	低压绝缘电阻表（100V、250V、500V、1000V）、高压绝缘电阻表（2500V、5000V、10kV）

指针式绝缘电阻表的结构及内部电路如图 2-48 所示。

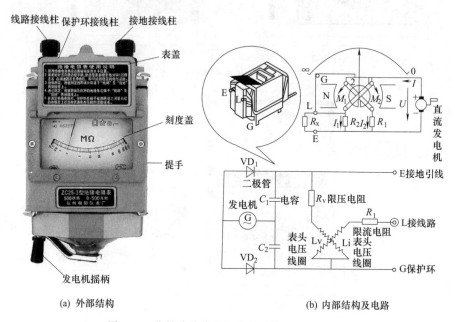

(a) 外部结构

(b) 内部结构及电路

图 2-48   指针式绝缘电阻表的结构及内部电路

VC60B$^+$智慧型数字绝缘电阻表由显示屏、控制面板和接线插孔等部分组成，如图 2-49 所示。

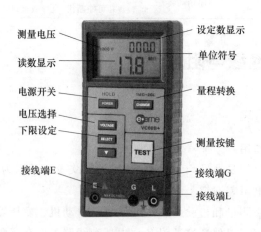

图 2-49   VC60B$^+$智慧型数字绝缘电阻表的外部结构

(3) 检查绝缘电阻表的好坏

手摇式绝缘电阻表使用前，应进行短路试验和开路试验检测，证实表没问题，才可进行测量。

① 短路试验（校零点） 将线路、地线短接，慢慢摇动手柄，若发现表针立即指在零点处，则立即停止摇动手柄，说明表是好的，表的零点读数是正确的，如图2-50（a）所示。

 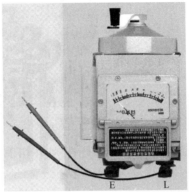

(a) 短路试验   (b) 开路试验

图 2-50　短路试验和开路试验

② 开路试验（校无穷大） 将线路、地线分开放置后，先慢后快逐步加速，以约120r/min的转速摇动手柄，待表的读数在无穷大处稳定指示时，即可停止摇动手柄，说明表的无穷大无异常，如图2-50（b）所示。

(4) 绝缘电阻表指针零位校准

采用电池供电的指针式绝缘电阻表使用前，应进行指针零位校准。方法是：功能选择开关置ON位置，调节机械调零螺钉使表针校准到标度尺的无穷大分度线上，如图2-51所示。

用螺丝刀调节
机械调零螺钉

图 2-51　绝缘电阻表零位校准

(5) 正确使用绝缘电阻表

① 绝缘电阻表必须水平放置在平稳牢固的地方，以免在摇动时因抖动和倾斜产生测量误差。

② 绝缘电阻表有三个接线柱，"E"（接地）、"L"（线路）和"G"（保护环或叫屏蔽端子），接线必须正确无误。

③ 摇动手柄的转速要均匀，一般规定为120r/min，允许有±20%的变化，最多不应超

过 25%。通常要摇动 1min 后，待指针稳定下来再读数，如图 2-52 所示。如被测电路中有电容，则先持续摇动一段时间，让绝缘电阻表对电容充电，待指针稳定后再读数。测完后，先拆去接线，再停止摇动。若测量中发现指针指零，应立即停止摇动手柄。

图 2-52　手摇绝缘电阻表的方法

④ 绝缘电阻表未停止转动以前，切勿用手去触及设备的测量部分或绝缘电阻表接线柱。拆线时，不可直接触及引线的裸露部分。测量完毕，应对设备充分放电，否则容易引起触电事故。

2.2.2　绝缘电阻表检测常用电气设备

测量对象不同，绝缘电阻表的接线方法也有所不同。测量绝缘电阻时，一般只用线路 L 端和地线 E 端。

（1）测量电动机绝缘电阻的接线方法

测量电动机绕组的绝缘电阻时，将 E、L 接线端分别接于被测的两相绕组上，如图 2-53 所示。测量电动机绕组对地的绝缘电阻时，一般将绝缘电阻表的 L 接线端与绕组连接，将 E 接线端与电动机金属外壳的非绝缘点连接。

图 2-53　测量电动机绕组绝缘电阻的接线

（2）测量低压线路绝缘电阻的接线方法

绝缘电阻表测量低压线路绝缘电阻时，将 E 接地线，L 接到被测线路上，如图 2-54 所示。

（3）测量电缆绝缘电阻的接线方法

测量电缆的绝缘电阻（或测量设备的漏电流）时，G 端接屏蔽层（或外壳），L 接线芯，E 接外皮，如图 2-55 所示。G 端接屏蔽层（或外壳）的作用是消除被测对象表面漏电造成的测量误差。

图 2-54 测量低压线路绝缘电阻的接线方法

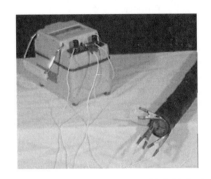

图 2-55 测量电缆绝缘电阻的接线方法

（4）测量家用电器绝缘电阻的接线方法

测量某些家用电器的绝缘电阻时，L 接被测家用电器的电源插头，E 接该家用电器的金属外壳，如图 2-56 所示。

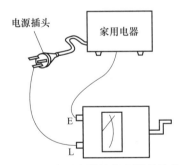

图 2-56 测量家用电器绝缘电阻的接线方法

2.3 活学活用钳形电流表

2.3.1 认识钳形电流表

（1）钳形电流表的优缺点及类型

使用钳形电流表最大的好处就是可以测量大电流而不需关闭被测电路，对电气设备检修、检测非常方便，能够及时了解设备的工作情况。

钳形电流表的缺点就是测量精度比较低。

钳形电流表的种类见表 2-11。

表 2-11　钳形电流表的种类

分类方法	种　　类
从功能分	普通交流钳形电流表、交直流两用钳形电流表、漏电流钳形电流表、多用钳形电流表（由钳形电流互感器和万用表组合而成）
从读数显示方式分	指针式钳形电流表、数字式钳形电流表
从测量电压分	低压钳形电流表、高压钳形电流表

（2）常用钳形电流表的型号和测量范围

钳形电流表的型号很多，现在普遍使用的是数字式钳形电流表。常用钳形电流表的型号及测量范围见表 2-12。

表 2-12　常用钳形电流表型号及测量范围

型号及名称	量程范围	准确度
MG4-AV 交流钳形电流表	电流：0～10A～30A～100A～300A～1000A 电压：0～150V～300V～600V	2.5 级
MG-20 交直流钳形电流表	电流：0～100A～200A～300A～400A～500A～600A	不超测量上限的±5%
MG25 袖珍三用钳形电流表	交流电压：0～300V～600V 交流电流：0～5A～25A～50A～100A～250A 电阻：0～5kΩ	2.5 级
MG28 交直流多用钳形电流表	交流电流：0～5A～25A～50A～100A～250A～500A 交流电压：0～50V～250V～500V 直流电压：0～50V～250V～500V 直流电流：0～0.5mA～10mA～100mA 电阻：0～1kΩ～10kΩ～100kΩ	不超测量上限的±5%
DT-9800 数字式钳形电流表	交流电流：量程 400 时，分辨率为 100mA；量程 600 时，分辨率为 1A 交流电压：400mA～4V～40V～400V～600V 直流电压：4V～40V～400V～600V 直流电流：量程 400 时，分辨率为 100mA；量程 600 时，分辨率为 1A 电阻：400Ω～4kΩ～40kΩ～400kΩ～4MΩ～40MΩ 电容：40nF～400nF～4μF～40μF～100μF 温度：−20℃～760℃，−4℉～1400℉	

2.3.2　正确使用钳形电流表

（1）指针式钳形电流表使用步骤及方法

指针式钳形电流表的使用步骤及方法见表 2-13。

表 2-13　指针式钳形电流表使用步骤及方法

序号	步　骤	操作方法	图　示
1	机械调零	测量前，应检查表针在静止时是否指在机械零位，若没有指在刻度线左边的"0"位上，应进行机械调零。钳形电流表机械调零的方法与指针式万用表相同	 机械调零钮

续表

序号	步　骤	操 作 方 法	图　　示
2	检查钳口	① 检查钳口的开合情况,要求钳口开合自如,钳口两个结合面应保证接触良好 ② 检查钳口上是否有油污和杂物,若有,应用汽油擦干净;如果有锈迹,应轻轻擦去	
3	选择量程	根据负载电流的大小先估计被测电流的数值,选择合适的量程。如果事先不知道负载电流的大小,先选用较大量程进行测量,然后再根据被测电流的大小减小量程,让示数超过刻度的1/2,以获得较准确的读数。注意,必须将钳口打开,在钳形电流表不带电的情况下才能转换量程开关	
4	钳入导线并进行测量	在进行测量时,用手捏紧扳手使钳口张开,被测载流导线的位置应放在钳口中心位置,以减少测量误差;然后松开扳手,使钳口(铁芯)闭合,表头即有指示	

(2) 使用数字式钳形电流表的几个问题

数字式钳形电流表具有自动量程转换(小数点自动移位)、自动显示极性、数据保持、过量程指示等功能,有的还具有测量电阻、电压、二极管及温度等功能。

使用数字式钳形电流表,读数更直观、使用更方便,其使用方法及注意事项与指针式钳形电流表基本相同,下面仅仅介绍在使用过程可能遇到的几个问题。

① 量程选择问题。在测量时,如果显示的数字太小,说明量程过大,可转换到较低量程后重新测量。如果显示过载符号,说明量程过小,应转换到较高量程后重新测量,如图2-57所示。

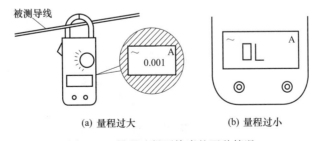

图 2-57　量程选择不恰当的两种情况

② 不可在测量过程中转换量程,应将被测导线退出铁芯钳口,或者按住"功能"键 3s 关闭数字钳形电流表电源,然后再转换量程。

③ 如果需要保存数据，可在测量过程中按一下"功能"键，可听到"嘀"的一声提示声，此时的测量数据就会自动保存在 LCD 显示屏上，如图 2-58 所示。

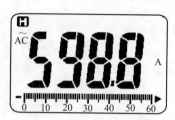

图 2-58　自动保存数据

④ 使用具有万用表功能的钳形电流表测量电路的电阻、交流电压、直流电压，将表笔插入数字钳形电流表的表笔插孔，量程选择开关根据需要分别置于"V～"（交流电压）、"V－"（直流电压）、"Ω"（电阻）等挡位，用两表笔去接触被测对象，LCD 显示屏即显示读数。其具体操作方法与用数字万用表测量电阻、交流电压、直流电压一样。

2.3.3　钳形电流表测线路电流

(1) 测量低压母线电流

测量低压母线电流时，测量前应先将相邻各导线用绝缘板隔离，再将导线钳在钳口的中心位置。这样做的目的是防钳口张开时可能引起的相间短路，如图 2-59 所示。

图 2-59　测量低压母线电流

(2) 测量 5A 以下的电流

测量 5A 以下的电流时，如果钳形电流表的量程较大，在条件许可时，可把导线在钳口上多绕几圈，然后测量并读数。此时，线路中的实际电流值为所读数值除以穿过钳口内侧的导线匝数，如图 2-60 所示。

图 2-60　测量 5A 以下的电流

(3) 测量双绞线电流

测量双绞线电流时，每次只能钳入一根导线（相线、零线均可）。具体操作时，要将双绞线分开一段，然后钳入其中一根导线进行测量，如图 2-61 所示。

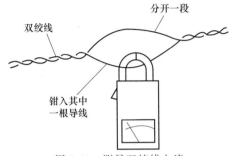

图 2-61 测量双绞线电流

2.3.4 钳形电流表测量电动机电流

(1) 测量电动机的启动电流

① 先把钳形电流表的电流量程调大一些（为电动机额定电流值的 10 倍左右）。

② 将电动机的一相电源线套入钳形电流表的钳口中。

③ 在启动电动机的一瞬间，指针所指的读数就是该电动机的启动电流值。

(2) 测量电动机空载电流

① 根据电动机铭牌上标注的电流值大小，选择好钳形电流表量程。

② 启动空载的三相异步电动机。

③ 把钳形电流表钳在三相异步电动机电源进线的其中一根上，读出钳形电流表的数值，即为电动机该相的空载电流值。同时钳入两相导线，则指示的电流值为第三根相线的电流。

④ 如果三相电流都需要测量，需要重复进行步骤③。

(3) 判别电动机三相电流是否平衡

当需要判别电动机三相电流是否平衡时，在条件许可的情况下，可将被测三相电路的三根相线同方向同时钳入钳口中，若钳形电流表的读数为零，则表明三相负载平衡，如图 2-62 所示；若钳形电流表的读数不为零，说明三相负载不平衡。

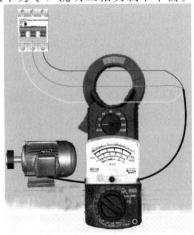

图 2-62 钳形电流表测量电动机三相电流是否平衡示意图

2.3.5　钳形电流表使用注意事项

① 测量前首先必须熟悉钳形电流表面板上各种符号、数字所代表的含义，然后检查钳形电流表表针是否归零，若不在零位，可以调整表盖上的机械"零位"调整器，让表针恢复到"零位"。

② 测量前应先估计被测电流的大小，选择合适量程。若无法估计，为防止损坏钳形电流表，应从最大量程开始测量，逐步变换挡位直至量程合适。改变量程时应将钳形电流表退出。

③ 被测电路的电压不可超过钳形电流表的额定电压。普通钳形电流表不能测量高压电气设备。

④ 为减小误差，测量时被测导线应尽量位于钳口的中央。

⑤ 测量时，钳形电流表的钳口应紧密接合，若指针抖晃，可重新开闭一次钳口，如果抖晃仍然存在，应仔细检查，注意清除钳口杂物、污垢，然后进行测量。

⑥ 测量小电流时，为使读数更准确，在条件允许时，可将被测载流导线绕数圈后放入钳口进行测量。此时被测导线实际电流值应等于仪表读数值除以放入钳口的导线圈数。

⑦ 某些型号的钳形电流表设置有交流电压测量功能，测量电流、电压时应分别进行，不能同时测量。

⑧ 当电池电量变低时，数字式钳形电流表的显示屏上会显示"BATT"，此时要更换新电池，如图 2-63 所示。

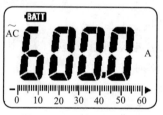

图 2-63　电池电量变低

⑨ 由于钳形电流表需要在带电情况下测量，因此使用时应注意测量方法的正确性，特别是要注意人身安全和设备安全。

⑩ 测量结束，应将量程开关置于最高挡位，以防下次使用时疏忽，未选准量程进行测量而损坏仪表。

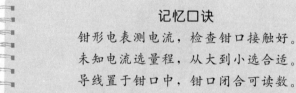

记忆口诀

钳形电表测电流，检查钳口接触好。

未知电流选量程，从大到小选合适。

导线置于钳口中，钳口闭合可读数。

测量母线防短路，测量小流线缠绕。

第3章

电工操作必备技能

3.1 导线连接技能

3.1.1 导线连接基础

(1) 导线连接的要求

导线连接是电工作业的一项基本工序，也是一项十分重要的工序。导线连接的质量直接关系到整个线路能否安全可靠地长期运行。杜绝线路隐患、保障线路畅通与导线的连接工艺和质量有非常密切的关系。

导线连接的基本要求是：连接牢固可靠、接头电阻小、机械强度高、耐腐蚀、耐氧化、电气绝缘性能好，如图 3-1 所示。

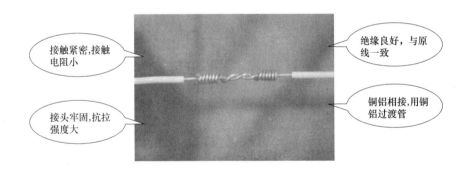

接触紧密,接触电阻小

接头牢固,抗拉强度大

绝缘良好,与原线一致

铜铝相接,用铜铝过渡管

图 3-1 导线连接基本要求

(2) 导线连接的基本步骤

电线连接的基本步骤是：导线绝缘层的剥削；导线线头的连接；导线连接处绝缘层的恢复，如图 3-2 所示。

(3) 导线连接的方法

由于导线种类和连接形式不同，导线连接的方法也不同。常用的电线连接方法有绞合连接、紧压连接、焊接、接线端子连接等，近年来出现了采用连接器连接的新工艺，见表 3-1。

(a) 剥削绝缘层　　　　　　　(b) 线头连接　　　　　　　(c) 绝缘层恢复

图 3-2　电线连接的基本步骤

表 3-1　导线连接常用方法

序号	连接方法	说　明	图　示
1	绞合连接	指将需连接导线的芯线直接紧密绞合在一起。铜导线常用绞合连接方法	
2	紧压连接	用铜或铝套管套在被连接的芯线上，再用压接钳或压接模具压紧套管使芯线保持连接状态。铜导线（一般是较粗的铜导线）和铝导线都可以采用紧压连接方法，铜导线的连接应采用铜套管，铝导线的连接应采用铝套管。紧压连接前应先清除导线芯线表面和压接套管内壁上的氧化层和黏污物，以确保接触良好	
3	焊接	将金属（焊锡等焊料或焊线本身）熔化融合而使导线连接。电工技术中导线连接的焊接种类有锡焊、电阻焊、电弧焊、气焊、钎焊等	
4	接线端子连接	接线端子是为了方便导线的连接而应用的，它其实就是一段封在绝缘塑料里面的金属导电部件，两端都有孔可以插入导线，用螺钉紧固或者松开，适合大量的导线互相连接。在电力行业就有专门的端子排，端子箱上面都是端子排，有单层的、有双层的、有多层的、有普通的、有可断的等 常用的接线端有欧式接线端子、插拔式接线端子、栅栏式接线端子、弹簧式接线端子、轨道式接线端子、穿墙式接线端子	
5	连接器连接	连接器采用了弹簧夹持连接技术，能较好地消除电气连接的安全隐患，具有高可靠性、高安全性、高效率、免维修、降低检修成本等突出优点	

3.1.2　导线绝缘层的剥削

(1) 基本要求

剥削导线绝缘层可以采用剥线钳、电工刀等工具进行。剥削导线绝缘层的基本要求是：不得损伤芯线，线头长短合适，如图 3-3 所示。

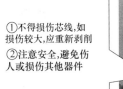
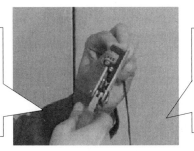

①不得损伤芯线,如损伤较大,应重新剥削
②注意安全,避免伤人或损伤其他器件

③根据接头需要,剥削线头的长短应合适
④根据实际情况使用相关的工具

图 3-3　剥削导线绝缘层的基本要求

(2) 塑料硬线线头绝缘层的剥削

1) 用钢丝钳剥削

线芯截面积为 4mm^2 及以下的塑料硬线,一般用钢丝钳进行剥削,其剥削方法如下。

① 用左手握住电线,根据线头所需长度用钢丝钳刀口切割绝缘层,但不可切入线芯。

② 用右手握住钢丝钳头部用力向外勒去绝缘层,如图 3-4 所示。

图 3-4　钢丝钳剥削塑料硬线线头绝缘层

2) 用电工刀剥削

芯线面积大于 4mm^2 的塑料硬线,可用电工刀剥削线头绝缘层,其剥削方法如下。

① 根据所需长度用电工刀以 45°倾斜角切入塑料绝缘层。

② 刀面与芯线保持 15°左右倾斜角,用力向线端推削,不可切入线芯,削去上面一层绝缘。

③ 将下面一层绝缘层向后扳翻,最后用电工刀齐根切去绝缘层,如图 3-5 所示。

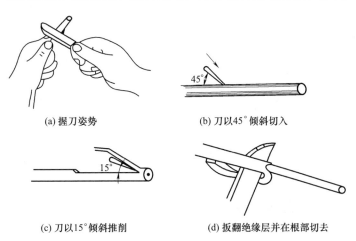

(a) 握刀姿势

(b) 刀以45°倾斜切入

(c) 刀以15°倾斜推削

(d) 扳翻绝缘层并在根部切去

图 3-5　电工刀剥削塑料硬线线头绝缘层

（3）塑料软线线头绝缘层的剥削

塑料软线绝缘层只能用剥线钳或钢丝钳剥削，一般不可用电工刀剥削。

① 用左手拇、食两指先捏住线头，按连接所需长度，用钳头刀口轻切绝缘层，轻切时不可用力过大，只要切破绝缘层即可，因软线每股线芯较细，极易被切断。

② 迅速移动握位，从柄部移至头部，在移动过程中不可松动已切破绝缘层的钳头。同时，左手食指应绕上一圈导线，然后握拳捏导线，再两手反向同时用力，右手抽左手勒，即可把端部绝缘层剥离，剥离绝缘层时右手用力要大于左手。

钢丝钳剥削塑料软线线头绝缘层如图 3-6 所示。

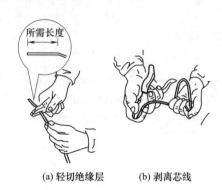

(a) 轻切绝缘层　　　　(b) 剥离芯线

图 3-6　钢丝钳剥削塑料软线线头绝缘层

剥线钳剥削导线绝缘层的方法见本书第 1 章，这里不再重复介绍。

（4）塑料护套线线头绝缘层的剥削

塑料护套线绝缘层必须用电工刀来剥削，如图 3-7 所示，剥削方法如下。

① 按所需长度用电工刀刀尖对准护套线缝隙，划开护套层。

② 向后扳翻护套层，用刀齐根切去。

③ 在距离护套层 10mm 处，用电工刀以 45°倾斜切入绝缘层，剥削方法同塑料硬线。

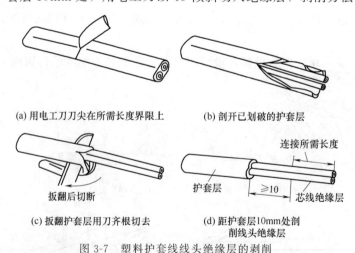

(a) 用电工刀刀尖在所需长度界限上　　　(b) 剖开已划破的护套层

(c) 扳翻护套层用刀齐根切去　　　(d) 距护套层10mm处剖削线头绝缘层

图 3-7　塑料护套线线头绝缘层的剥削

（5）橡套软线线头绝缘层的剥削

橡套软线俗称橡皮软线，因为它的护套层呈圆形，不能按塑料护套线的剥削方法来剥削，其剥削方法如图 3-8 所示。

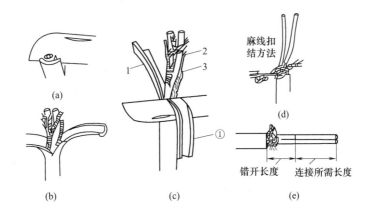

图 3-8　橡套软线线头绝缘层的剥削

1—护套层；2—芯线；3—加强麻线

① 用电工刀从橡皮软线端头任意两芯线缝隙中割破部分橡皮护套层。

② 把已分成两半的橡皮护套层反向撕开。

③ 扳翻已被隔开的橡皮护套层，在根部分别切断。

④ 每根芯线的绝缘层按所需长度用塑料软线的剥削方法进行剥削。

注意：橡套软线在护套层内除有芯线外，还有 2～5 根加强麻线。这些麻线不应在橡皮护套切口根部同时剪去，应扣结加固，使这些麻线来承受外界压力，保证导线端头不遭破坏。

(6) 铅包层线头绝缘层的剥削

① 先用电工刀把铅包层切割一刀，如图 3-9（a）所示。

② 用双手来回扳动切口处，铅层便沿切口折断，然后就可把铅包层拉出，如图 3-9（b）所示。

③ 绝缘层的剥削，可按塑料线绝缘层的剥削方法进行，如图 3-9（c）所示。

(a) 按所需长度切入　　(b) 扳折切口拉出铅包层　　(c) 剥削绝缘层

图 3-9　铅包层线头绝缘层的剥削

3.1.3　导线连接

导线的连接就是常说的导线接头，是维修电工应该认真掌握且应熟练掌握的基本功。一些电气安装施工人员在敷设导线时，在导线接头处不是采用绞接方法，而是采用违章的弯钩状连接方法。这种弯钩状连接方法的接触电阻很大，通电时不断发热，会使附近的木板逐步干燥、炭化，最后发生燃烧，引起火灾。由此可见，导线连接的接头处往往是事故多发处，线路发热烧毁十之八九常在接头处发生，为此要谨慎小心并按技术要求施工。

（1）单股铜芯线直线连接

1）小截面积单股铜芯线直线连接

小截面积单股铜芯线线头的直线连接如图3-10所示，其工艺与技术要求如下。

① 将去除绝缘层和氧化层的两股芯线交叉，互相绞合2～3圈；

② 将两线头自由端扳直，每根自由端在对方芯线上缠绕，缠绕长度为芯线直径的6～8倍，这就是常见的绞接法；

③ 剪去多余线头，修整毛刺。

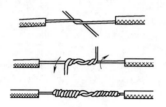

图 3-10　小截面积单股铜芯线线头的直线连接

单股铜芯线直线连接口诀

两根芯线十字交，相互绞合三圈挑。

扳直芯线尾线直，紧缠六圈弃余端。

2）大截面积单股铜芯线直线连接

大截面积单股铜芯线线头的直线连接如图3-11所示，其工艺与技术要求如下。

① 在两股线头重叠处填入一根直径相同的芯线，以增大接头处的接触面；

② 用一根截面积在1.5mm^{2}左右的裸铜线（绑扎线）在上面紧密缠绕，缠绕长度为芯线直径的10倍左右；

③ 用钢丝钳将芯线线头分别折回，将绑扎线继续缠绕5～6圈后剪去多余部分并修剪毛刺；

④ 如果连接的是不同截面积的铜导线，先将细导线的芯线在粗导线上紧密缠绕5～6圈，再用钢丝钳将粗导线折回，使其紧贴在较小截面积的芯线上，再将细导线继续缠绕4～5圈，剪去多余部分并修整毛刺。

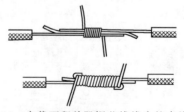

图 3-11　大截面积单股铜芯线线头的直线连接

（2）单股铜芯线 T 形连接

1）小截面积单股铜芯线 T 形连接

小截面积单股铜芯线 T 形连接如图3-12所示，其工艺与技术要求如下。

① 将支路芯线与干路芯线垂直相交，支路芯线留出 3～5mm 裸线，将支路芯线在干路芯线上顺时针缠绕 6～8 圈，剪去多余部分，修除毛刺；

② 对于较小截面积芯线的 T 形连接，可先将支路芯线的线头在干路芯线上打一个环绕结，接着在干路芯线上紧密缠绕 5～8 圈。

单股铜芯线 T 形连接口诀

支干两线垂直交，顺时方向支路绕。

缠绕六至八圈后，钳平末端去尾线。

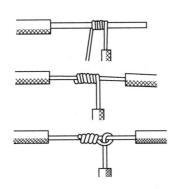

图 3-12　小截面积单股铜芯线 T 形连接

2）大截面积单股铜芯线 T 形连接

大截面积单股铜芯线 T 形连接如图 3-13 所示，其工艺与技术要求如下。

将支路芯线线头弯成直角，将线头紧贴干路芯线，填入相同直径的裸铜线后用绑扎线参照大截面积单股铜芯线的直线连接的方法缠绕。

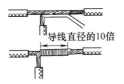

图 3-13　大截面积单股铜芯线 T 形连接

(3) 多股铜芯线线头的连接

在电力工程施工中，经常会遇到多股导线（例如 7 股、19 股等）的连接，下面以 7 股铜芯线为例介绍多股铜芯线线头连接的操作方法及技术要求。

1）7 股铜芯线线头的直线连接

7 股铜芯线线头直线连接如图 3-14 所示，其工艺与技术要求如下。

① 先将剖去绝缘层的芯线头散开并拉直，再把靠近绝缘层 1/3 线段的芯线绞紧，然后把余下的 2/3 芯线头分散成伞状，并将每根芯线拉直。

② 使两股伞状芯线线头相对，隔股交叉直至伞形根部相接，然后捏平两边散开的线头。

③ 把一端的 7 股芯线按 2、2、3 根分成三组，把第一组 2 根芯线扳起，垂直于芯线，并按顺时针方向缠绕 2 圈；然后将余下的芯线向右扳直紧贴芯线。再把下边第二组的 2 根芯线向上扳直，也按顺时针方向紧紧压着前 2 根扳直的芯线缠绕；接下来将余下的芯线向右扳

直，紧贴芯线。再把下边第三组的 3 根芯线向上扳直，按顺时针方向紧紧压着前 4 根扳直的芯线向右缠绕，缠绕 3 圈后，剪去多余部分，修除毛刺，钳平线端。

④ 用同样方法再缠绕另一边芯线。

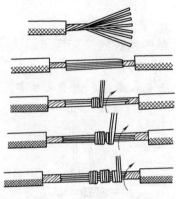

图 3-14　7 股铜芯线线头直线连接

7 股铜芯线直线连接口诀

剥削绝缘拉直线，绞紧根部余分散。

分成伞状隔根插，2、2、3、3 要分辨。

两组 2 圈扳直线，三组 3 圈弃余线。

芯线细排要绞紧，同是一法另一端。

2）7 股铜芯线线头的 T 形连接

7 股铜芯线 T 形连接如图 3-15 所示，其工艺与技术要求如下。

① 把除去绝缘层和氧化层的支路线端分散拉直，在距根部 1/8 处将其进一步绞紧，将支路线头按 3 和 4 的根数分成两组并整齐排列。

② 用一字形螺丝刀把干线也分成尽可能对等的两组，并在分出的中缝处撬开一定距离，将支路芯线的一组穿过干线的中缝，另一组排于干路芯线的前面。先将前面一组在干线上按顺时针方向缠绕 3～4 圈，剪除多余线头，修整好毛刺。接着将支路芯线穿越干线的一组在干线上按逆时针方向缠绕 4～5 圈，剪去多余线头，钳平毛刺即可。

图 3-15　7 股铜芯线线头 T 形连接

7 股铜芯线 T 形连接口诀

3、4 两组干、支分，支线一组如干芯。

3 绕 3 至 4 圈后，再绕 4 至 5 圈平。

(4) 电缆芯线连接

双芯、多芯电缆线、护套线等电缆芯线的连接方法如图3-16所示。线头的连接方法与前面讲述的绞接法相同。应该注意的是：不同芯线的连接点应该错开，以免发生短路和漏电。

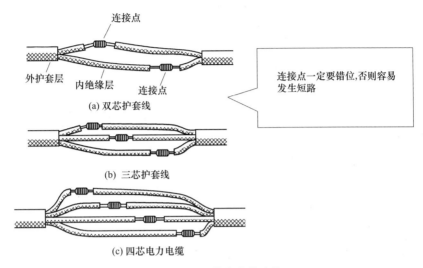

连接点一定要错位,否则容易发生短路

(a) 双芯护套线

(b) 三芯护套线

(c) 四芯电力电缆

图 3-16　电缆线头的连接

(5) 铜、铝导线的连接

铜、铝导线一般不能直接连接，因为铜和铝两种金属的化学性质不同，如果将铜线和铝线直接连接，一旦遇到空气中的水分、二氧化碳以及其他杂质形成的电解液，就将形成电池效应。这时铝易于失去电子成为正极，铜难于失去电子而成为负极，腐蚀铝线，即形成所谓电化腐蚀，导致接头处接触电阻增大，引起接触不良。有电流通过铜铝连接部位时，将使其温度升高，而高温又加速了铝线的腐蚀程度，这样恶性循环，直至将导线烧毁。因此，铜、铝导线必须采取过渡连接。

① 单股小截面积铜、铝导线连接，应将铜线搪锡后再与铝线连接。

② 多股大截面积铜、铝导线连接时，应采用铜铝过渡连接管或铜铝过渡线夹，如图3-17所示。

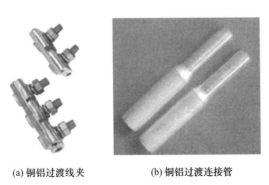

(a) 铜铝过渡线夹　　　　　(b) 铜铝过渡连接管

图 3-17　铜铝过渡连接器件

③ 铝导线与电气设备的铜接线端连接时，应采用铜铝过渡接线耳，如图3-18所示。

图 3-18　铜铝过渡接线耳

（6）线头与平压式接线柱的连接

对于截面积较小的单股导线，先去除导线线头的绝缘层，用尖嘴钳按照螺钉的大小将线头顺时针方向弯曲成螺钉刚好穿过的圆圈，这种芯线连接圈俗称"羊眼圈"，如图 3-19 所示。

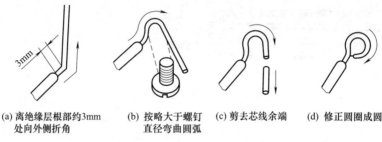

(a) 离绝缘层根部约3mm　　(b) 按略大于螺钉　(c) 剪去芯线余端　(d) 修正圆圈成圆
　　处向外侧折角　　　　　　　直径弯曲圆弧

图 3-19　单股芯线连接圈的弯法

（7）线头与瓦形接线柱的连接

线头与瓦形接线柱连接时，如果是一个线头，只需将线头弯曲成 U 形钩状，将其压入瓦形垫圈下面，然后将螺钉旋紧即可。如果是两个线头，应将两个线头的接线弯相对压入。线头与瓦形接线柱的连接方法如图 3-20 所示。

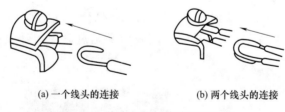

(a) 一个线头的连接　　　　　(b) 两个线头的连接

图 3-20　线头与瓦形接线柱的连接

（8）多股芯线与针孔线柱的连接

先估计针孔长度，并按此长度剥削导线绝缘层，然后将芯线插入针孔，再旋紧螺栓即可。接线柱头上有两个压紧螺栓时，必须将两个螺栓都拧入压住线头，其压紧程度应一致，不可一紧一松。如果针孔较大，旋紧螺栓后仍不能压紧线头，则可将导线折叠后插入，如图 3-21 所示。

多股芯线与针孔线柱连接时应注意以下事项：

① 小截面积导线（尤其是铝导线）与接线柱头连接时，必须留有能供再剖削 2～3 次线头的长度，否则线头断裂后就无法再与接线柱头连接了。

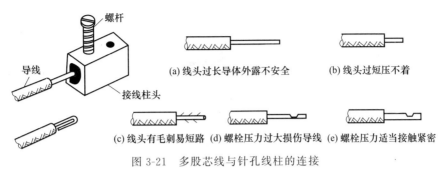

图 3-21 多股芯线与针孔线柱的连接

② 裸线头应插到接线柱头针孔底部，线头根部不要裸露过多，导线绝缘层应与接线柱头保持适当的距离。

③ 多股绞合线的线头，应先用电工钳绞紧后或搪锡后插入，不可有毛刺外露，以免发生短路。

④ 如果线头的截面积过大插不进针孔，可把多股线的中间芯线适当剪去一些，重新绞紧后再插入连接。

⑤ 拧紧螺栓的压力要适当，既要将导线压紧，又不能过分用力而损伤导线。尤其是铝导线或细铜导线，机械强度差，不当心容易将导线切断。

（9）线头与螺钉平压柱的连接

线头与电气设备上的螺钉平压柱连接时，如果是截面积较小的单股芯线，则必须把线头弯成羊眼圈。羊眼圈弯曲的方向应与螺钉拧紧的方向一致。

多股芯线与螺钉平压式接线柱连接时，压接圈的弯法如图 3-22 所示。

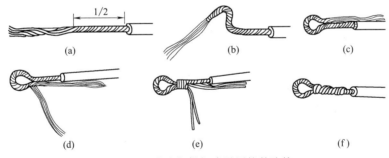

图 3-22 线头与螺钉式平压柱的连接

截面积较大的单股芯线与螺钉平压式接线柱连接时，线头须装上接线耳，由接线耳与接线柱连接，如图 3-23 所示。

3.1.4 导线绝缘层的恢复

导线连接后，必须进行导线绝缘层的恢复工作。导线绝缘恢复的基本要求是：绝缘带包缠均匀、紧密，不露铜芯。

恢复线头绝缘层常用的有黄蜡带、涤纶薄膜带和黑胶带（黑胶布）3 种材料。绝缘带宽度一般选用 20mm 比较适宜。

（1）导线直接点的绝缘层恢复

用黄蜡带或涤纶薄膜带从导线左侧的完好绝缘层上开始顺时针包缠（要求从线头一边距

图 3-23　镀锌接线耳

切口 40mm 处开始），使绝缘带与导线间保持 45°的倾斜角，后一圈压在前一圈 1/2 的宽度上。包至另一端也必须包入与始端同样长度的绝缘层，然后接上黑胶带，并用黑胶带包出绝缘带至少 1/2 带宽，即必须使黑胶带完全包没绝缘带，如图 3-24 所示。

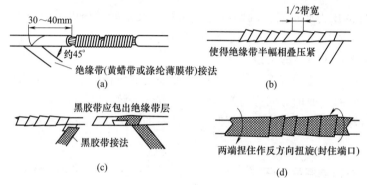

图 3-24　线头绝缘层恢复方法示意图

注意：导线被破坏的绝缘层恢复后，其绝缘强度不得低于剥削以前的绝缘强度。

（2）导线分支接点的绝缘层恢复

导线分支接点的绝缘层恢复步骤如图 3-25 所示，其操作方法如下。

① 用黄蜡带或涤纶薄膜带从导线左端完好的绝缘层上开始顺时针包缠如图 3-25（a）所示。

② 包至分支线时，用左手拇指顶住左侧直角处包上的带面，使它紧贴转角处芯线，并应使处于线顶部的带面尽量向右侧斜压，如图 3-25（b）所示。

③ 绕至右侧转角处时，用左手食指顶住右侧直角处带面，并使带面在干线顶部向左侧斜压，与被压在下边的带面呈"×"状交叉；再把带再回绕到右侧转角处，如图 3-25（c）所示。

④ 黄蜡带或涤纶薄膜带沿紧贴住支线连接处根端，开始在支线上缠包，包至完好绝缘层上约两倍带宽时，原带折回再包至支线连接处根端，并把带向干线右侧斜压，如图 3-25（d）所示。

⑤ 当带围过干线顶部后，紧贴干线右侧的支线连接处开始在干线右侧芯线上进行包缠，如图 3-25（e）所示。

⑥ 包至干线另一端的完好绝缘层上，接上黑胶带，再按②～⑤步方法继续包缠黑胶带，如图3-25（f）所示。

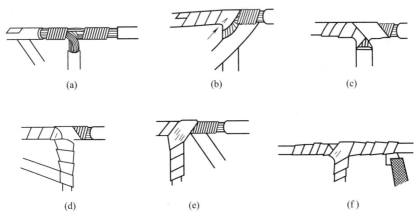

(a)　　　　　　　　　(b)　　　　　　　　　(c)

(d)　　　　　　　　　(e)　　　　　　　　　(f)

图3-25　导线分支接点的绝缘层恢复

（3）导线并接点的绝缘层恢复

导线并接点的绝缘层恢复的步骤如图3-26所示，其操作方法如下。

① 用黄蜡带或涤纶薄膜带从左侧的完好的绝缘层上开始顺时针包缠。

② 由于并接点较短，绝缘带叠压宽度可大些，间隔可小于1/2带宽。

③ 包缠到导线端口后，应使带面超出导线端口1/2～3/4带宽，然后折回伸出部分的带宽。

④ 把折回的带面揪平压紧，接着缠包第二层绝缘层，包至下层起包处止。

⑤ 接上黑胶带，并使黑胶带超出绝缘带层至少1/2带宽，并完全压没住绝缘带，如图3-26（e）所示。

⑥ 按第②步方法把黑胶带包缠到导线端口。

⑦ 按第③、④步方法把黑胶带缠包端口绝缘带层，要完全压没住绝缘带；然后折回缠包第二层黑胶带，包至下层起包处止。

⑧ 用右手拇指和食指紧捏黑胶带断带口，使端口密封。

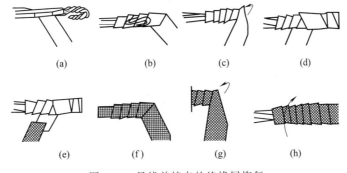

(a)　　　　　　(b)　　　　　　(c)　　　　　　(d)

(e)　　　　　　(f)　　　　　　(g)　　　　　　(h)

图3-26　导线并接点的绝缘层恢复

特别指出，电线绝缘层破损，电线连接头绝缘层的恢复，除了上面介绍的用绝缘带恢复绝缘层外，如果环境比较恶劣，也可以使用绝缘热缩防水胶带或者热缩管来恢复绝缘层。

3.2 登杆技能

3.2.1 认识登杆必备用具

电工高处作业必须要借助于专用的登高用具。电杆登杆作业常用登高用具有登高板、脚扣等；辅助登杆用具有腰带、保险绳和腰绳，必要时还需要吊绳和吊袋等登高作业用品，如图 3-27 所示。同时，必须穿戴好工作服，戴好安全帽。

图 3-27　电杆登杆作业的用具

（1）脚扣

脚扣又称为铁脚，采用合金钢制作，在扣环上裹有防滑橡胶套，供登混凝土杆用。

（2）登高板

登高板又称升降板、踏板，主要由板、绳、铁钩三部分组成，如图 3-28 所示。

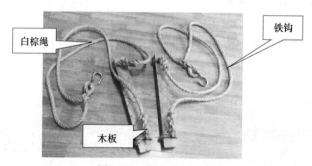

图 3-28　登高板的结构

（3）保险绳、腰绳和安全腰带

保险绳、腰绳和安全腰带是电工高空操作的必备用品，如图 3-29 所示。

（4）吊绳和吊袋

吊绳和吊袋是杆上作业时用来传递零件和工具的用品。吊绳一端应系结在电工的腰带上，另一端垂向地面。

（5）安全帽

安全帽用于保护头部免受意外伤害。

注意：在杆上作业时，零星工具及材料须放在吊袋或笼筐内，用吊绳吊上或吊下，不许随身携带或用手传递投掷。

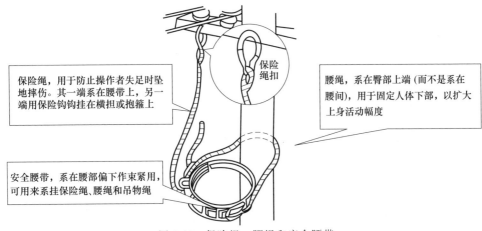

保险绳，用于防止操作者失足时坠地摔伤。其一端系在腰带上，另一端用保险钩钩挂在横担或抱箍上

保险绳扣

腰绳，系在臀部上端(而不是系在腰间)，用于固定人体下部，以扩大上身活动幅度

安全腰带，系在腰部偏下作束紧用，可用来系挂保险绳、腰绳和吊物绳

图 3-29　保险绳、腰绳和安全腰带

电工作业必须佩戴电工专用的安全帽。

3.2.2 用登高板登杆

(1) 上杆

① 先将一个登高板钩挂在电杆上，高度以能跨上为准，另一个登高板反挂在肩上。

② 用右手握住挂钩的两根棕绳，并用大拇指顶住挂钩；左手握住左边贴近登高板的单根棕绳，右脚跨上登高板。

③ 四肢同时用力，然后用力使身体上升，待身体重心转到右脚后，左手即向上扶住电杆。

④ 当身体上升到一定高度时松开手，并向上扶住电杆使身体直立，将左脚绕过左边单根棕绳踏入登高板内。

⑤ 待站稳后，在电杆上方挂另一个登高板，然后右手紧握上一个登高板的两根棕绳，将左脚跨入上登高板，手脚同时用力使身体上升。

⑥ 当人体离开下面登高板时，需把下面的登高板解下。此时左脚必须抵住电杆，以免身体摇晃。

重复上述各步骤，直至登到工作位置为止，如图 3-30 所示。

牢记上杆六步骤，不达目的誓不休!

图 3-30　上杆操作

(2) 下杆

① 人体站稳在现用的一个登高板上，把另一个登高板勾挂在现用登高板下方，别挂得

太低，铁钩最好放置在腰部下方。

②　右手紧握现用登高板勾挂处的两根绳索，并用大拇指抵住挂钩，以防人体下降时登高板随之下降，左脚下伸，并抵住下方电杆。同时，左手握住下一个登高板的挂钩处（不要使已勾挂好的绳索滑脱，也不要抽紧绳索，以免登高板下降时发生困难），人体随左脚的下伸而下降，并使左手配合人体下降而把另一个登高板放下到适当位置。

③　当人体下降到如图 3-31 所示步骤 3 的位置时，使左脚插入另一个登高板的两根棕绳和电杆之间（即应使两根棕绳处在左脚的脚背上）。

④　左手握住上面一个登高板左端线索，同时左脚用力抵住电杆，这样既可防止登高板滑下，又可防止人体摇晃。

⑤　双手紧握上面一个登高板的两根绳索，使人体重心下降。

⑥　双手随人体下降而下移紧握绳索，直至贴近木板的两端，左脚不动，但要用力支撑住电杆，使人体向后仰开，同时右脚离开上一个登高板。

⑦　当右脚稍一着落而人体重量尚未完全降落到下一个登高板时，就应立即把左脚从两根棕绳内抽出（注意：此时双手不可松劲），并趁势使人体贴近电杆站稳。

⑧　左脚下移，并准确绕过左边棕绳，右手上移且抓住上一个登高板铁钩下的两根棕绳。

⑨　左脚盘在下面的登高板左面的绳索上站稳，双手解去上一个登高板铁钩下的两根棕绳。

以后重复上述各步骤，直到着地为止。

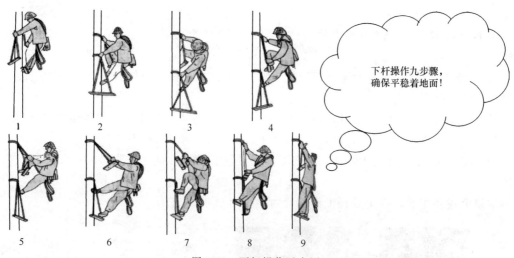

图 3-31　下杆操作示意图

3.2.3　用脚扣登杆

(1)　上杆

①　登杆前穿戴好工作服、工作帽，穿戴系好工作胶鞋，检查并扎好安全带。根据电杆的直径调节脚扣的大、小范围。

②　根据个人的习惯，先穿上系好脚扣，左脚（或右脚）扣套在离地面 300～500mm 的电杆上。右脚（或左脚）扣套在离地面 550～750mm 的电杆上。脚尖向上勾起，往杆子方向微侧。脚扣套入杆子，脚向下蹬，如图 3-32（a）所示。右手抱电杆（或左手抱电杆）腔

部后倾，左腿（或右腿）和右手（或左手）同时用力向上登高一步，左脚（或右脚）上移，右手（或左手）抱电杆，腔部后倾，同时用力又可上一步，重复上述动作直到作业定点位置，如图 3-32（b）所示。

图 3-32　用脚扣上杆

③ 上到作业定点位置时，左手抱电杆，双脚可交叉登紧脚扣，右手握住保险挂钩绕过电杆后交给左手，同时右手抱电杆，左手将挂钩挂在腰带的另一侧钩环上，并将保险装置锁住，如图 3-33 所示。

图 3-33　在杆上操作时脚扣的定位方法

注意：用脚扣登高时，腔部要往后拉，尽量远离水泥杆，两手臂要伸直，用两手掌一上一下抱（托）着水泥电杆，使整个身体成为弓形，两腿和水泥杆保持较大夹角，手脚上下交替往上爬。同时，登杆作业时，电杆下不得站人，防止东西坠落。

（2）下杆

杆上工作结束后，作业者检查工作点工作质量符合要求后准备下杆。首先解脱安全带，然后将置于电杆上方侧的（或外边的）脚先向下跨扣，同时与向下跨扣之脚的同侧手向下扶住电杆，然后再将另一只脚向下跨扣，同时另一只手也向下扶住电杆。以后步骤重复，只需注意手脚配合协调配合往下即可，直至着地。见图 3-34。

注意：脚扣分为木杆脚扣和水泥杆脚扣两种，木杆脚扣在扣环上制有铁齿。水泥杆脚扣

图 3-34　脚扣下杆姿势

的扣环上套有橡胶，以防止打滑。禁止用木杆脚扣上水泥杆。

3.3　电气故障检修技能

3.3.1　一般电气故障诊断法

电路出现故障切忌盲目乱动，在检修前要对故障发生的情况进行尽可能详细的调查。简单地讲就是通过问、看、听、闻、摸、测"六诊"来发现电气设备的异常情况，从而找出故障原因和故障所在的部位。具体方法见表 3-2。

表 3-2　电气故障调查"六诊"

诊断法	方 法 说 明	图　　示
问	当一台设备产生电气系统故障后,检修人员应和医生看病一样,首先要了解详细的"病情"。即向设备操作人员或用户了解设备使用情况、设备的病历和故障发生的全过程。 如果故障发生在有关操作期间或之后,还应询问当时的操作内容以及方法、步骤。 通过询问,往往能得到一些很有用的信息。 总之,了解情况要尽可能详细和真实,这些往往是快速找出故障原因和部位的关键	
看	"看"包括两个方面:一是看现场;二是看图纸资料。 看现场时,主要观察触点是否烧蚀、熔毁,线头是否松动、松脱,线圈是否发热、烧焦,熔体是否熔断,脱扣器是否脱扣等,其他电气元件是否烧坏、发热、断线,导线连接螺钉是否松动,电动机的转速是否正常,此外还要观察信号显示和仪表指示等。 对于一些比较复杂的故障,首先弄清电路的型号、组成及功能,看懂原理图,再看接线图,以"理论"指导"实践"	
听	在电路和设备还能勉强运转而又不致扩大故障的前提下,可通电启动运行,倾听有无异响;如果有异响,应尽快判断出异响的部位后迅速停车。 利用听觉判断故障,是一件比较复杂的工作。在日常生产中要积累丰富的经验,才能在实际运用中发挥作用	

续表

诊断法	方法说明	图示
闻	用嗅觉器官检查有无电气元件发热和烧焦的异味。如过热、短路、击穿故障,则有可能闻到烧焦味,火烟味和塑料、橡胶、油漆、润滑油等受热挥发的气味。对于注油设备,内部短路、过热、进水受潮后油的气味也会发生变化,如出现酸味、臭味等	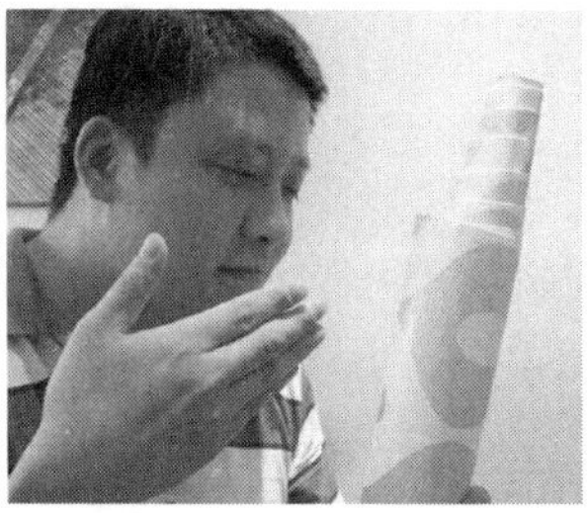
摸	刚切断电源后,尽快触摸线圈、触点等容易发热的部分,看温升是否正常。 　　如设备过载,则其整体温度会上升;如局部短路或机械摩擦,则可能出现局部过热;如机械卡阻或平衡性不好,其振幅就会加大。 　　在实际操作时要遵守有关安全规程和掌握设备特点,该摸的摸,不能摸的切不能乱摸,以免危及人身安全和损坏设备	
测	用仪表仪器对电气设备进行检测。根据仪表测量某些电参数的大小,经与正常数据对比后,来确定故障原因和部位	

电气设备故障"六诊法"口诀

一问前后何现象,二看资料和现场。

三听设备异声响,四闻气味辨故障。

五摸温度和振动,六用表测最周详。

　　下面重点介绍问、看、听、闻、摸、测"六诊"方法的应用实例。

(1)"问"法的应用

　　操作人员报告某台离心泵不能启动,需要及时处理。这时维修人员就可提出以下问题进行询问:水罐是否有水?上班和本班是否曾经运行?是否运行一段时间后停止?是否未运行就不能开启?以前出现过这种故障吗,若出现故障是如何处理的?

　　维修人员了解具体情况后,到现场进行处理就会有条理,轻松解决问题。

　　若是电动机原来工作正常,由于刚才进料大了一些,电动机就逐渐停下来了,根据这种现象,估计可能为过载而引起了热继电器动作,可按一下热继电器的复位按钮进行试验。

(2) "看"法的应用

用眼睛去看熔断丝是否熔断；接线是否脱落；开关的触点是否接触好；撞块是否能碰到行程开关；继电器是否动作正常。如果继电器动作情况不正常，故障点就在控制电路中；如果继电器动作正常而执行电器不正常(电动机转动)，故障点就在主电路

　　某车间有一台螺杆泵，操作工说按下按钮时听到电机有振动声而泵不动。根据所述情况判断，通电做短暂试验不致发生事故，可以通电试验来核实所反映的情况。螺杆泵是空载启动，因机械故障不能运行的可能性较小，最可能的原因是电机故障或电源断相。首先查看配电柜保险是否熔断；如完好，则检查控制电机的接触器进线是否三相有电，如有，然后通电核实所述情况。

(3) "闻"法的应用

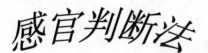

某些电气故障有时会伴有特殊气味，通过辨别，可作为判断故障性质或地点的重要依据。例如：运行中的电动机出现焦味，就可确定某线圈发热严重，甚至线圈已经烧毁

闻"味"也能识"毛病"。靠鼻子闻就能知道电机是否处于正常运行温度，电机正常运转的绝缘温度是三四十摄氏度，此时几乎没什么味道；如果温度过高，就会发出焦煳味。电机处于什么温度段，能闻出来。当然，经验靠长期积累，有时就是一种感觉。

（4）"听"法的应用

利用听觉判断电气设备故障，可凭经验细心倾听，必要时可用耳朵紧贴着设备外壳倾听，也可以用听诊器具来倾听。用耳细听设备运行中的声音，往往可以辨别正常运行声音与噪声，甚至可以区分故障所在的部位。例如变压器声音异常判断方法如下。

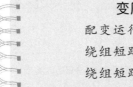

变压器声音异常判断口诀

配变运行声正常，清晰均匀嗡嗡响。
绕组短路轻微状，发出阵阵噼啪响。
绕组短路大损伤，嗡嗡大叫油温上。
低压相线有接地，老远就听轰轰响。
跌落保险分开关，接触不良吱吱响。

感官判断法

听

用耳朵去听电器的动作情况。例如电动机是否嗡嗡发响，如果有嗡嗡声，则表明电动机缺相或机械卡住

（5）"摸"法的应用

在实际操作中应注意遵守有关安全规程和掌握设备特点，掌握摸（触）的方法和技巧，该摸的摸，不能摸的切不能乱摸。手摸用力要适当，以免危及人身安全和损坏设备。手感温法估计温度（电动机外壳为例）见表3-3。

表 3-3　手感温法估计温度

温度/℃	感　觉	具 体 程 度
30	稍冷	比人体温度低,感觉稍冷
40	稍暖和	比人体温度高,感到稍暖和
45	暖和	手背触及感到很暖和
50	稍热	手背可以长久触及,但时间长了手背会变红
55	热	手背可停留 5～7s
60	较热	手背可停留 3～4s
65	很热	手背可停留 2～3s
70	十分热	用手指可停留约 3s
75	极热	用手指可停留 1.5～2s
80	担心电机坏	手背不能碰,手指勉强停 1～1.5s
85～90	过热	不能碰,因条件反射瞬间缩回

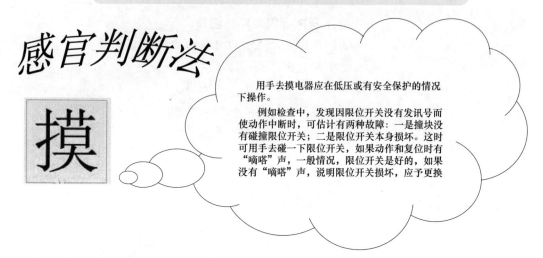

手摸判断电动机外壳温度口诀

手指弹试不觉烫，手背平放外壳上。

长久触及手变红，温度五十还正常。

手可停留二三秒，六十五度热得慌。

手触及后烫得很，七十五度机难忍。

手刚触及难忍受，八十五度赶快修。

感官判断法

摸

用手去摸电器应在低压或有安全保护的情况下操作。

例如检查中，发现因限位开关没有发讯号而使动作中断时，可估计有两种故障：一是撞块没有碰撞限位开关；二是限位开关本身损坏。这时可用手去碰一下限位开关，如果动作和复位时有"嘀嗒"声，一般情况，限位开关是好的，如果没有"嘀嗒"声，说明限位开关损坏，应予更换

(6)"测"法的应用

在电气修理中，对于电路的通断，电动机绕组、电磁线圈的直流电阻，触点的接触电阻等是否正常，可用万用表相应的电阻挡检查。对电动机三相空载电流、负载电流是否平衡，大小是否正常，可用钳形电流表或其他电流表检查。对于三相电压是否正常，是否一致，对于工作电压、线路部分电压等可用万用表检查；对线路、绕组的有关绝缘电阻，可用兆欧表检查。

利用仪表检查电路或电器的故障有速度快、判断准确、故障参数可量化等优点，因此，在电气维修中应充分发挥仪表检查故障的作用。

万用表检查法

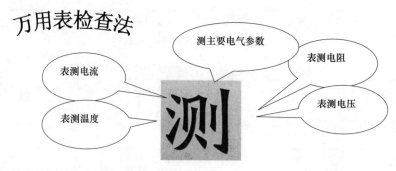

测主要电气参数

表测电流

表测电阻

表测温度

测

表测电压

测量电阻时应注意以下事项：

① 不能在线路带电的情况测量电阻，否则不仅有可能损坏万用表，还有可能引起被测量线路故障。因此，用电阻测量法检查故障时，一定要断开电源开关。

② 如果被测的电路与其他电路并联，必须将该电路与其他电路断开，否则所测得的电阻值是不准确的。

③ 测量高电阻值的电气元件时，要选择适合的电阻挡。

【重要提醒】

电气控制线路断电检查的内容如下。

① 检查熔断器的熔体是否熔断、是否合适以及接触是否良好。

② 检查开关、刀闸、触点、接头是否接触良好。

③ 用万用表欧姆挡测量有关部位的电阻，用兆欧表测量电气元件和线路对地的电阻以及相间绝缘电阻（低压电器绝缘电阻不得小于 0.5MΩ），以判断电路是否有开路、短路或接地现象。

④ 检查改过的线路或修理过的元器件是否正确。

⑤ 检查热继电器是否动作，中间继电器、交流接触器是否卡阻或烧坏。

⑥ 检查转动部分是否灵活。

3.3.2 特殊电气故障诊断法

电气控制线路的常见故障有断路、短路、接地、接线错误和电源故障等 5 种。有的故障比较明显，检修比较简单；有的故障比较特殊、隐蔽，检修比较复杂。

下面介绍诊断检修电气设备特殊故障的 7 种方法，读者可针对不同的故障特点，灵活运用多种方法予以检修。

(1) 分析法

对于一种设备或一种装置，其中的部件和零件可能处于不同的运行状态，查找其中的电气故障必须将各种运行状态区别清楚。

例如，新买的一台交流弧焊机和 50m 电焊线，由于焊接工作地点就在电焊机附近，没有把整盘电焊线打开，只抽出一个线头接在电焊机二次侧上。试车试验，电流很小不能起弧。经检查电焊机接线，接头处都正常完好，电焊机的二次侧电压表指示空载电压为 70V。检查了很长时间，仍不知道毛病出在哪里。最后整盘电焊线打开拉直，一试车，一切正常。

其实道理很简单，按照电工原理：整盘的电焊线不打开，就相当于一个空心电感线圈，必然引起很大的感抗，使电焊机的输出电压减小，不能起弧。

（2）短路法

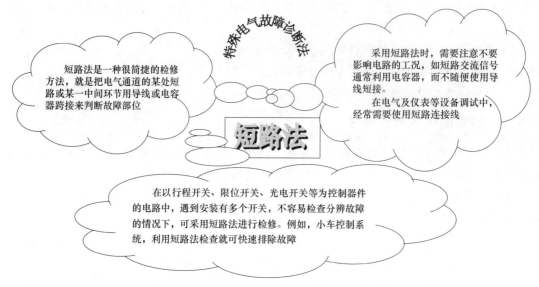

使用短路法的注意事项如下。

① 在必须使用"试验按钮"才能启动时，不能使用导线短路法查找故障。

② 由于短路法是用手拿绝缘导线带电操作的，因此一定要注意安全，避免触电事故发生。

③ 短路法只适用于检查压降极小的导线和触点之间的断路故障。对于压降较大的电器，如电阻、线圈、绕组等断路故障，绝不允许采用短接法，否则会出现短路故障或触电事故。

④ 对于机床的某些要害部位，必须在保障电气设备或机械部位不会出现事故的情况下才能使用短接法。

（3）断路法

甩开负载后可先检查本级，如电路工作正常，则故障可能出在后级，如电路仍不正常，则故障在开路点之前。

例如，判断大型设备故障时，为了分清是电气原因或是机械原因时常采用此法。比如锅炉引风机就可以脱开联轴器，分别盘车，同时检查故障原因。

(4) 经验法

电工检修常用的经验法较多，见表3-4。

表 3-4　电工检修常用的经验法

经验法	操作要点	说　明
弹压活动部件法	主要用于活动部件，如接触器的衔铁、行程开关的滑轮臂、按钮、开关等。通过反复弹压活动部件，使活动部件灵活，同时也使一些接触不良的触点通过摩擦，达到接触导通的目的	例如，对于长期没有启用的控制系统，在启用前，应采用弹压活动部件法全部动作一次，以消除动作卡滞与触点氧化现象；对于因环境条件污物较多或潮气较大而造成的故障，也应使用这一方法。 必须注意，弹压活动部件法可用于故障范围的确定，而不常用于故障的排除，因为仅采用这一种方法，故障的排除常常是不彻底的，要彻底排除故障还需要采用另外的措施
替换法	对于值得怀疑的元件（部件），可采用替换的方法进行验证。如果故障依旧，说明故障点怀疑不准，可能该元件没有问题。但如果故障排除，则与该元件相关的电路部分存在故障，应加以确认	当有两个或两个以上的电气控制系统时，可把系统分为几个部分，将各系统的部件进行交换。当交换到某一部分时，电路恢复正常工作，而将故障转到其他设备上时，其他设备出现了相同的故障，说明故障就在这部分。 当只有一台设备，而控制电路内部又存在相同元件时，可以将相同元件调换位置，检查对应元件的功能是否得到恢复，故障是否又转到另外的部分。如果故障转到另外的部分，则说明调换元件存在故障；如果故障没有变化，则说明故障与调换元件无关。 通过调换元件，可以不借用其他仪器来检查其他元件的好坏，因此可在条件不具备时使用
电路敲击法	可用一把小的橡皮锤，轻轻地敲击工作中的元件。如果电路故障突然排除，或者故障突然出现，都说明被敲击元件附近或该元件本身存在接触不良现象。对于正常电气设备，一般能经受住一定幅度的冲击，即使工作没有异常现象，如果在一定程度的敲击下，发生了异常现象，也说明该电路存在故障隐患，应及时查找并排除	电路敲击法基本同弹压活动部件法，二者的区别主要是前者是在断电的过程中进行的，而后者主要是用于带电检查。 注意敲击的力度要把握好，用力太大或太小都不行
黑暗观察法	在比较黑暗和安静的环境下观察故障线路，如果有火花产生，则可以肯定，产生火花的地方存在接触不良或放电击穿的故障；但如果没有火花产生，则不一定就接触良好	当电路存在接触不良故障时，在电源电压作用下，常产生火花并伴随着一定的声响。因为火花和声音一般比较弱，在光线较为明亮、环境噪声稍大的场所，常不易察觉，因此应在比较黑暗和安静的情况下，观察电路有无火花产生，聆听是否有放电时的"嘶嘶"声或"噼啪"声。 黑暗观察法只是一种辅助手段，对故障点的确定有一定帮助，要彻底排除故障还需要采用另外的措施
对比法	如果电路中有两个或两个以上的相同部分，可以对两部分的工作情况作对比。因为两部分同时发生相同故障的可能性较小，因此通过比较，可以方便地测出各种情况下的参数差异，通过合理分析，可以方便地确定故障范围和故障情况	根据相同元件的发热情况、振动情况、电流、电压、电阻及其他数据，可以确定该元件是否过荷、电磁部分是否损坏、线圈绕组是否有匝间短路、电源部分是否正常等。 使用这一方法时应特别注意，两电路部分工作状况必须完全相同时才能互相参照，否则不能比较，至少是不能完全比较
加热法	当电气故障与开机时间呈一定的对应关系时，可采用加热法促使故障更加明显。因此随着开机时间的增加，电气线路内部的温度上升。在温度的作用下，电气线路中的故障元件或侵入污物的电气性能不断改变，从而引发故障。因此可用加热法，加速电路温度的上升，起到诱发故障的作用	使用电吹风或其他加热方式，对怀疑的元件进行局部加热，如果诱发故障，说明被怀疑元器件存在故障，如果没有诱发故障，则说明被怀疑元器件可能没有故障，从而起到确定故障点的作用。 使用这一方法时应注意安全，加热面不要太大，温度不能过高，以电路正常工作时所能达到的最高温度为限，否则可能会造成绝缘材料及其他元器件的损坏

（5）菜单法

例如，某电工对一台 17kW、4 极交流电动机进行检修保养，检修后通电试运转时，发现电动机的空载电流三相相差 1/5 以上，振动比正常时剧烈，但无"嗡嗡"声，也无过热冒烟。

根据"空载电流不平衡，三相相差 1/5 以上"的故障现象，初步分析影响电动机空载电流不平衡有以下 5 个原因，于是用菜单的形式列出来。

① 电源电压不平衡。

② 定子转子磁路不平均。

③ 定子绕组短路。

④ 定子绕组接线错误。

⑤ 定子绕组断路（开路）。

经现场观察，电源三相电压之间相差尚不足 1%，因此不会因电压不平衡引起三相空载电流相差 1/5 以上。另外，仅定子与转子磁路不平均，也不会使三相空载电流相差 1/5 以上。其次，定子绕组短路还会同时发生电动机过热或冒烟等现象，可是本电动机既不过热，又未发生冒烟，可以断定定子绕组无短路故障。关于绕组接线错误，对于以前使用正常，只进行一般维护保养而未进行定子绕组重绕，不存在定子绕组连线错误的问题。经过以上分析和筛选，完全排除了前 4 种原因。

经过分析定子绕组断路情况，当定子绕组为△连接时，若某处断路，定子绕组将成为 Y 形连接，由基本电工理论可知，A 相电流大，B、C 二相电流小，且基本相当。此时，若定子绕组接线正确，定子绕组每相所有磁极位置是对称的，一相整个断电，转子所受其他两相的转矩仍然是平衡的，电动机不会产生剧烈振动。但本电动机振动比平常剧烈，而电动机振动剧烈是转子所受转矩不平衡所致，因此可断定三相空载电流相差 1/5 以上，不是定子绕组整相断路所致。如图 3-35 所示，如果 B、C 相绕组在 y 处断路，三相负载电流仍然是 A 相大，B、C 二相小，并且此时转子所受转矩不平衡，电动机较正常时振动剧烈。这是因为，

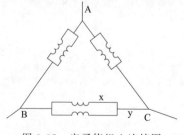

图 3-35 定子绕组△连接图

在 y 处不发生断路时，双路绕组在定子内的位置是对称的；若 y 处发生断路，原来定子绕组分布状态遭到破坏，此时转子只受到一边的转矩，所以发生振动。从以上分析可以确定，这台电动机的故障是定子双路并联绕组中有一路断路，引起三相空载电流不平衡，并使电动机发生剧烈振动。

(6) 试电笔检查法

试电笔是电工诊断检修电气故障最常用的工具之一。灵活应用试电笔，可以安全、快捷、方便地找到故障部位。

① 试电笔检查交流电路断路故障的方法如图 3-36 所示。测试时，应根据电路原理图，用试电笔依次测量各个测试点，测到哪点试电笔不亮，即表示该点为断路处。

检查前应先在带电设备上进行试验，确定试电笔是否良好

图 3-36 试电笔检查法

② 试电笔检查直流电路断路故障时，可以先用试电笔检测直流电源的正、负极。氖管前端明亮时为负极，氖管后端（手持端）明亮时为正极。也可从亮度判断，正极比负极亮一些。试电笔测量交流电、直流电时的发光情况如图 3-37 所示，交流氖管通身亮，直流氖管亮一端。

检查交流电时的发光情况

检测直流电压时，前端明亮是负极，后端明亮为正极

图 3-37 试电笔判断交流电、直流电

确定了正、负极后，根据直流电路中正、负电压的分界点在耗能元件两端的道理，逐一对故障段上的元件两端进行测试，若在非耗能元件两端分别测得正、负电压，则说明断路点就在该元件内。在用试电笔测到直流接触器的正、负两端时，如果测出两端分别是正、负电压，而 KM 不吸合，则一般为 KM 线圈断路。

注意：用电子式感应电笔查找控制线路断路故障非常方便。手触断点检测按钮，用笔头沿着线路在绝缘层上移动，若在某一点处显示窗显示的符号消失，则该点就是断点位置。

(7) 推理法

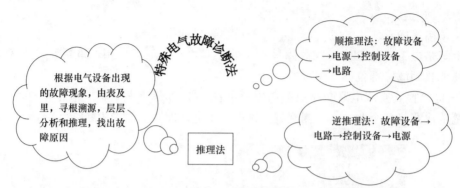

电气装置中各组成部分和功能都有其内在的联系，例如连接顺序、动作顺序、电流流向、电压分配等都有其特定的规律，因而某一部件、组件、元器件的故障必然影响其他部分，表现出特有的故障现象。在分析电气故障时，常常需要从这一故障联系到对其他部分的影响或由某一故障现象找出故障的根源。

推理法是常用的检修方法。在某些情况下，逆推理法要快捷一些。因为逆推理时，只要找到了故障部位，就不必再往下查找了。

注意：查找电气故障时，常常需要将实物和电气图进行对照。然而，电气图种类繁多，因此需要从查找故障方便出发，将一种形式的图变换成另一种形式的图。其中最常用的是将设备布置接线图变换成电路图，将集中式布置图变换成分开式布置图。

3.3.3 电气设备故障维修程序

(1) 先动口问后动手，原理结构先熟悉

对于有故障的电气设备，不应急于动手，应先询问清楚故障的前因后果。对于陌生的设备，还应先熟悉电路原理和结构特点，掌握其使用方法及规则。

拆卸前，要充分熟悉每个电气部件的功能、位置、连接方式以及与四周其他器件的关系，在没有组装图或接线图的情况下，应一边拆卸，一边画草图，并记上标记或编号，如图3-38所示。

(2) 先外后内依步骤，外部排除再拆机

先检查设备有无明显裂痕、缺损，了解其维修史、使用年限等，然后再对机内进行检查。拆机前应排除周边的故障因素，确定为机内故障后才能拆卸，否则，盲目拆卸，可能越修越坏。

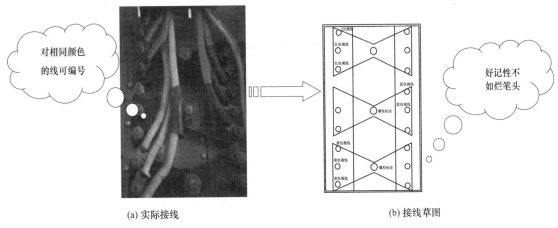

(a) 实际接线   (b) 接线草图

图 3-38 绘制接线草图

(3) 先查机械后电气，仪表测量量仔细

在确定机械部件无故障后，再进行电气方面的检查。检查电路故障时，一般利用检测仪器进行测量来寻找故障部位，确认无接触不良故障后，再有针对性地查看线路与机械的运作关系，以免误判。

(4) 先看静态后看动，通电之前查详细

静态，是指发生故障后，在不通电的情况下，对电气设备进行检测；动态，是指通电后对电气设备的检测。

电气设备检修时，不能立即通电，否则会人为扩大故障范围，烧毁更多的元器件，造成损失。如在设备未通电时，判定电气设备按钮、接触器、热继电器以及熔丝的好坏，从而判定故障的所在（进行电阻测量即可判定其好坏）。通电试验，听其声、测参数、判定故障，最后进行维修。如在电动机缺相时，若测量三相电压值无法判别时，就应该听其声，单独测每相对地电压，才可判定哪一相缺损。

(5) 先清污垢后维修，脏污阻碍电畅通

对污染较重的电气设备，先对其按钮、接线点、接触点进行清理，检查外部控制键是否失灵。许多故障都是由脏污及导电尘块引起的，一经清理，故障往往会排除。该方法对于检修"软故障"特别有效。

(6) 先查电源后设备，事半功倍人轻松

电源部分的故障率在整个故障设备中占的比例很高，所以先检修电源，往往可以事半功倍，快速找到故障点。

(7) 先查公共后专用，快速准确信息送

任何电气系统的公用电路出故障，其能量、信息就无法传送、分配到各个专用电路，导致专用电路的功能、性能不发挥作用。遵循先公用电路、后专用电路的顺序，就能快速、准确地排除电气设备的故障。

(8) 先修通病后难症，积累经验艺精通

电气设备经常容易产生相同类型的故障就是"通病"。由于通病比较常见，维修人员积累的经验较丰富，因此可快速排除，这样可集中精力和时间排除比较少见、难度高、古怪的疑难杂症，简化步骤，缩小范围，提高检修速度。

注意：掌握诊断要诀，一要有的放矢，二要机动灵活。"六诊"要有的放矢；"八法"要机动灵活；"八先后"也并非一成不变。

在电气控制线路中，可能发生故障的线路和电器较多。有的明显；有的隐蔽；有的简单，易于排除；有的复杂，难于检查。在诊断检修故障时，应灵活使用上述修理方法，及时排除故障，确保生产的正常进行。

检修中注意书面记录，积累有关资料，不断总结经验，才能成为诊断电气设备故障的行家里手。

3.4　安全用具使用技能

电工安全用具是指为防止触电、灼伤、坠落、摔跌等事故，保障工作人员人身安全的各种专用工具和器具。安全用具的绝缘强度能长期承受工作电压，并且在该电压等级的系统内产生过电压时，安全用具能确保操作人员的人身安全。

3.4.1　绝缘杆和绝缘夹钳的使用

绝缘杆和绝缘夹钳都是绝缘基本安全用具，如图 3-39 所示。

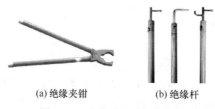

(a) 绝缘夹钳　　　　　(b) 绝缘杆

图 3-39　绝缘夹钳和绝缘杆

绝缘杆和绝缘夹钳都由工作部分、绝缘部分和握手部分组成。握手部分和绝缘部分用浸过绝缘漆的木材、硬塑料、胶木或玻璃钢制成，其间用护环分开。配备不同工作部分的绝缘杆，可用来操作高压隔离开关，操作跌落式保险器，安装和拆除临时接地线，安装和拆除避雷器，以及进行测量和试验等项工作。

绝缘夹钳只用于 35kV 以下的电气操作，主要用来拆除和安装熔断器及其他类似工作。考虑到电力系统内部过电压的可能性，绝缘杆和绝缘夹钳的绝缘部分和握手部分的最小长度应符合要求。绝缘杆工作部分金属钩的长度，在满足工作要求的前提下，不宜超过 5～8cm，以免操作时造成相间短路或接地短路。

(1) 绝缘杆的使用

① 使用绝缘操作杆时，必须将各连接螺钉旋正拧紧，以防操作时滑牙松节。必须严守《电业安全工作规程》有关规定，以免发生意外。绝缘操作杆不使用时，必须存放于通风干燥处，切勿敲打、乱抛，以免受潮或损坏，降低绝缘性能，也不得作其他工具使用。

② 操作人员必须穿戴好必要的辅助安全用具，如绝缘手套和绝缘靴等，如图 3-40 所示。在操作现场，轻轻将绝缘棒抽出专用吊带，悬离地面进行节与节之间的螺纹连接，不可将棒体置于地面上进行，以防杂草、土质进入螺纹中或粘敷在杆体的外表上。螺纹要轻轻拧紧，不可螺纹尚未拧到位就开始使用。

③ 绝缘杆在使用中要防止碰撞，以避免损坏表面绝缘层。使用绝缘操作杆时，要尽量

图 3-40 使用绝缘杆要穿戴安全用具

减小对棒体的弯曲力，以防损坏棒体。

④ 为保证安全操作，对绝缘操作杆每年必须进行一次耐压试验。

(2) 绝缘夹钳的使用

绝缘夹钳是用来安装和拆卸高压熔断器或执行其他类似工作的工具，主要用于 35kV 及以下电力系统。

① 使用时绝缘夹钳不允许装接地线。

② 在潮湿天气只能使用专用的防雨绝缘夹钳。

③ 绝缘夹钳应保存在特制的箱子内，以防受潮后降低绝缘强度。

④ 绝缘夹钳应定期进行耐压试验，试验周期为一年，10～35kV 夹钳试验时施加 3 倍线电压。

3.4.2 绝缘手套和电绝缘鞋的使用

电工绝缘手套是一种辅助性安全用具，一般需要配合其他安全用具一起使用。电工带电作业时戴上绝缘手套，可防止手部直接触碰带电体，以免遭到电击。

电工绝缘手套按所用材料分为橡胶绝缘手套和乳胶绝缘手套两类，如图 3-41 所示。

电工绝缘手套按照不同电压等级可分为 A、B、C 三种型号。A 型适用于在 3kV 及以下电气设备上工作；B 型适用于在 6kV 及以下电气设备上工作；C 型适用于在 10kV 及以下电气设备上工作。

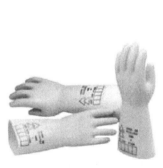

(a) 乳胶绝缘手套

218B

218RB

(b) 橡胶绝缘手套

图 3-41 绝缘手套

绝缘手套应具有良好的电气性能，较高的力学性能，并具有柔软良好的性能。

(1) 绝缘手套的使用

① 按照规定，每隔 6 个月应对绝缘手套做一次耐压试验。每次使用之前应确认在上次试验的有效期内。

② 每次使用绝缘手套之前应进行充气检查，看看是否有破损、孔洞。具体方法：将手套从口部向上卷，稍用力将空气压至手掌及指头部分，检查上述部位有无漏气，如有漏气则不能使用。

③ 绝缘手套只允许在必要时使用，严禁作为他用。

④ 作业时，应将衣袖口套入筒口内，以防发生意外，如图 3-42 所示。

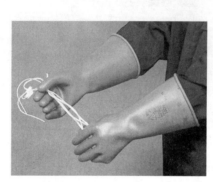 

图 3-42   绝缘手套的穿戴及使用

⑤ 绝缘手套使用后，应洒上一些滑石粉，以保持干燥和避免粘接。存放时不得与其他工具、仪表混放。注意存放在干燥处，并不得接触油类及腐蚀性药品等。

(2) 电绝缘鞋的选用

绝缘鞋、绝缘靴统称为电绝缘鞋。电绝缘鞋是使用绝缘材料制作的一种安全鞋，是从事电气工作时保护人身安全的辅助用具。电绝缘鞋一般需要配合其他电工工具一起使用，才能有效保证操作者的安全。常用电绝缘鞋的外形如图 3-43 所示。

图 3-43   电绝缘鞋

耐试验电压在 15kV 以下的电绝缘皮鞋和布面电绝缘鞋，可应用在工频（50～60Hz）1000V 以下的作业环境中。耐试验电压在 15kV 以上的电绝缘胶鞋，适用于工频 1000V 以上作业环境中。

① 鞋底厚度检查。根据有关标准要求，电绝缘鞋鞋底的厚度，不含花纹不得小于4mm，有花纹时厚度不应小于 6mm。目前市场中，以生活鞋底代替电绝缘鞋的现象时常发生，有一些鞋底最厚部分也达不到 6mm。

② 外观检查。鞋面或鞋底有标准号，有绝缘标志、安监证和耐电压数值。同时还应了解制造厂家的资质情况。

③ 宜用平跟的电绝缘鞋，鞋底应有防滑花纹或防滑齿。

④ 企业用户购买电绝缘鞋后，必须注意按照表 3-5 中交接测试标准进行耐压试验。如有不合格者，即与生产厂家联系更换；电工在使用过程中，须定期送质量监测部门按照表 3-5 中的定期试验标准进行测试。

表 3-5 电绝缘鞋检验试验项目标准

试验项目	试验电压/kV	持续时间/min	泄漏电流/mA
出厂检验	5.0	2	≤2.50
用户交接试验	5.0	2	≤2.50
用户定期试验(6个月1次)	3.5	1	≤1.75

(3) 电绝缘鞋使用注意事项

① 电绝缘鞋在穿用 6 个月后，应送有关检验部门做一次预防性试验，对于因锐器刺穿不合格品，不得再当绝缘鞋使用。

② 穿用过程中，应避免与酸、碱、油类以及热源接触，以防止胶料部件老化后产生泄漏电流，导致触电。

③ 电绝缘鞋经洗净后，必须晒干后才可使用。脚汗较多者，更应经常晒干，以防因潮湿引起泄漏电流，带来危险。

④ 电绝缘鞋应无破损。在使用过程中，鞋底（后跟部分）磨损不得超过总厚度的 1/2。

⑤ 特别值得注意的是 5kV 的电绝缘鞋只适合于电工在低电压（380V）条件下带电作业。如果要在高电压条件下作业，就必须选用 20kV 的电绝缘鞋，并配以绝缘手套才能确保安全操作。

3.4.3 绝缘垫和绝缘站台的使用

绝缘垫和绝缘站台只能作为辅助安全用具。

① 绝缘垫用厚度 5mm 以上、表面有防滑条纹的橡胶制成，其最小尺寸不宜小于 0.8m×0.8m。

② 绝缘站台用木板或木条制成。相邻板条之间的距离不得大于 2.5cm，以免鞋跟陷入；站台不得有金属零件；台面板用于支持绝缘子与地面绝缘，支持绝缘子高度不得小于 10cm；台面板边缘不得伸出绝缘子之外，以免站台翻倾，人员摔倒。绝缘站台最小尺寸不宜小于 0.8m×0.8m，但为了便于移动和检查，最大尺寸也不宜超过 1.5m×1.0m。

3.4.4 临时接地线的使用

(1) 临时接地线的作用

临时接地线是检修配电线路或电气设备时必不可少的一种安全工具，是保护检修人员的一道安全屏障，一般装设在被检修区段两端的电源线路上，主要有以下三个作用。

① 防止断电后突然来电。

② 消除邻近高压线路上的感应电。

③ 用来放尽线路或设备上可能残存的静电。

(2) 临时接地线的种类

常用的临时接地线有线路/分相式、变电式（平夹）、线路/合相式、线式（圆夹，挂钩）4 种，如图 3-44 所示。

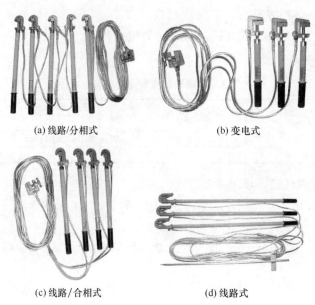

(a) 线路/分相式　　　　　　　　　(b) 变电式

(c) 线路/合相式　　　　　　　　　(d) 线路式

图 3-44　常用临时接地线

（3）临时接地线的组成

临时接地线主要由导线弯钩线夹（或母排平口线夹）、软导线、接地端线夹以及接地钢钎等组成。

相同的三根软导线用于与三根相线连接，三根软导线的另一端用于与接地装置连接。软导线应采用 25mm² 以上的多股软铜线，不准使用铝线。线夹采用优质铜（或铝）压铸表面抛光与线鼻紧固连接。

（4）临时接地线的装设

装设临时接地线前，应先验明线路是否已停电。装设临时接地线时，应先接接地线端，后接线路或设备一端，拆时顺序相反。

① 在停电设备和可能送电到停电设备的线路上，或者在可能产生感应电动势的停电设备上，都要装设接地线，如图 3-45 所示。接地线与带电部分的距离应符合安全距离的要求，防止因摆动发生带电部分与接地线放电的事故。

② 检修母线时，应根据母线的长短和有无感应电动势的实际情况确定接地线的数量。检修 10m 以下母线可只装设一组接地线。在门形架构的线路侧检修，如果工作地点与所装设接地线的距离小于 10m，则虽然工作地点在接地线的外侧，也不再另外装设接地线。

③ 若检修设备为几个电气上不相连的部分（如母线以隔离开关或断路器分段），则各部分均应装接地线。

④ 接地线应挂在工作人员看得见的地方，但不得挂设在工作人员的跟前，以防突然来电时烧伤工作人员。

（5）装设接地线的注意事项

装设临时接地线是一项重要的电气安全技术措施，其操作过程应该严肃、认真、符合技术规范要求，千万不可马虎大意。挂接地线是在停电后所采用的安全预防措施，若不使用或不正确使用接地线，往往会增加事故发生的概率。因此，只有正确使用接地线，规范装、拆接地线的行为，自觉培养严谨的安全工作作风，提高自身的安全素质，才能拒危险隐患于千

(a) 示例一　　　　　　　　　　　　　　　　(b) 示例二

图 3-45　临时接地线装设示例

里之外，才能避免由接地线原因引起的电气事故。

　　在实际工作中，接地线的使用应注意以下事项。

　　① 工作之前必须检查接地线。看看软铜线是否断头，螺钉连接处有无松动，线钩的弹力是否正常，不符合要求应及时调换或修好后再使用。

　　② 挂接地线前必须先验电。验电的目的是确认现场是否已停电，能消除停错电、未停电等人为失误，防止带电挂接地线。

　　③ 在工作段两端，或有可能来电的支线（含感应电、可能倒送电的自备电）上挂接地线。在实际工作中，常忽略用户倒送电、感应电的可能，深受其害的例子不少。

　　④ 在打接地桩时，要选择黏结性强、有机质多、潮湿的实地表层，避开过于松散、坚硬风化、回填土及干燥的地表层，目的是降低接地回路的土壤电阻和接触电阻，能快速疏通事故大电流，保证接地质量。

　　⑤ 不得将接地线挂在线路的拉线或金属管上。因为其接地电阻不稳定，往往太大，不符合技术要求，还有可能使金属管带电，给他人造成危害。

　　⑥ 要爱护接地线。接地线在使用过程中不得扭花，不用时应将软铜线盘好。接地线在拆除后，不得从空中丢下或随地乱摔，要用绳索传递。注意接地线的清洁工作，预防泥沙、杂物进入接地装置的孔隙之中，从而影响正常使用的零件。

　　⑦ 按不同电压等级选用对应规格的接地线。这也是容易发生习惯性违章之处，地线的线径要与电气设备的电压等级相匹配，才能通过事故大电流。

　　⑧ 不准把接地线夹接在表面有油漆的金属构架或金属板上。这是在电气一次设备场所挂接地线时常见的违章现象。虽然金属与接地系统相连，但油漆表面是绝缘体，油漆厚度的耐压达 10kV/mm，可使接地回路不通，失去保护作用。

⑨ 严禁使用其他金属线代替接地线。其他金属线不具备通过事故大电流的能力，接触也不牢固，故障电流会迅速熔化金属线，断开接地回路，危及工作人员生命。

⑩ 现场工作不得少挂接地线或者擅自变更挂接地线的地点。接地线数量和挂接点都是工作前经过慎重考虑的，少挂或变换接地点，都会使现场保护作用降低，使人处于危险的工作状态。

⑪ 接地线具有双刃性，它具有安全的作用，使用不当也会产生破坏效应，所以工作完毕要及时拆除接地线。带接地线合开关会损坏电气设备和破坏电网的稳定，会导致严重的恶性电气事故。

⑫ 接地线应存放在干燥的室内，专门定人定点保管、维护，并编号造册，定期检查记录。应注意检查接地线的质量，观察外表有无腐蚀、磨损、过度氧化、老化等现象，以免影响接地线的使用效果。

3.5　手工焊接技能

3.5.1　电烙铁焊接

电烙铁是手工施焊的主要工具。将额定电压施加于电烙铁内部的电阻丝或 PTC 元件使其发热，并将热量传送给烙铁头，就可以对元器件进行焊接。

(1) 常用电烙铁

电烙铁的种类很多，结构各有不同，但其内部结构都是由发热部分、储热部分和手柄三部分组成的。按照功能不同，可分为恒温式、调温式、双温式和吸锡式电烙铁。按照加热方式不同可分为外热式和内热式两大类。

① 外热式电烙铁　如图 3-46 所示，因为烙铁头放在烙铁芯内部，所以称为外热式电烙铁。这种电烙铁的功率较小，常用的有 30W 和 45W 两种，适合于电子元器件及线路的焊接工作。

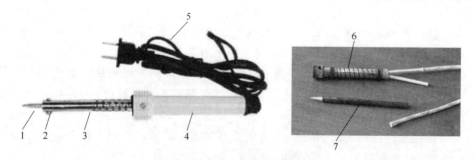

图 3-46　外热式电烙铁及其结构

1、7—烙铁头；2—烙铁头固定螺钉；3—金属支架；4—塑料手柄；5—电源线；6—烙铁芯

电工在维修电动机、变压器等设备时，有时还要使用如图 3-47 所示的外热式大功率电烙铁，这种电烙铁能量转换效率低，加热慢，一般需要 10～15min，功率比较大，从 45W 到数百瓦，电工常用的有 75W、100W、150W 和 200W 等。

外热式电烙铁烙铁头的温度可通过烙铁头固定螺钉来调节。

外热式电烙铁的主要特点是：加热速度慢、效率低，大部分热能都散发到空气中；体积比较大，使用起来不太灵活，不适合于焊接小型元器件和紧密电路板。

(a) 电烙铁

(b) 发热芯

图 3-47 外热式大功率电烙铁和发热芯

② 内热式电烙铁 由于内热式电烙铁的烙铁芯是被烙铁头包起来的，即烙铁芯装在烙铁头内部，故称为内热式。这种电烙铁具有加热效率高、加热速度快、耗电省、体积小、重量轻、价格低等优点，初学者一般都喜欢使用这种电烙铁，如图 3-48 所示。

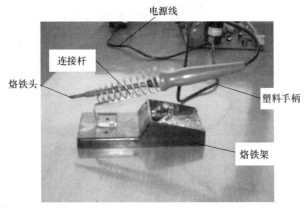

图 3-48 内热式电烙铁

内热式电烙铁的缺点也是比较明显的，因为烙铁头把加热器的大部分热量都吸收了，使烙铁头的温度上升很高，导致烙铁头氧化，称为烙铁头"烧死"。烙铁头一旦氧化就不容易上锡，对焊接质量有影响。另外，内热式电烙铁的发热芯容易断，怕摔，所以在使用时要注意轻拿轻放。

(2) 电烙铁的选用

在进行制作与维修时，应根据不同的施焊对象选择不同的电烙铁。主要从烙铁的种类、功率及烙铁头的形状 3 个方面考虑，在有特殊要求时，选择具有特殊功能的电烙铁。

① 电烙铁种类的选择 一般的焊接应首选内热式电烙铁。对于大型元器件及直径较粗的导线应考虑选用功率较大的外热式电烙铁。若要求工作时间长，被焊元器件又少，可考虑选用长寿命型的恒温电烙铁。表 3-6 为选择电烙铁的依据，仅供参考。

表 3-6 选择电烙铁的依据

焊接对象及工作性质	烙铁头温度(在室温、220V 电压时)/℃	选 用 烙 铁
一般印制电路板、安装导线	300~400	20W 内热式、30W 外热式、恒温式
集成电路	350~400	20W 内热式、恒温式
焊片、电位器、2~8W 电阻、大电解电容、大功率管	350~450	35~50W 内热式、恒温式、50~75W 外热式
8W 以上大电阻、12mm² 以上导线、金属板等	400~550	100W 内热式、150~200W 外热式、300W 外热式
维修、调试一般电子产品	500~630	20~35W 内热式、恒温式

② 电烙铁功率的选择　采用小型元器件的普通印制电路板和集成电路 PVB 板的焊接应选用 25～35W 内热式电烙铁或 30W 外热式电烙铁，这是因为小功率的电烙铁具有体积小、重量轻、发热快、便于操作、耗电省等优点。

对一些采用较大元器件的电路则应选用功率大一些的电烙铁，如 50W 以上的内热式电烙铁或 75W 以上的外热式电烙铁，如图 3-49 所示。

图 3-49　用外热式电烙铁焊接较大器件

电烙铁的功率选择一定要合适，过大易烫坏元件，过小则易出现假焊或虚焊，直接影响焊接质量。

③ 烙铁头形状的选择　选择烙铁头的依据是：应使它尖端的接触面积小于焊接处（焊盘）的面积。烙铁头接触面过大，会使过量的热量传导给焊接部位，损坏元器件及印制板。一般来说，烙铁头越长、越尖，温度越低，需要焊接的时间越长；反之，烙铁头越短、越粗，则温度越高，焊接的时间越短。

> **记忆口诀**
> 选用烙铁考虑好，种类功率与烙头。
> 内热外热两大类，种类选择看用途。
> 根据对象选功率，大小合适便操作。
> 选择烙头有依据，尖端要比焊盘小。

(3) 电烙铁的握法

电烙铁的握法（图 3-50）通常有 2 种，即正握法和握笔法。

正握法是用五个手指把电烙铁握在掌中，如图 3-50（a）所示。适合于大功率却又不需

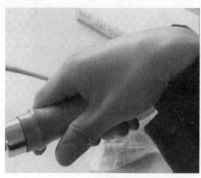

(a) 正握法

(b) 握笔法

图 3-50　电烙铁的握法

要很仔细焊接的大型焊件，或竖起来的电路板焊接。

（4）电烙铁焊接步骤

电烙铁手工焊接过程一般可分为 5 个步骤：准备焊接→加热被焊件→熔化焊料→移开焊锡丝→移开电烙铁。

① 准备焊接　焊接前，应对元器件引脚或电路板的焊接部位进行处理，一般有"刮""镀""测"三个步骤，见表 3-7。

表 3-7　电烙铁焊接前的准备工作

步骤	操作方法
刮	在焊接前做好焊接部位的清洁工作。一般采用的工具是小刀和细砂纸，对元器件的引脚、印制电路板进行清理，去除上面的污垢
镀	在刮净的元器件部位上镀锡。具体做法是蘸松香酒精溶液涂在刮净的元器件焊接部位上，再将带锡的热烙铁头压在其上，并转动元器件，使其均匀地镀上一层很薄的锡层，如图 3-51 所示
测	用万用表检测所有镀锡的元器件是否质量可靠，若有质量不可靠或已损坏的元器件，应用同规格元器件替换

② 加热被焊件　将烙铁头接触被焊元器件引脚约几秒钟，使被焊接点升温，如图 3-52 所示。

图 3-51　镀锡

图 3-52　加热被焊件的引脚

使用电烙铁焊接具有适当的焊接温度。焊锡的熔点温度不同，一般为 180～230 ℃。温度过低，容易造成冷焊、虚焊；温度过高，焊点机械强度下降、可靠性降低。平时焊接时，可用观察法估计烙铁头的温度，见表 3-8。

表 3-8　观察法估计烙铁头温度

观察现象			
烟细长，持续时间长，>20s	烟稍大，持续时间为 10～15s	烟大，持续时间为 7～8s	烟很大，持续时间为 3～5s
估计温度/℃			
<200	230～250	300～350	>350
焊接			
达不到锡焊温度	PCB 及比较小的焊点	导线焊接，预热较大焊点	比较大的焊点

③ 熔化焊料　将焊接点加热到一定温度后，用焊锡丝触到焊接点处，熔化适量的焊料，如图 3-53 所示。

④ 移开焊锡丝　当适量焊锡丝熔化在焊点处后，迅速移开焊锡丝，如图 3-54 所示。

图 3-53　熔化焊料

　　⑤ 移开电烙铁　在焊接点上的焊料扩散，焊锡最光亮，流动性最强的时刻，迅速拿开烙铁头。其方法是：先慢后快，电烙铁头沿着 45°方向移开，如图 3-55 所示。

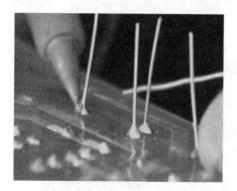

图 3-54　移开焊锡丝

图 3-55　移开电烙铁

3.5.2　喷灯焊接

　　喷灯是一种利用喷射火焰对工件进行加热的工具，火焰温度可达 900℃以上，常用于电缆封端及导线局部的热处理等工序，也可用于线路敷设时辅助弯曲穿线管道。

　　(1) 点火前的准备工作

　　① 加油。旋下加油阀上面的螺栓，倒入适量的油，以不超过油桶容量的 3/4 为宜，保留一部分空间储存压缩空气以维持必要的空气压力。加完油后应旋紧加油阀上面的螺栓，关闭放油阀的阀杆，擦净撒在外部的汽油或煤油，并检查喷灯各处是否有渗漏现象。

　　汽油喷灯在加汽油时，应先熄火，再将加油阀上螺栓旋松，听见放气声后不要再旋出，以免汽油喷出，待气放尽后，方可开盖加油。

　　② 仔细检查油桶是否漏油，喷嘴是否堵塞、漏气等。

　　③ 进行油量检查，如图 3-56 (a) 所示。根据喷灯所规定使用的燃料油的种类，检查油量是否超过油桶容量的 3/4，加油后的螺栓是否拧紧。

　　④ 检查油桶外部是否擦干净，并检查是否漏油，如图 3-56 (b) 所示。

　　(2) 用喷灯封闭充油电缆头

　　① 点火与预热　在预热燃烧盘（杯）中倒入汽油，用火柴点燃，预热火焰喷头，如图

(a) 检查油量　　　　　　　(b) 擦干净油桶并检查是否漏油

图 3-56　点火前的检查

3-57 所示。

(a) 点火　　　　　　　　(b) 让点火碗燃烧，预热

图 3-57　点火与预热

② 喷火　待火焰喷头烧热，燃烧盘中汽油烧完之前，打气 3～5 次，将放油阀手轮打开，让阀杆开启，喷出油雾，喷灯即点燃喷火。然后继续打气，火焰由黄变蓝即可使用，如图 3-58 所示。

③ 电缆封端　加热铅，封闭充油电缆头，如图 3-59 所示。

④ 喷灯熄火　焊接完毕，可以熄灭喷灯。方法是先关闭放油阀手轮，直到火焰熄灭，再慢慢旋松加油阀上面的螺栓，放出筒体内的压缩空气。要旋松压力调节开关，待完全冷却后（一般为 3～5min）再旋松孔盖，如图 3-60 所示。

（3）使用喷灯注意事项

① 喷灯只允许用符合规格的煤油或汽油，严禁用混合油。不得在煤油喷灯的筒体内加入汽油。

② 喷灯打气时禁止灯身与地相摩擦。防止脏物进入气门，阻塞气道。如进气不畅通，应停止使用，立即检修。

③ 喷灯点火时，喷嘴前严禁站人，且工作场所不得有易燃物品。点火时，在点火碗内加入适量燃料油，用火点燃，待喷嘴烧热后，再慢慢打开放油阀；打气加压时，应先关闭放

(a) 打气加压　　　　　　　　　　　　　(b) 打开放油阀

(c) 开始喷火　　　　　　　　　　　(d) 继续打气到火力正常

图 3-58　喷火

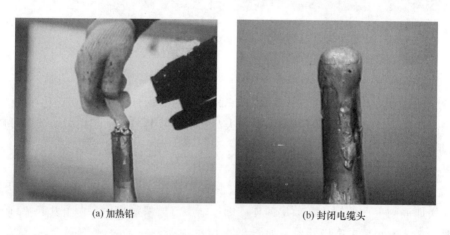

(a) 加热铅　　　　　　　　　　　　(b) 封闭电缆头

图 3-59　电缆头封端

油阀。同时，应注意火焰与带电体之间的安全距离。

④ 火力不足时，先用通针疏通喷嘴，倘若仍有污物阻塞，应停止使用。火力正常时，切勿再多打气。

⑤ 使用前，检查底部，若发现外凸则不能使用，必须调换。

⑥ 使用中，经常检查油量是否过少，灯体是否过热，加油阀、放油阀是否有效，以防止爆炸。

(a) 关闭放油阀

(b) 旋松加油阀上面的螺栓

图 3-60 喷灯熄火

⑦ 喷灯使用完毕，应将剩余气体放完。待其完全冷却后，将喷灯擦拭干净，再放在安全的地方。

第4章

照明线路安装技能

4.1 照明供配电基础知识

4.1.1 照明供配电系统及网络

(1) 照明配电系统的组成

社区、住宅小区、农村村镇等低压供配电系统一般由总配电室内的低压配电柜、低压输送电缆、各单元用户进线总配电柜、单元分配电箱、用户配电箱、用电设备等组成，如图 4-1 所示。

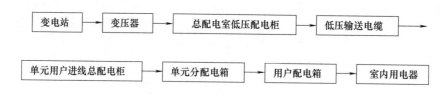

图 4-1 住宅小区低压供配电系统的组成

(2) 社区供配电系统的技术要求

① 社区住宅的 10kV 供电系统宜采用环网方式。

② 社区住宅的 220/380V 配电系统，宜采用放射式、树干式，或是二者相结合的方式。

③ 社区住宅供电系统应留有发展的备用回路。

④ 社区住宅内重要的集中负荷可由变电所设专线供电。

⑤ 住宅供电系统的设计，应采用 TT、TN-S、TN-C-S 接地方式，并进行总等电位连接。

⑥ 每幢住宅的总电源进线断路器，应能同时断开相线和中性线，应具有剩余电流动作保护功能。剩余电流动作值的选择应符合下列要求。

a. 当住宅的电源总进线断路器整定值不大于 250A 时，断路器的剩余电流动作值应为 300mA。

b. 当住宅的电源总进线断路器整定值为 250～400A 时，断路器的剩余电流动作值应为 500mA。

c. 当住宅的电源总进线断路器整定值大于 400A 时，应在总配电柜的出线回路上分别装设若干组具有剩余电流动作保护功能的断路器，其剩余电流动作值按上述 a、b 项设定。

d. 消防设备供电回路的剩余电流动作保护装置不应用于切断电源，只应用于报警。

e. 电源总进线处的剩余电流动作保护装置的报警除在配电柜上有显示外，还应在社区值班室设声光报警。

⑦ 社区住宅路灯的供电电源，应由专用变压器或专用回路供电。

⑧ 供配电系统应考虑三相用电负荷平衡。

⑨ 单元（层）应设电源检修断路器一个。

⑩ 只有单相用电设备的用户，其计算负荷电流小于等于40A时应单相供电；计算负荷电流大于40A时应三相供电。

⑪ 当每户住宅采用单相供电时，进户的微型断路器应采用两极；当采用三相供电时，进户的微型断路器应采用三极。且应设置自复式过、欠电压保护器。

⑫ 电能表应按当地供电部门有关规定安装，容量应按用电负荷标准选择；电能表应选用带有远传通信功能接口的产品；当采用自动抄收数据远传的电能表时，安装位置可由工程设计决定；电能表后应装设断路器。

（3）供配电网络的选择

供配电网络常用的典型结构分为：放射式、树干式、环式，社区住宅通常采用放射式、树干式，或是二者相结合的供配电网络方式。

① 单回路放射式网络　单回路放射式供电方式的特点是供电可靠性较高，当任意一回路故障时，不影响其他回路供电，且操作灵活方便，易于实现保护和自动化。可用于对容量较大、位置较分散的三级负荷供电，如图4-2所示。

图4-2　单回路放射式供电网络

② 双回路放射式网络　对于高档社区住宅，为保证供电回路故障时，不影响对用户供电，可采用双回路放射式接线，如图4-3所示。这种配电网络一次投资较大，因此一般仅用于确需高可靠性供电的用户，并可将双回路的电源端接于不同的电源，以保证电源和线路同时得以备用。

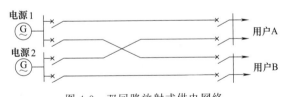

图4-3　双回路放射式供电网络

③ 单回路树干式网络　如图4-4所示，树干式网络结构就是由电源端向负荷端配出干线，在干线的沿线引出数条分支线向用户供电。这种供电方式在农村比较普遍，但供电可靠性差，如果干线发生故障，则各个用户将全部停电。

④ 双回路树干式网络　对于要求高可靠性的社区住宅，采用双回路干线，使线路互为备用，同时可将双回路引自不同的电源，如图4-5所示，实现电源和线路的两种备用，因此，供电可靠性高。

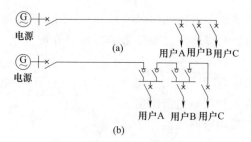

图 4-4　单回路树干式供电网络

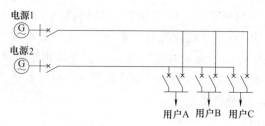

图 4-5　双回路树干式供电网络

（4）配电系统的选择

低压配电系统按照接地方式的不同，大致可分为 TN、IT、TT 三种，其中 TN 系统又分为 TN-C、TN-S 和 TN-C-S 三种表现形式。

下面介绍社区住宅的配电通常采用的 TT 系统或 TN-S 系统。其中，第一个大写字母 T 表示电源变压器中性点直接接地；第二个大写字母 T 表示电气设备的外壳直接接地，但和电网的接地系统没有联系；N 表示电气设备的外壳与系统的接地中性线相连。

1）TT 供电系统

TT 供电系统即三相四线供电系统，其电源中性点直接接地，电气设备的外露导电部分用 PE 线（接地线）接到接地极。在 TT 系统中负载的所有接地均称为保护接地，如图 4-6 所示。

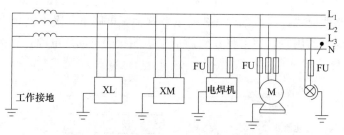

图 4-6　TT 供电系统

其工作原理是：当发生单相碰壳故障时，接地电流从保护接地装置和电源的工作接地装置所构成的回路流过。此时如有人触及带电的外壳，则由于保护接地装置的电阻小于人体的电阻，大部分的接地电流被接地装置分流，从而对人身起保护作用。

TT 供电系统在确保安全用电方面还存在着以下不足。

① 当电气设备的金属外壳带电（相线碰壳或设备绝缘损坏而漏电）时，由于有接地保护，可以大大减少触电的危险性。但是，低压断路器（自动开关）不一定能跳闸，这将导致线路长期带故障运行。

② 由于绝缘不良引起线路漏电，当漏电电流比较小时，即使有熔断器也不一定能熔断，

这将导致漏电设备的外壳长期带电，增加了人身触电的危险。

因此，TT 系统必须加装剩余电流动作保护器，才能成为较完善的保护系统。目前，TT 系统广泛应用于城镇、农村居民区、工业企业和由公用变压器供电的民用建筑中。

2）TN-S 供电系统

TN-S 系统将保护线和中性线分开，采用三相五线制供电，但整个系统的造价略贵，如图 4-7 所示。

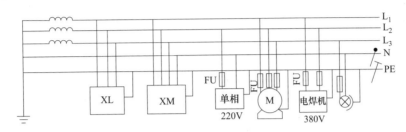

图 4-7　TN-S 供电系统

采用 TN-S 供电既方便又安全，其特点如下。

① 系统正常运行时，专用保护线（PE）上没有电流，只是工作零线上有不平衡电流。电气设备的金属外壳接在专用的保护线 PE 上，称为接零保护，所以安全可靠。

② 电气设备相线碰壳将直接短路，可采用过电流保护器切断电源。

③ 当中性线（N 线）断开时，如三相负荷不平衡，中性点电位升高，但外壳无电位，PE 线也无电位。

④ PE 线首末端应做重复接地，以减少 PE 线断线造成的危险。

采用 TN-S 系统供电要注意以下几个问题。

① 保护零线绝对不允许断开。否则在接零设备发生带电部分碰壳或是漏电时，就构不成单相回路，电源就不会自动切断，就会产生两种后果：一是使接零设备失去安全保护；二是使后面的其他完好的接零设备外壳带电，引起大范围的电气设备外壳带电，造成可怕的触电威胁。因此，专用保护线必须在首末端做重复接地。

② 同一用电系统中的电气设备绝对不允许部分接地、部分接零。否则当保护接地的设备发生漏电时，会使中性点接地线电位升高，造成所有采用保护接零的设备外壳带电。

③ 保护零线的截面积应不小于工作零线的截面积，并使用黄/绿双色线。保护零线与电气设备连接应采用铜鼻子可靠连接，不得采用铰接；电气设备接线柱应镀锌或涂防腐油脂，保护零线在配电箱中应通过端子板连接，在其他地方不得有接头出现。

4.1.2　室内配线原则及要求

(1) 室内配线的基本原则

由于室内配线方法的不同，技术要求也有所不同，但无论何种配线方法都必须遵循室内配线的基本原则，即安全、可靠、方便、美观、经济，其含义见表 4-1。

(2) 室内配线的技术要求

室内线路配线可分为明敷和暗敷两种。一般来说，明配线安装的施工和检查维修较方便，但室内美观受影响，人能触摸到的地方有安全隐患；暗配线安装的施工要求高，检查和维护较困难。

表 4-1　室内配线的基本原则

基本原则	含　义
安全	室内配线及电器、设备必须保证安全运行
可靠	保证线路供电的可靠性和室内电器设备运行的可靠性
方便	保证施工和运行操作及维修的方便
美观	室内配线及电器设备安装应有助于建筑物的美化
经济	在保证安全、可靠、方便、美观的前提下，应考虑其经济性，做到合理施工，节约资金

室内配线不仅要求安全可靠，而且要使线路布置合理、整齐、安装牢固，其技术要求如下。

① 使用的导线，其额定电压应大于线路的工作电压；导线的绝缘应符合线路的安装方式和敷设的环境条件。导线的横截面积应能满足供电和机械强度的要求。

室内线路配线方式及导线的选择方法见表 4-2，室内明敷设导线的最小截面积和间距要求见表 4-3。

表 4-2　室内线路配线方式及导线的选择

环 境 特 征	配 线 方 式	常 用 导 线
干燥环境	①瓷（塑料）夹板、护套线明配线 ②瓷绝缘子明配线 ③穿管明配线或暗配线	BLV、BLVV、BLXF、BLX BLV、LJ、BLXF、BLX BLV、BLXF、BLX
潮湿和特别潮湿的环境	①瓷绝缘子明配线（敷设高度＞3.5m） ②穿塑料管、钢管明配线或暗配线	BLV、BLXF、BLX
多尘环境（不包括火灾及爆炸危险场所）	①瓷绝缘子配线 ②穿管明配线或暗配线	BLX、BLV、BLVV、BLXF BLV、BLXF、BLX
有腐蚀性的环境	①瓷绝缘子明配线 ②穿塑料管明配线或暗配线	BLV、BLVV BLV、BV、BLXF
有火灾危险的环境	①瓷绝缘子明配线 ②穿钢管明配线或暗配线	BLV、BLX
有爆炸危险的环境	穿钢管明配线或暗配线	BV、BX

表 4-3　室内明敷设导线的最小截面积和间距要求

配线方式	绝缘导线最小截面积/mm²		绝缘导线截面积/mm²		前后支持物最小间距/m	线间最小间距/m
	铜芯	铝芯	铜芯	铝芯		
瓷夹板配线	1	1.5	1.0～2.5	1.0～2.5	0.6	—
			4.0～10	4.0～10	0.8	
瓷柱配线	1	2.5	1.0～2.5	1.0～2.5	1.2～1.5	35
			4.0～10	4.0～10	1.2～2.0	50
瓷绝缘配线			16～25	16～25	1.2～2.5	50
	2.5	4.0	—	4.0	6.0（吊灯为 3）	100
护套线配线			2.5 以上	6.0 及以上	10（吊灯为 3）	150

② 室内配线方式应根据环境来考虑。配线时应尽量避免导线有接头。如接头不可避免，应采用压接或焊接，最有效的措施是采用接线盒或分线盒。注意导线连接和分支处不应受机械力的作用。敷设在管内的导线，在任何情况下都不能有接头，必要时尽可能将接头放在接线盒内。

③ 配线应加套管保护（PVC 塑料管或铁水管，按室内配管的技术要求选配），天花板走线可用金属软管，但需固定稳妥美观。

④ 信号线不能与大功率电力线平行，更不能穿在同一管内。如因环境所限，要平行走线，则应距离 50cm 以上。

⑤ 报警控制箱的交流电源应单独走线，不能与信号线和低压直流电源线穿在同一管内，交流电源线的安装应符合电气安装标准。报警控制箱到天花板的走线要求加套管埋入墙内或用铁水管加以保护，以提高防盗系统的防破坏性能。

⑥ 配电线路明敷设时，在建筑物内应该水平或垂直敷设。水平敷设的导线对地面距离不应小于2m，垂直敷设的导线对地距离不应小于1.3m。

⑦ 导线穿墙时，要采用瓷罐或硬质塑料管进行保护，管两端出线口伸出墙面距离不宜小于10mm，配线的位置应便于检查和维护。

4.1.3 配线施工的一般工序

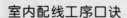

室内配线工序口诀

熟悉图纸备好料，预埋管件先做好。
导线敷设重安全，美观适用也重要。
插座开关及灯具，土建结束后接线。
通电检查不可少，各种因素考虑到。
工程竣工要验收，保存详图及资料。

室内配管分为明配管和暗配管两种。明配管是用管卡、抱箍、支架、吊架等将钢管或塑料管固定在墙上、柱子上、顶板上或某一标高的孔中（如吊顶内）。暗配管是将钢管或塑料管埋设于地面内、混凝土柱或砖柱内、混凝土墙或砖墙内、现浇混凝土楼板或预制混凝土楼板内等，这部分管子在墙、柱、楼板及地面建筑工程完工后，管子被覆盖而看不见，故而称为暗配管。

具体来说，电线管配线工程施工程序如下。

① 定位划线。根据施工图纸（在图纸上，工程电气设备、装置的安装位置及线路敷设方式等，都会详细地表示出来。只有准确地理解图纸设计者的意思，知道"线路从什么地方来，到什么地方去"，才能开展下一步工作），确定电器安装位置、导线敷设路径及导线穿过墙壁和楼板的位置。

② 预留预埋。在土建施工过程中配合土建搞好预留预埋工作，或在土建抹灰前将配线所有的固定点打好孔洞。

③ 装设保护管。目前一般采用钢管或PVC阻燃塑料管两种，而末端线盒与电器器具（如电动机、灯具等）的连接一般采用金属软管（亦称蛇皮管）或塑料波纹管来敷设。如果线路很长，中间要设计过渡接线盒。

明敷设管路固定方法见表4-4。

表4-4 明敷设管路固定方法

序号	固定方法	说　　明
1	胀管法	先在墙上打孔，将胀管插入孔内，再用螺钉(栓)固定
2	木砖法	用自攻螺钉直接固定在预埋木砖上
3	预埋铁件焊接法	随土建施工，按测定位置预埋铁件。拆模后，将支架、吊架焊在预埋铁件上
4	稳注法	随土建砌筑墙，将支架固定好
5	剔注法	按测定位置，剔出墙洞(洞内端应剔大些)，用水把洞内浇湿，再将和好的高标号砂浆填入洞内，填满后，将支架、吊架或螺栓插入洞内，校正埋入深度和平直，无误后，将洞口抹平
6	抱箍法	按测定位置，遇到梁柱时，用抱箍将支架、吊架固定好

④ 敷设导线。敷设导线包括放线、穿线等工序。特别要注意的是管内所穿的导线不允许有接头，管内导线总数不应超过 8 根。不同电压、不同回路、不同电流种类的导线，不得同穿在一根管内。

⑤ 测试导线绝缘。管内穿线后在电气器具未安装前进行各支路导线绝缘摇测。要求分别摇测照明支线、干线的绝缘电阻。

⑥ 导线出线接头与设备（开关、插座、灯具等）连接。

⑦ 校验、自检、试通电。

⑧ 验收，并保留管线图和视频资料。

4.2　电气预埋件安装

室内电气设备要安装紧固，一般应根据不同的情况，采用不同的方法，预埋固定在基础墙、柱上的预埋件。

4.2.1　预埋铁件

预埋铁件就是在混凝土或砖结构内，预先埋设带有弯钩的圆形钢或有开叉的角钢。预埋吊挂件由土建施工单位按图纸制作，一般要求电工配合指导并验收。

按照规定，3kg 以上的吊灯、吊扇，必须采用预埋铁件的方法固定。通用预埋铁件的示意图如图 4-8 所示，常用吊钩、吊挂螺栓预埋方法如图 4-9 所示。

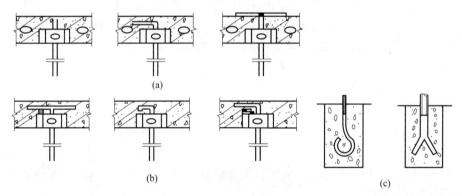

图 4-8　通用预埋铁件的示意图

对于明配钢管，可用角钢作支架或吊架进行固定。

4.2.2　预埋尼龙胀管

在家庭及类似场所，明灯具、配管支架和电源线保护管的固定，只需要用尼龙胀管，没有必要用金属膨胀螺栓。据测算，两个施工正确的尼龙胀管，可承受一个人的重量。

一般尼龙胀管的规格是外径×尼龙胀管的总长度，有了尼龙胀管的尺寸配套起来就方便了，可以使用尖尾的各种自攻螺钉；如沉头（平头自攻）盘头自攻螺钉，圆头自攻螺钉，大扁头自攻螺钉，或者外六角自攻螺钉都可以。常用的尼龙胀管有两种：6mm×30mm 和 8mm×45mm，如图 4-10 所示。

尼龙胀管的安装方法如图 4-11 所示。图中，A——被固定件厚度，mm；B——尼龙胀

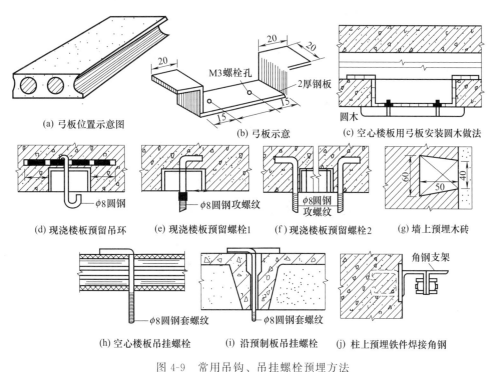

(a) 弓板位置示意图　　(b) 弓板示意　　(c) 空心楼板用弓板安装圆木做法

(d) 现浇楼板预留吊环　(e) 现浇楼板预留螺栓1　(f) 现浇楼板预留螺栓2　(g) 墙上预埋木砖

(h) 空心楼板吊挂螺栓　　(i) 沿预制板吊挂螺栓　　(j) 柱上预埋铁件焊接角钢

图 4-9　常用吊钩、吊挂螺栓预埋方法

注：1. 大型灯具的吊装结构应经结构专业核算。2. 较重灯具不能用塑料线承重吊挂

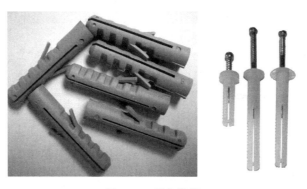

图 4-10　尼龙胀管

管深入粉刷层的深度，当固定在一般灰浆粉刷层上时，$B=10\text{mm}$，直接固定在水泥墙体上时，$B=0$；L——尼龙胀管长度，mm。

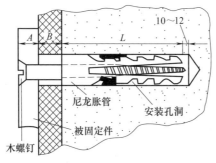

图 4-11　尼龙胀管的安装方法

安装尼龙胀管一般按照以下顺序施工。

① 划线定位。如图 4-12 所示，为了使被固定的对象位置正确，必须根据被固定对象固定孔的位置划线定位，要做到横平竖直。注意：孔中心离墙、柱的边缘不宜小于 40mm。

图 4-12　划线定位

② 钻孔。选择合适的钻头（钻头的直径与尼龙胀管的直径相当即可），使用手电钻在墙面上钻孔（孔的深度大于尼龙胀管的长度，以免尼龙胀管无法完全塞入墙面），如图 4-13 所示。

图 4-13　钻孔

钻头应和钻孔面保持垂直，且要一次完成，以防孔径被扩大。选用钻头时，应根据墙、柱材料和使用的尼龙胀管规格决定钻孔直径，见表 4-5。

表 4-5　尼龙胀管钻孔直径选择表

墙柱材料	混凝土	加气混凝土	硅酸盐砌块
钻孔直径/mm	0.1～0.3	0.5～1.0	0.3～0.5

③ 将孔内灰渣清除，以免沙土阻塞不便安装。

④ 使用锤子将尼龙胀管完全打入孔内，如图 4-14 所示。

自攻螺钉的规格和长度必须选用正确。自攻螺丝过细、过短时，固定就不牢靠；自攻螺钉过粗、过长时，就难以旋入。自攻螺钉的直径按表 4-6 选用。

图 4-14　打入尼龙胀管

表 4-6　自攻螺钉直径选用表

胀管直径/mm	配用木螺钉直径	
	公制/mm	英制(号码)
6	3.5,4	6,7,8
8	4,4.5	8,9
10	4.5,5.5	9,10
12	5.5,6	12,14

按照上述方法施工的尼龙胀管允许的抗拔拉力见表 4-7。

表 4-7　尼龙胀管在静止状态时允许的抗拔拉力　　　　　　　　　　　　kN

尼龙胀管直径/mm	混凝土	加气混凝土	硅酸盐砌块
6	470	157	451
8	608	197	529
10	637	255	676
12	1646	490	1078

根据实际施工经验，M6 的尼龙胀管配套 M4 的自攻螺钉，M8 的尼龙胀管配套 M5～M6 的自攻螺钉，M10 的尼龙胀管配套 M7～M8 的自攻螺钉。

4.2.3　预埋金属膨胀螺栓

采用金属膨胀螺栓固定电气设备是一种常用的施工方法，具有方便、安装牢固的特点，可省去预埋件工序。预埋膨胀螺栓一般与电气设备安装同步进行。

如图 4-15 所示，胀开式金属膨胀螺栓是在螺栓上包一个圈筒，由于这个圈筒上有缝隙，所以在拧紧螺栓时圈筒被挤压撑开，使螺栓卡在洞里，起到固定的作用。

图 4-15　胀开式金属膨胀螺栓

用膨胀螺栓紧固电气设备，其规格要与设备荷载相适应，3kg 以上的吊灯、吊扇，必须采用预埋铁件的方法固定。

预埋金属膨胀螺栓的步骤如图 4-16 所示，具体说明如下。

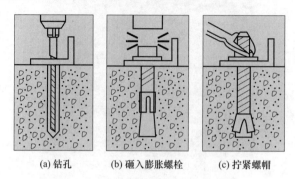

(a) 钻孔　　　　(b) 砸入膨胀螺栓　　　　(c) 拧紧螺帽

图 4-16　预埋金属膨胀螺栓的步骤

① 准备工具：手电钻和钻头；十字起子；铅笔。

② 选择一个与膨胀螺栓胀紧圈（管）相同直径的合金钻头，安装在电钻上再来进行墙壁打孔，孔的深度最好与螺栓的长度相同，然后把膨胀螺栓套件一起下到孔内，切记，不要把螺母拧掉，防止孔钻得比较深时螺栓掉进孔内而不好往外取。

钻孔深度为：6mm 的打孔深度为 10mm，8mm 的打孔深度为 12mm，按照胀管的外径打墙孔。如果砖墙较软，适当选小一号钻头。胀管部分要全部进入墙体，只要螺纹部分够长，套管部分越深越牢固。

钻孔直径为：M6 系列膨胀螺栓钻孔直径为 8mm；M8 系列膨胀螺栓钻孔直径为 10mm；M10 系列膨胀螺栓钻孔直径为 12mm；M12 系列膨胀螺栓钻孔直径为 14mm；以此类推，钻孔直径比螺杆直径大 2mm。

③ 把螺母拧紧 2～3 扣后感觉膨胀螺栓比较紧而不松动后再拧下螺母，再把被固定的物品上打有孔的固定件对准螺栓装上，装上外面的垫片或是弹簧垫圈把螺母拧紧即可。

注意：膨胀螺栓必须装在比较坚硬的基础上，松软易脱落的地方装不稳，如墙壁的灰缝处。

4.3　线路布线与敷设

4.3.1　室内电线的选用

(1) 电线型号的选择

在室内布线安装中，由于环境条件和敷设方式的不同，使用导线的型号、横截面积也不一样。表 4-8 列出了内线安装常用导线的型号、名称及用途，供设计、安装备料时参考。

表 4-8　常用导线的型号、名称及用途

型号	名　称	用　途
BV	聚氯乙烯绝缘铜芯线	交、直流 500V 及以下的室内照明和动力线路的敷设，室外架空线路
BLV	聚氯乙烯绝缘铝芯线	
BX	铜芯橡皮线	
BLX	铝芯橡皮线	
BLXF	铝芯氯丁橡皮线	

续表

型号	名　　称	用　　途
LJ LGJ	裸铝绞线 钢芯铝绞线	用于室内高大厂房绝缘子配线和室外架空线
BVR	聚氯乙烯绝缘铜芯软线	活动不频繁场所的电源连接线
BVS 或 （RTS） RVB 或 （RFS）	聚氯乙烯绝缘双根铜芯绞合软线（丁腈-聚氯乙烯复合绝缘） 聚氯乙烯绝缘双根平行铜芯软线（丁腈-聚氯乙烯复合绝缘）	交、直流额定电压为 250V 及以下的移动电具、吊灯电源连接线
BXS	棉纱编织橡皮绝缘双根铜芯绞合软线（花线）	交、直流额定电压为 250V 及以下的吊灯电源连接线
BVV BLVV	聚氯乙烯绝缘和护套铜芯线（双根或三根） 聚氯乙烯绝缘和护套铝芯线（双根或三根）	交、直流额定电压为 500V 及以下的室内外照明和小容量动力线路的敷设
RHF	氯丁橡套铜芯软线	250V 室内、外小型电气工具的电源连线
RVZ	聚氯乙烯绝缘和护套连接铜芯软线	交流额定电压 500V 以下移动式用电器的连接

（2）导线线径的选择

线路的载流量（负载电流）、机械强度、允许电压损失是决定导线横截面积大小的主要因素，表 4-9 是室内配线所允许的最小横截面积。

表 4-9　室内配线线芯最小允许横截面积

敷设方式及用途			芯线最小允许横截面积/mm²		
			铜芯软线	铜线	铝线
敷设在室内绝缘支持件上的裸导线			—	2.5	4.0
敷设在绝缘支持件上的绝缘导线，其支持点间距	1m 及以下	室内	—	1.0	1.5
		室外	—	1.5	2.5
	2m 及以下	室内	—	1.0	2.5
		室外	—	1.5	2.5
	6m 及以下		—	2.5	4.0
	12m 及以下		—	2.5	6.0
穿管敷设的绝缘导线			1.0	1.0	2.5
槽板内敷设的绝缘导线			—	1.0	1.5
塑料护套线敷设			—	1.0	1.5

导线允许通过的电流与其横截面积成正比，导线横截面积越大，允许通过的电流越大；同时，与导线电阻率有关，电阻率越大，允许通过的电流越小，即和导体的材质有关。某规格的导线具体能通过多大的电流，一般在电工手册中都可查到。

也可以采用估算方法了解铜芯线的载流量：10mm² 以下的为 6～7A/mm²；10～20mm² 的为 4～5A/mm²；20～50mm² 的为 3～4A/mm²；50～350mm² 的为 1～2A/mm²。

4.3.2　电线管配线与敷设

（1）电线管的选择

电线管配线是目前室内电气布线最常用的方式。用于室内布线敷设的线管有白铁管、钢管和硬塑料管，其使用场合见表 4-10。

表 4-10　线管种类及使用场合

线管名称	使用场合	最小允许管径
白铁管	适用于潮湿和有腐蚀气体场所内明敷或埋地	最小管径应大于内径 9.5mm
钢管	适用于干燥场所以及有火灾或爆炸危险的场所的明敷或暗敷	最小管径应大于内径 9.5mm
硬塑料管	适用于腐蚀性较强的场所明敷或暗敷	最小管径应大于内径 10.5mm

常用 PVC 电线管的特性见表 4-11。

表 4-11　常用 PVC 电线管的特性

种类	特性说明	管材连接
硬质 PVC 管	由聚乙烯树脂加入稳定剂、润滑剂等助剂经捏合、滚压、塑化、切粒、挤出成形加工而成酸碱，加热煨弯、冷却定型才可用。主要用于电线、电缆的套管等。管材长度一般 4m/根，颜色一般为灰色	加热承插式连接和塑料热风焊，弯曲必须加热进行
刚性 PVC 管	也叫 PVC 冷弯电线管，管材长度 4m/根，颜色有白、纯白，弯曲要专用弯曲弹簧	接头插入法连接，连接处结合面涂专用胶合剂，接口密封
半硬质 PVC 管	由聚氯乙烯树脂加入增塑剂、稳定剂及阻燃剂等经挤出成形而得，用于电线保护，一般颜色为黄、红、白等，成捆供应，每捆 1000m	采用专用接头抹塑料胶后粘接，管道弯曲自如，无需加热

电线管的管径取决于穿过的所有的电缆截面积。通常要求穿过的电线总的截面积不能大于保护管内孔截面积的三分之一，以便于散热，如图 4-17 所示。

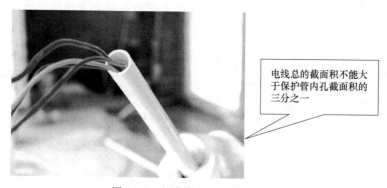

电线总的截面积不能大于保护管内孔截面积的三分之一

图 4-17　电线管内穿线不宜过多

（2）线管敷设方式

线管敷设方式主要有三种，见表 4-12。

表 4-12　线管敷设方式

敷设方式	适用场合
明敷设	电线沿墙、顶棚、梁、柱等处敷设
暗敷设	电线穿管埋设于墙壁、地墙、楼板、吊顶等内部敷设
架空敷设	线管在室内架空，适于工厂采用，管线多、管径大，用高、低支架支撑

（3）PVC 电线管的选择

目前，在工程线路敷设中使用比较多的是 PVC 管，它具有抗压力强、防潮、耐酸碱、防鼠咬、阻燃、绝缘等优点，可浇筑于混凝土内，也可明装于室内及吊顶等场所。

PVC 电线管根据形状不同可分为圆管、槽管和波形管，如图 4-18 所示；根据管壁的薄厚可分为轻型管（主要用于挂顶）、中型管（用于明装或暗装）、重型管（主要用于埋藏在混凝土中）。

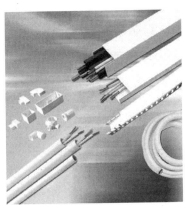

图 4-18 不同外形的 PVC 电线管

电线管的常规尺寸：直径 16mm、直径 20mm 和直径 25mm。

由于 PVC 电线管管径的不同，因此配件的口径也不同，应选择同口径的与之配套。根据布线的要求，管件的种类有：三通、弯头、入盒接头、接头、管卡、变径接头、明装三通、明装弯头、分线盒等，如图 4-19 所示。

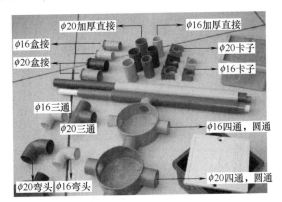

图 4-19 PVC 电线管配件

(4) PVC 管加工

① PVC 管切断　管径 32mm 及以下的小管径管材可采用专用截管器（或专用剪刀）切断管材。截断后要用截管器的刀背切口倒角。

图 4-20 PVC 管专用剪刀

采用钢锯切断 PVC 管，适用于所有管径的管材，管材锯断后，应将管口修理平齐、光滑。

用专用剪刀剪断 PVC 管的方法如图 4-20 所示，操作时先打开 PVC 管剪刀手柄，把 PVC 管放入刀口内，握紧手柄，边转动管子边进行裁剪，刀口切入管壁后，应停止转动，继续裁剪，直至管子被剪断。

② 弯管　管径 32 mm 以下采用冷弯法，冷弯方式有弹簧弯管和弯管器弯管；管径 32mm 以上宜用热弯法。PVC 管的弯管方式见表 4-13。

表 4-13　PVC 管的弯管方式

弯管方式	适宜情况		说　明
冷弯法	管径 32mm 以下	弹簧弯管	先将弹簧插入管内，如图 4-21 所示，两手用力慢慢弯曲管子，考虑到管子的回弹，弯曲角度要稍大一些。当弹簧不易取出时，可逆时针转动弯管，使弹簧外径收缩，同时往外拉弹簧即可取出
		弯管器弯管	将已插好弯管弹簧的管子插入配套的弯管器中，手扳一次即可得到所需管子
热弯法	管径 32mm 以上宜用热弯法		热弯时，有直接加热和灌砂加热两种方法。热源可用热风、热水浴、油浴等加热，温度应控制在 80～100℃ 之间，同时应使加热部分均匀受热，为加速弯头恢复硬化，可用冷水布抹拭冷却，如图 4-22 所示

(a) 弹簧插入管内

(b) 弯曲管子

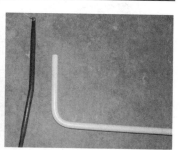

(b) 取出弹簧

图 4-21　弹簧弯管

(a) 加热

(b) 弯曲

(c) 冷却

(d) 成形

图 4-22　PVC 管加热弯曲方法

PVC管的弯头宜采用整管弯曲。电线管的弯曲处不应有折皱、凹陷和裂缝，其弯扁程度不应大于管外径的10％。电线管弯曲半径的规定见表4-14。

表4-14　电线管弯曲半径的规定

项　目	规 定 说 明
管路明设	一般情况下,弯曲半径不宜小于管外径的6倍
	当两个接线盒间只有一个弯曲时,其弯曲半径不宜小于管外径的4倍
管路暗设	一般情况下,弯曲半径不宜小于管外径的6倍
	当管路埋入地下或混凝土内时,其弯曲半径不应小于管外径的10倍,如图4-23所示

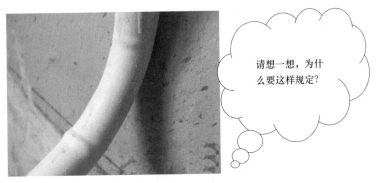

图4-23　电线管的弯曲半径示例

电线管布线时，应根据实际情况在管线的中间增设接线盒或拉线盒，且接线盒或拉线盒的位置应便于穿线。电线管中途加接线盒要符合规范：直线30m左右加一个盒，20m左右有一个弯的加一个盒，12m左右有两个弯的加一个盒，8m左右有三个弯的加一个盒，以及其他应加盒的地方加盒（例如过梁绕柱急转弯的地方），如图4-24所示。

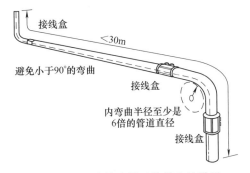

图4-24　电线管布线时接线盒的设置

③ PVC管连接　PVC管一般采用管接头（或套管）进行连接。其方法是：将管接头或套管（可用比连接管管径大一级的同类管料作套管）及管子清理干净，在管子接头表面均匀刷一层PVC胶水后，立即将刷好胶水的管头插入接头内，不要扭转，保持约15s不动，即可贴牢，如图4-25所示。

PVC电线管常用的连接器有三通、月弯、束节等。硬塑料管与硬塑料管直线连接在两个接头部分应加装束节，束节可按硬塑料管的直径尺寸来选配，束节的长度一般为硬塑料管内径的2.5～3倍，束节的内径与硬塑料管外径有较紧密的配合，装配时用力插到底即可，一般情况不需要涂黏合剂。硬塑料管与硬塑料管为90°连接时可选用月弯。

线管分支连接可选用"圆三通"，禁止使用直三通管，如图4-26所示（因为管内具有很

图 4-25 PVC 管采用管接头连接

大的阻力和摩擦力，里面的强电线或者弱电线将很难拉动，后期无法换线）。

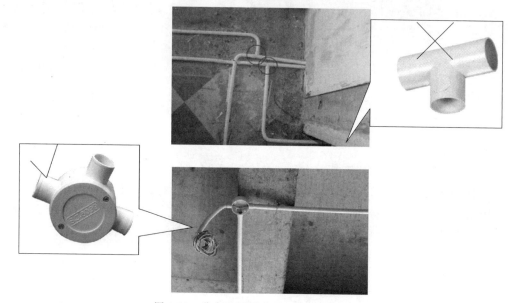

图 4-26 分支选用圆三通，禁用直三通管

④ PVC 管与电气盒的连接 PVC 管与开关盒、开关箱、插座盒的连接方法见表 4-15。如图 4-27 所示为 PVC 管与开关、插座盒连接示例。

表 4-15 PVC 管与电气盒的连接

步骤	操 作 方 法
1	将入盒接头和入盒锁扣紧固在盒(箱)壁上
2	将入盒接头及管子插入段擦干净
3	在插入段外壁周围涂抹专用 PVC 胶水
4	用力将管子插入接头(插入后不得随意转动,待约 15s 后即完成)

⑤ 安装管卡 明敷的电线管线要用管卡支持，塑料管卡与钢管管卡的安装工艺略有不同。安装钢管线路时应先安装管子，然后再安装管卡；而安装硬塑料管线路时则先安装管卡，然后再将塑料管夹入塑料管卡，如图 4-28 所示。

施工时，要将塑料管线路安装得横平竖直，必须先将塑料管卡安装得横平竖直，即某一条管线的塑料管卡中心必须保持在一条线上。

明管敷设要横平竖直，固定硬塑料管的管卡要设计合理，直线距离均匀。同时也要考虑到管卡设置的工艺要求，例如在 PVC 管的始端、终端、转角以及与接线盒的边缘处均应安

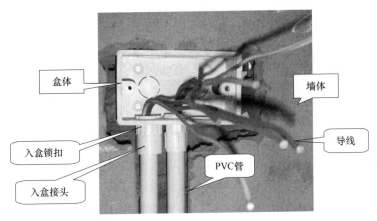

图 4-27 PVC 管与电气盒连接

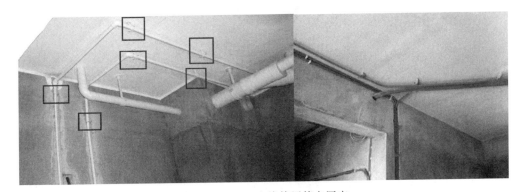

图 4-28 PVC 电线管用管卡固定

装管卡。

⑥ 放线和穿线　在穿线前要清除管口的毛刺，以免穿线时碰伤导线。如果管子较长，导线不能直接穿入，可用一根直径为 1~1.6mm 的引线钢丝先穿入管子，为了钢丝顺利穿入，可在钢丝的头部做一个小弯钩。如果管子弯头较多，穿入引线钢丝有难度，则可采用两根引线钢丝分别从管子的两端管口穿入的方法，为了使两根引线钢丝相互钩住，引线钢丝头部应做成较大的弯钩，如图 4-29 所示。当引线钢丝钩住后，可抽出其中的一根，管内留一根钢丝以备穿线用。

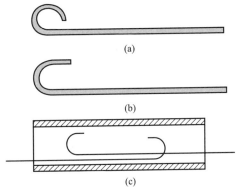

(a)

(b)

(c)

图 4-29 引线钢丝

　　根据管子的长度和所需的根数进行放线，并留有一定的余量，然后，将这些导线的线头剥去绝缘层并按如图 4-30 所示方式扎线接头。这个线接头就是穿线时的引线头部。

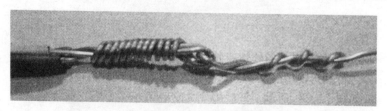

图 4-30　引线钢丝和引线头

　　穿线时，在管子两端口各有一人，一人负责将导线束慢慢送入管内，另一人负责慢慢抽出引线钢丝，要求步调一致，如图 4-31 所示。PVC 管线线路一般使用单股硬导线，单股硬导线有一定的硬度，可直接穿入管内。在线路穿线中，如遇月弯导线不能穿过，可卸下月弯，待导线穿过后再安装；最后将塑料管连接好。

(a) 两人配合穿线入管

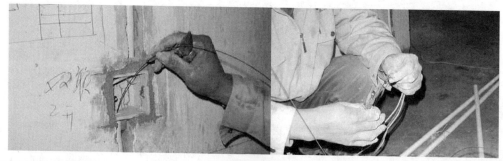

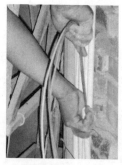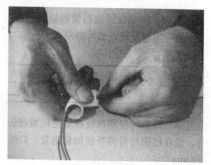

(b) 直线管穿线　　　　　　　　　　　　　**(c) 月弯穿线**

图 4-31　穿线

　　电线到达线盒或另一根电线管后，管材之间用配套的接头连接起来。作为隐蔽工程，接口环节一定要是做到闭合严密、无破损，如图 4-32 所示。

　　穿线完成后，将绑扎的端头拆开，两端按接线长度加上预留长度，将多余部分的线剪掉（穿线时一般情况下是先穿线，后剪断，这样可节约导线），如图 4-33 所示。然后测量导线与导线之间和导线与管（地）之间的绝缘电阻，应大于 1MΩ，低于 0.5MΩ 时应查出原因，

图 4-32 接口连接操作

> 预留的线头不宜过长或过短

图 4-33 预留线头示例

重新穿线。

穿线后留在接线盒内的线头要用绝缘带包缠好，如图 4-34 所示。

图 4-34 穿线后的线头应包缠绝缘带

4.3.3 护套线配线与敷设

护套线是一种有塑料保护层的双芯或多芯绝缘导线，如图 4-35 所示。护套线有铜芯和铝芯两大类，目前应用最广的铜芯护套线。

照明电路采用塑料护套线布线，可直接敷设在墙壁及其他建筑物表面，用铝片线卡或塑料线卡作为导线的支持物。这种布线方法属于直敷布线方式，具有防潮、耐酸、耐腐蚀、线

图 4-35　塑料护套线

路造价较低和安装方便等优点，可应用于家庭及类似场所，尤其是在工地工棚、临时建筑、仓库等场所普遍采用。

（1）用铝片线卡安装护套线

用铝片线卡进行塑料护套线配线的步骤为：定位→划线→固定铝片线卡→敷设导线→铝片线卡夹持。

① 定位　根据电气布置图，分析并确定导线的走向和各个电器安装的具体位置，并在墙体上做好记号。

② 划线　根据确定的位置和线路的走向用弹线袋或墨线划线。其方法是：在需要走线的路径上，将线袋的线拉紧绷直，弹出线条，要求横平竖直。垂直位置吊铅垂线，如图 4-36（a）所示；水平位置一般通过目测划线，如图 4-36（b）所示，对于初学者可通过直尺测量再结合目测法来划线；近年来，许多装修公司采用激光定位仪来定位划线，施工快捷、准确，值得推广，如图 4-36（c）所示。

(a) 垂直位置吊铅垂线　　　(b) 水平位置通过目测划线　　　(c) 激光定位仪划线

图 4-36　划线

③ 固定铝片线卡　根据每一线条上导线的数量选择合适型号的铝片线卡，铝片线卡的型号由小到大为 0、1、2、3、4 号等，号码越大，长度越长。在室内外照明线路中，通常用 0 号和 1 号铝片线卡。

铝片线卡的夹持方法如图 4-37 所示。

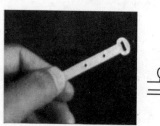

图 4-37　铝片线卡的夹持方法

固定线卡距离的规定为：线卡与线卡之间的距离为120～200mm，弯角处线卡离弯角顶点的距离为50～100mm，离开关、灯座的距离为50mm。

④ 敷设护套线 导线敷设放线工作是保证塑料护套线敷设质量的重要环节，不可使导线产生扭曲现象。

首先将护套线按需要放出一定的长度，用钢丝钳将其剪断，然后敷设。敷设时，一手持导线，另一手将导线固定在铝片线卡上，如图4-38（a）所示。如需转弯，弯曲半径不应小于护套线宽度的3～6倍，转弯前后应各用一个铝片线卡夹住，如图4-38（b）所示。

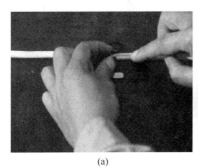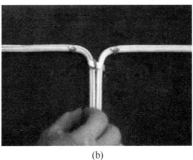

(a)　　　　　　　　　　　　　(b)

图4-38 敷设护套线

如果线路较长，可一人放线，另一人敷设。注意放出的导线不得在地上拉拽，以免损伤导线护套层。护套线的敷设必须横平竖直，以确保布线美观。

(2) 用塑料线卡安装护套线

塑料线卡进行塑料护套线配线较为方便，现在使用较广泛。在定位及划线后进行敷设，其间距要求与铝片线卡塑料护套线配线相同，具体操作方法如图4-39所示。

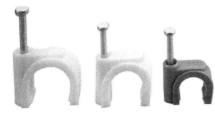

(a) 塑料线卡　　　　　　　(b) 固定卡钉　　　　　　　(c) 收紧夹持护套线

图4-39 利用塑料线卡进行塑料护套线配线

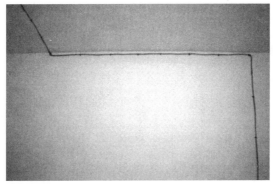

图4-40 塑料线卡施工示例

在施工工程中，注意线卡应钉牢，距离应均匀（线卡间的距离误差为±10mm），导线不得松动或曲折起伏，绝缘电阻值应符合规定，如图4-40所示。

两根或两根以上护套线并行敷设时，可以用单线卡逐根固定，也可用双线卡一并固定，如图4-41所示。

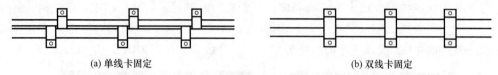

(a) 单线卡固定　　　　　　　　　　　　(b) 双线卡固定

图4-41　单线卡固定和双线卡固定

(3) 导线接头点的安排

为保证布线质量和用电安全，线路中导线不应有接头。导线分支等必需的接头可安排在插座盒、开关盒、灯头盒或接线盒内，这样既美观又便于今后维修。

① 在插座盒内安排接头点　在导线分支处或其他必需的导线连接处，可设置一插座盒，作为导线的接头点，也可将导线迂回绕行至附近的插座盒内做接头，如图4-42所示。这样做的导线分支保证了布线中途无接头。

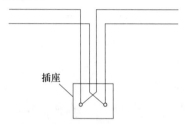

图4-42　在插座盒内安排接头点

② 在开关盒内安排接头点　如图4-43所示，把向右的导线从上方的开关盒绕行，将必需的导线接头安排在开关盒内，避免了布线中途的导线接头。

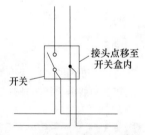

图4-43　在开关盒内安排接头点

③ 在灯头盒内安排接头点　对于电灯开关在灯具上而线路上无开关时，可将接头点安排在A、B两个灯头盒内，如图4-44所示。

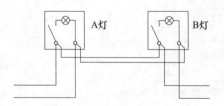

图4-44　在灯头盒内安排接头点

④ 增设接线盒安排接头点　如果导线分支不可避免，附近也没有可利用来做接头点的开关盒、插座盒等，解决的办法是在接头处增设一个接线盒，将接头放在接线盒内，如图4-45所示。

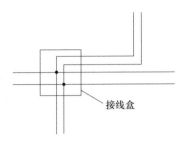

图 4-45　增设接线盒安排接头点

（4）护套线敷设的注意事项

① 护套线垂直敷设至地面低于 1.8m 部分应穿管保护。

② 护套绝缘电线与接地导体及不发热的管道紧贴交叉时，应加绝缘管保护。敷设在易受机械损伤的场所应用钢管保护。

③ 护套线不可在线路上直接连接，可通过瓷接头、接线盒或借用其他电器的接线柱连接。

④ 护套线转弯时，转弯半径不得小于导线直径的 3～6 倍，以免损伤导线。在转弯的前后必须各用一个线卡支持。

⑤ 护套线进入木台前要安装一个线卡，如图4-46所示。

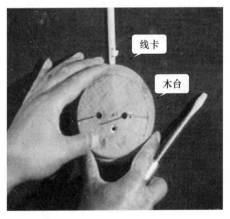

图 4-46　在木台前安装一个线卡

⑥ 跨越的护套线要弯一个圆弧，如图4-47（a）所示，且在交叉处增设 4 个线卡，如图4-47（b）所示。不同平面的护套线，在转弯处要增设 2 个线卡。

4.3.4　电线管明敷设布线

根据《民用建筑电气设计规范》的规定：电线明敷设布线可用于正常环境室内场所和挑檐下的室外场所。直敷设布线在室内敷设时，电线水平敷设至地面的距离不应小于 2.5m，垂直敷设至地面 1.8m 部分应穿管保护。

明配管应在建筑物室内装饰工程结束后进行。明配管的施工方法，一般为配管沿墙、支

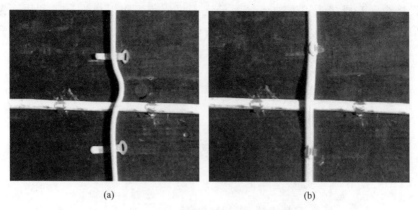

(a)　　　　　　　　　　　　(b)

图 4-47　护套线十字交叉的做法

架、吊架敷设，如图 4-48 所示。

图 4-48　电线管明敷设在室内装修中的典型应用

(1) 管路定位

① 在配管前应按设计图纸确定好配电设备，各种箱、盒及用电设备安装位置，并将箱、盒与建筑物固定牢固。然后根据明配管路应横平竖直的原则，顺线路的垂直和水平位置进行弹线定位，并应注意管路与其他管路相互间位置及最小距离，测量出吊架、支架等固定点具体位置和距离。

② 电线明配管与热水管、蒸汽管同侧敷设时，应敷设在热水管、蒸汽管的下面。有困

难时，可敷设在其上面，相互间净距离不宜小于下列数值。

a. 当管路平行敷设在热水管、暖气管下面时为 0.2m，上面时为 0.3m；与暖气管、热水管交叉敷设时为 0.1m。

b. 当管路平行敷设在蒸汽管下面时为 0.5m，上面时为 1m。当不能符合上述要求时，应采取隔热措施，对包有隔热层的蒸汽管，上下平行净距可减至 0.2m。

c. 电线管路与通风、给排水及压缩空气的平行净距不应小于 0.1m，交叉净距不小于 0.05m。当与水管同侧敷设时，宜敷设在水管上面，如图 4-49 所示。

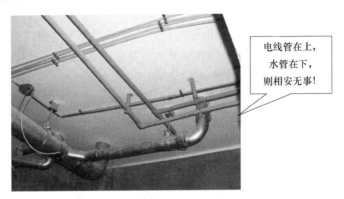

图 4-49　电线管与水管同侧敷设示例

（2）电线管加工

配管的切断等一系列加工方法，可参见前面关于电线管配线与敷设中的介绍。

（3）管路敷设

沿建筑物表面敷设的明配单导管管路，一般不需采用支架，可以用管卡均匀固定。钢管采用金属管卡固定。两根以上的配管并列敷设时，可根据情况用管卡沿墙或在支架、吊架上敷设，如图 4-50 所示。管卡在砖混结构上的固定方法可用胀管法，在需要固定管卡处，可选用适当的塑料胀管或膨胀螺栓。

图 4-50　电线管用管卡固定

明配管除在管路中间需要固定外，在管端部和弯曲处两侧及电气器具或盒（箱）等处也需要有管卡固定，不能只是利用器具、设备和盒（箱）来固定管端。

钢导管明配管管卡与管路终端、转弯中点、电气器具或盒（箱）边缘的距离为 150～500mm，配管固定点间距应均匀一致。

吊顶内装设的接线盒必须单独固定，其朝向应便于检修和接线。在吊顶内由接线盒引向灯具的灯头线管材质根据管路敷设的材质选用相同材质的保护软管，其保护软管长度在动力工程中不超过 0.8m，在照明工程中不超过 1.2m，两端应使用专用接头。吊顶内敷设管路应有单独的吊杆或支撑装置，吊顶内管路敷设应对其周围的易燃物做好防火隔热处理，中间接线盒应加盖板封闭。盖板涂刷与墙壁面或顶棚相同颜色的油漆两遍。

吊顶内明敷设的焊接钢管，必须内外壁刷红丹防锈油漆，火灾自动报警及联动控制系统的明配管外壁还应刷一道防火涂料。

4.3.5　工地临时供电线路安装

临时用电线路是企业为电能传输临时架设的。由于临时用电线路使用时间短，容易被忽视，成为了企业安全管理的薄弱环节。临时用电线路敷设虽然有具体要求，但由于方式复杂，安装者能力高低不一，再加上自然因素（风、雨、高温等）、人为因素（砸、撞、碾、碰等）、物理因素（腐蚀、过流、过载等）的影响，极易造成人身触电事故和火灾事故。

(1) 临时供电线路的安全要求

① 外线的架设应符合电气安装标准和施工图册要求。

② 水泥杆不应有掉灰、露筋及裂纹或弯曲现象。当采用木杆时，除满足机械强度外，杆梢直径不小于 120mm，不应有糟朽和劈裂；电杆不得倾斜、下沉及杆根积水等。

③ 导线截面积：铜线不小于 $6mm^2$，铝线（多股）不小于 $10mm^2$，不能使用裸导线和裸绑线，导线应绝缘良好，无破损。

④ 线路禁止拖地敷设，禁止敷设在树上，各种绝缘导线不能成束架空敷设；电缆线路容易受损的线段应采取保护措施，所有固定设备的配电线路不能沿地面敷设，应穿管埋地敷设，管内不准有接头，管口部分要封堵严密。

⑤ 线路的每一支路须装设带有短路和过载保护的断路开关。

⑥ 临时供电线路应架设在道路一侧，线路与施工的建筑水平距离一般不小于 1.5m，与地面的垂直距离不小于 6m，跨越建筑水平距离一般不小于 10m，与地面的垂直距离不小于 6m，跨越建筑物时距房顶的垂直距离不小于 2.5m，与塔吊回转半径及被吊物之间的距离不小于 1.5m。达不到上述安全距离时，应采取有效的保护措施。

⑦ 遇恶劣天气（大风、大雪、雷雨天气）应立即巡视检查线路，发现问题应及时处理。

⑧ 暂时停用的线路应及时切断电源；工程竣工后临时线路应立即拆除。

⑨ 工地施工临时用电系统必须采用三级配电系统，即在总配电箱或配电柜以下设分配电箱，分配电箱以下设置开关箱，最后从开关箱接线到用电设备。

⑩ 根据《电气装置安装工程施工及验收规范》的规定，施工现场临时用电必须建立安全技术档案。

(2) 配电箱的设置要求

① 施工现场应按"一机一箱一闸一漏"设置，如图 4-51 所示。

一机，就是一个独立的用电设备，如：塔吊、混凝土搅拌机、钢筋切断机等。

一箱，就是独立的配电箱。

一闸，就是有明显断开点的电气设备，如断路器。

一漏，就是漏电保护器，但是漏电电流不能大于 30mA，潮湿的地方和容器内漏电电流不能大于 15mA。

② 总配电箱设在靠近电源的区域，分配电箱设在用电设备或负荷相对集中的区域，分

图 4-51 工地配电箱的设置

配电箱与开关箱的距离不得超过 30m，开关箱与其控制的固定式用电设备的水平距离不宜超过 3m。

③ 配电箱（柜）、开关箱应分设 N 线、PE 线端子板，进出线必须通过端子板做可靠连接。N 线端子板必须与金属电器安装板绝缘；PE 线端子板必须与金属电器安装板做电气连接。进出线中的 N 线必须通过 N 线端子板连接；PE 线必须通过 PE 线端子板连接。PE 线与端子板连接必须采用电气连接，电气连接点的数量应比箱体内回路数量多 2 个，1 个为 PE 线进箱体的连接点，1 个为重复接地的连接点。

(3) 配电箱架的设置要求

① 固定式配电箱、开关箱箱体中心点与地面垂直距离为 1.4～1.6m。移动式箱体与地面垂直距离为 0.8～1.6m。配电箱、开关箱应装设在坚固、稳定的支架上。

② 配电箱、开关箱在建筑物坠落半径或塔吊臂旋转半径内时必须做双层防护棚，并采取隔离措施。

(4) 总配电箱（柜）的配置

内设 400～630A 具有隔离功能的 DZ20 型透明塑壳断路器作为主开关，分路设置 4～8 路采用具有隔离功能的 DZ20 系列 160～250A 透明塑壳断路器，配备 DZ20L（DZ15L）透明漏电开关或 LBM-1 系列漏电断路器作为漏电保护装置，使之具有欠压、过载、短路、漏电、断相保护功能，同时配备电能表、电压表、电流表、两组电流互感器。漏电保护装置的额定漏电动作电流与额定漏电动作时间的乘积不大于 30mA·s。最好选用额定漏电动作电流为 75～150mA，额定漏电动作时间大于 0.1s 小于等于 0.2s，动作方式为延时动作型的漏电保护装置。

总配电箱（柜）配置示意图如图 4-52 所示。

六回路配电箱（柜）电气系统图如图 4-53 所示。

(5) 分配电箱的配置

含照明回路分配电箱（动力回路与照明回路分路配电）内设 200～250A 具有隔离功能的 DZ20 系列透明塑壳断路器作为主开关（与总配电箱分路设置断路器相适应）；采用 DZ20 或 KDM-1 型透明塑壳断路器作为动力分路、照明分路控制开关；各配电回路采用 DZ20 或 KDM-1 透明塑壳断路器作为控制开关；PE 线连线螺栓、N 线接线螺栓根据实际需要配置。含照明回路分配电箱配置示意图如图 4-54 所示，不含照明回路分配电箱配置示意图如图 4-55 所示。

(a) 整体示意图

(b) 端子板接点图

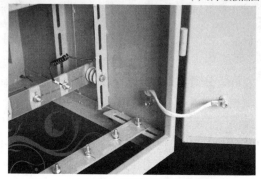

(c) 柜门电气连接点图

图 4-52　总配电箱（柜）配置示意图

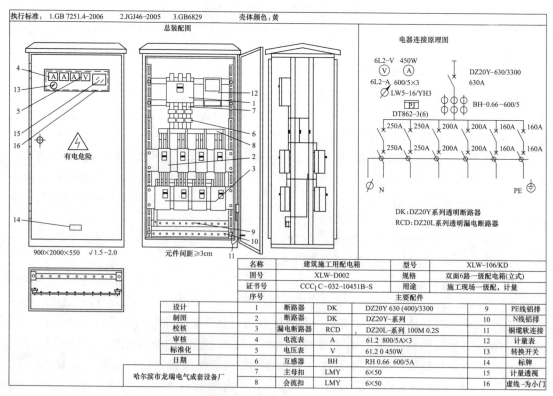

图 4-53　六回路配电箱（柜）电气系统图

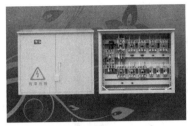

(a) 总体配置示意图

(b) N线端子板接点图

(c) PE线端子板接点图

图 4-54　含照明回路分配电箱配置示意图

图 4-55　不含照明回路分配电箱示意图

(6) 开关箱的配置

内设 KDM1 或 DZ20（160A 以上 380V）系列透明塑壳断路器作为控制开关，配置 DZ20L 系列透明漏电断路器或 LBM-1 系列漏电断路器；PE 线端子排为 3 个接线螺栓。地泵等大型设备开关箱配置示意图如图 4-56 所示。

图 4-56　地泵等大型设备开关箱示意图

3.0kW 以下用电设备开关箱，内设 DZ20（20～40A、380V）或 SE、KDMI 系列透明塑壳断路器作为控制开关，配置 DZ15LE（20～40A）或 LBM1 系列透明漏电断路器，PE 线端子排为 4 个接线螺栓。40A 以下动力开关箱配置示意图如图 4-57 所示。

5.5kW 以上用电设备开关箱，根据所控制设备额定容量选择控制开关及漏电断路器。控制开关为 DZ20（SE 或 KDM1）系列透明塑壳断路器，漏电断路器为 DZ15L 系列透明系列漏电断路器；PE 线接线螺栓为 3 个。5.5kW 以上设备开关箱示意图如图 4-58 所示。

图 4-57　40A 以下动力开关箱示意图

图 4-58　5.5kW 以上设备开关箱示意图

(7) 照明开关箱的配置

内设 KDM1-T/2（20～40A）断路器，配置 DZ15L-20-40/290 漏电断路器，PE 线螺栓为 3 个。照明开关箱配置示意图如图 4-59 所示。

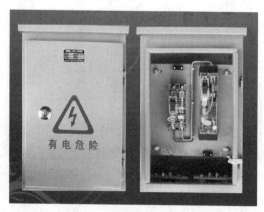

图 4-59　照明开关箱示意图

(8) 配电室布置要求

① 配电柜正面的操作通道宽度，单列布置或双列背对背布置不小于 1.5m，双列面对面布置不小于 2m。

② 配电柜后面的维护通道宽度，单列布置或双列面对面布置不小于 0.8m，双列背对背

布置不小于1.5m，个别地点有建筑物结构凸出的地方，则此点通道宽度可减少0.2m。

③ 配电柜侧面的维护通道宽度不小于1m。

④ 配电室的棚顶与地面的距离不小于3m。

（9）工地临时供电线路的几个具体问题

1）漏电保护系统的设置

工地施工临时用电必须设置二级漏电保护系统，即用电系统至少应设置总配电箱漏电保护和开关箱漏电保护二级保护，总配电箱和开关箱中二级漏电保护器的额定漏电动作电流和额定漏电动作时间应合理配合，形成分级分段保护；漏电保护器应安装在总配电箱和开关箱靠近负荷的一侧，即用电线路先经过闸刀电源开关，再到漏电保护器，不能反装。

配电箱、开关箱中的漏电保护器宜选用无辅助电源型（电磁式）产品，或选用辅助电源故障时能自动断开的辅助电源型（电子式）产品。当选用辅助电源故障时不能自动断开的辅助电源型（电子式）产品时，应同时设置缺相保护。

漏电保护器应满足以下要求。

① 开关箱中漏电保护器的额定漏电动作电流≤30mA。

② 额定漏电动作时间≤0.1s，使用于潮湿场所的漏电保护器额定漏电动作电流≤15mA，额定漏电动作时间≤0.1s。

③ 总配电箱中漏电保护器的额定漏电动作电流应大于30mA，额定漏电动作时间应大于0.1s，但其额定漏电动作电流与额定漏电动作时间的乘积不应大于30mA·s。

④ 漏电保护器应动作灵敏，不得出现不动作或者误动作的现象。

漏电保护器的正确接线方法见表4-16。

表4-16 漏电保护器的正确接线方法

系统	专用变压器供电 TN-S 系统	三相四线制供电局部 TN-S 系统
接线	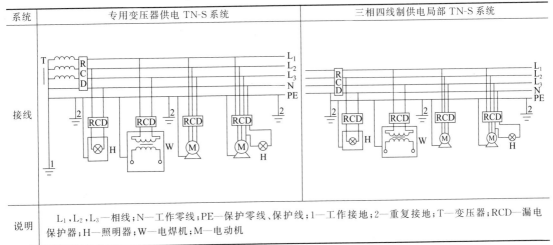	
说明	L₁、L₂、L₃—相线；N—工作零线；PE—保护零线、保护线；1—工作接地；2—重复接地；T—变压器；RCD—漏电保护器；H—照明器；W—电焊机；M—电动机	

2）保护接零的选择

① 施工现场专用变压器的电源中性点直接接地的电力线路必须采用 TN-S 接零保护系统，如图4-60所示。保护零线应由工作接地线、配电室（总配电箱）电源侧零线或总漏电保护器电源侧零线处引出，单独敷设，不能作为他用，如图4-61所示。

② 采用 TN 系统做保护接零时，工作零线（N线）必须通过总漏电保护器，保护零线（PE线）必须由电源进线零线重复接地处或总漏电保护器电源侧零线处，引出形成局部 TN-S 接零保护系统，如图4-62所示。

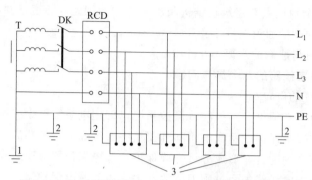

图 4-60　专用变压器供电时 TN-S 接零保护系统示意图

1—工作接地；2—PE 线重复接地；3—电气设备金属外壳（正常不带电的外露可导电部分）；

RCD—总漏电保护器（兼有短路、过载、漏电保护功能的漏电断路器）；

L_1，L_2，L_3—相线；N—工作零线；PE—保护零线；DK—总电源隔离开关；T—变压器

图 4-61　保护零线的引出

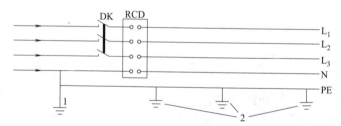

图 4-62　三相四线供电时局部 TN-S 接零保护系统保护零线引出示意图

1—N、PE 线重复接地；2—PE 线重复接地；L_1，L_2，L_3—相线；

N—工作零线；PE—保护零线；DK—总电源隔离开关；

RCD—总漏电保护器（兼有短路、过载、漏电保护功能的漏电断路器）

　　TN 系统中的保护零线除必须在配电室或总配电箱处做重复接地外，还必须在配电系统的中间处和末端处做重复接地，每一处重复接地电阻应不大于 10Ω，如图 4-63 所示。保护零线应采用绿黄双色线，任何情况下均不得用绿黄双色线作负荷线。

　　③ 三相四线制架空线路的保护零线截面积不小于相线截面积的 50%，单相线路的保护零线截面积与相线截面积相同，用电线路中的保护零线最小截面积为 $6mm^2$，配电装置和电动机械相连接的保护零线截面积应不小于 $2.5mm^2$ 的绝缘多股铜线。保护零线应从线路始端开始设置，随线路至末端，与电气设备（包括电箱）不带电的外露可导电部分相连。

　　在 TN 接零保护系统中，通过总漏电保护器的工作零线与保护零线之间不得再做电气连接。

图 4-63 重复接地

3）关于线路敷设

① 用电线路采用绝缘导线时采用架空线路敷设，架空敷设采用瓷瓶及横担固定在电杆上，不得成束架空敷设或直接绑在电杆、树木或脚架上，其线路路由应避开塔吊等起重吊装作业范围，并与建筑脚手架、施工作业面保持规程规定的小安全操作距离 4m。

② 架空线路相序排列，在同一横担上面向负荷从左侧起为 L_1、N、L_2、L_3、PE，如图 4-64 所示；若双层分别架设动力线与照明线，照明线敷上层，面向负荷从左侧起为 L_1（L_2、L_3）、N、PE，绝缘线相色选择排序为红、蓝、黄、绿及黄绿。

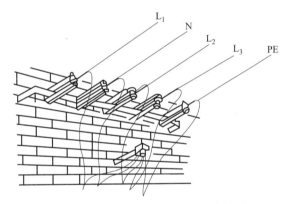

图 4-64 同一横担上架空线路相序排列

③ 线路埋地敷设应沿场内道路路边或建筑边缘埋设，并在线路转弯处或直线段每 20m 处设线路走向标志。电缆埋地敷设埋深不小于 0.7m，经过道路等易受损伤场所应加设套管。

④ 在建建筑物内配电线路应采用埋地引入，其引上的线路要利用在建工程的竖井、垂直孔洞作通道，并每层固定可靠。

⑤ 机具用电的橡皮绝缘电缆线路不得随意拖拉，应有防碾压措施。

⑥ 配电箱内接线（含 N、PE 等线）均采用端子板连接，能直接与电器开关端子连接时每个端子不超过两根导线，多股线接线要采用搪锡或压鼻子压接或螺栓连接。

⑦ 配电箱内电气回路均设立标志牌，记录用电回路名称、负荷参数等。同时箱内门板内侧（避开电器安装位置）粘贴本箱配电系统图、接线图及悬挂电器巡查维护记录表。

第5章

户内配电装置与灯具安装

5.1 户内配电箱的安装

5.1.1 户内配电箱安装须知

(1) 安装户内配电箱的技术要求

选用和安装户内配电箱,既要美观更要保证用电安全,具体要求如下。

① 每套住宅应单独设户内配电箱。户内配电箱应设置电源总断路器;户内配电箱的总断路器,要求能同时切断相线、零线,其中单相的要求用2P断路器,三相的要求用3P+N断路器,如图5-1所示。

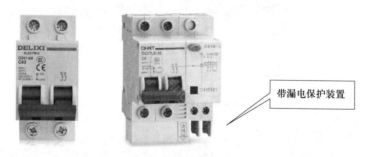

带漏电保护装置

(a) 2P断路器

带漏电保护装置

(b) 3P+N断路器

图 5-1 断路器

② 户内配电箱的面板材料可为钢板或塑料,耐火等级能满足有关规范的要求,箱体应有一定的机械强度,周边平整无损伤。进配电箱的电线管必须用锁紧螺母固定。

③ 配电箱埋入墙体应垂直、水平。

④ 箱体至少在上下两侧冲有敲落孔，敲落孔孔径与配线管管径要匹配。若配电箱需要在安装时开孔，孔的边缘须平滑、光洁，见图5-2。

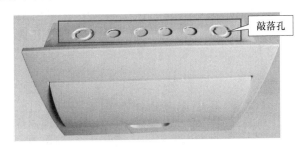

图 5-2　配电箱的敲落孔

⑤ 箱体内应分别设立零线、保护接地线的汇流排；接线端子应与导线截面积匹配，且要完好无损，绝缘良好，如图5-3所示。

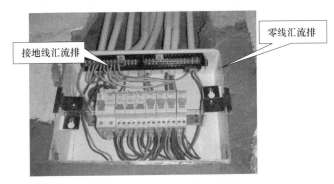

图 5-3　箱体内接线汇流排

⑥ 配电箱内的接线应规则、整齐，端子螺钉必须紧固。

⑦ 各回路的进线必须有足够长度，不得有接头。

⑧ 配电箱安装完成后，必须清理配电箱内的残留物。

⑨ 配电箱安装完成后，应标示各回路的使用名称，如图5-4所示。

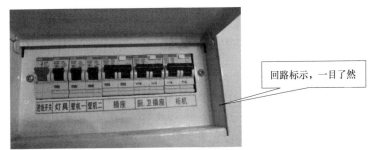

图 5-4　配电箱的回路标示

(2) 户内配电箱安装位置的确定

配电箱是对家中电路的总控开关，配电箱的安装关系到对于家中电路的日常控制。户内配电箱分金属外壳和塑料外壳两种，有明装式和暗装式两类，一般采用暗装，暗装为嵌入式，应随土建施工预埋，也可在土建施工时预留孔然后采用预埋。

对于楼宇住宅新房，房产开发商一般在进门处靠近天花板的适当位置留有户内配电箱的安装位置，许多开发商并且已经将户内配电箱预埋安装，装修时，应尽量利用原来的位置。

配电箱多位于门厅、玄关、餐厅和客厅，有时也会被装在走廊里。如果需要改变安装位置，则在墙上选定的位置上开一个孔洞，孔洞应比配电箱的长和宽各大 20mm 左右，预留的深度为配电箱厚度加上洞内壁抹灰的厚度。在预埋配电箱时，箱体与墙之间填以混凝土即可把箱体固定住，如图 5-5 所示。

图 5-5　配电箱位置的确定示例

配电箱不宜安装过高或过低，以便操作。一般来说，地下室照明箱明装底边距地 1.5m，1 层在走道安装的照明及配电箱底边距地 1.7m，控制箱的安装高度为中心距地 1.5m，挂墙明装的配电箱中心距地 1.3m（箱体高度大于 0.8m）或 1.5m（箱体高度小于 0.8m）。

绝不能将配电箱安装在密闭的木质箱体内，以防火灾。

总之，户内配电箱应安装在干燥、通风部位，且无妨碍物，以方便使用。家庭户内配电箱一般嵌装在墙体内，外面仅可见其面板。

（3）户内配电箱的电气单元

户内配电箱担负着住宅内的供电与配电任务，并具有过载保护和漏电保护功能。配电箱内安装的电气设备可分为控制电器和保护电器两大类。控制电器是各种配电开关；保护电器是在电路某一电器发生故障时，能够自动切断供电电路的电器，从而防止出现严重后果。

户内配电箱一般由电源总闸单元、漏电保护器单元和回路控制单元等 3 个功能单元构成，如图 5-6 所示。从电气连接形式上看，电源总闸、漏电断路器、回路控制 3 个功能单元是顺序连接的，即交流 220V 电源首先接入电源总闸，通过电源总闸后进入漏电断路器，通过漏电断路器后分几个回路输出。

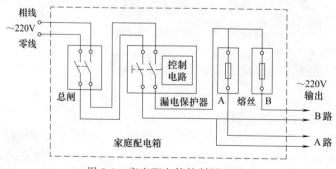

图 5-6　家庭配电箱控制原理图

① 电源总闸单元 该单元一般位于配电箱的最左边，采用电源总闸（隔离开关）作为控制元件，控制着入户总电源。拉下电源总闸，即可同时切断入户的交流 220V 电源的相线和零线。

② 漏电保护器单元 该单元一般设置在电源总闸的右边，采用漏电断路器（漏电保护器）作为控制与保护元件。漏电断路器的开关扳手平时朝上处于"合"位置；在漏电断路器面板上有一试验按钮，供平时检验漏电断路器用。当户内线路或电器发生漏电，或万一有人触电时，漏电断路器会迅速动作切断电源（这时可见开关扳手已朝下处于"分"位置）。

③ 回路控制单元 该单元一般设置在配电箱的右边，采用断路器作为控制元件，将电源分若干路向户内供电。对于小户型住宅（如一室一厅），可分为照明回路、插座回路和空调回路。各个回路单独设置各自的断路器和熔丝。对于中等户型、大户型住宅（如两室一厅一厨一卫，三室一厅一厨一卫等），在小户型住宅回路的基础上可以考虑适当增设一些控制回路，如客厅回路、主卧室回路、次卧室回路、厨房回路、空调1回路，空调2回路等，一般可设置 8 个以上的回路，居室数量越多，设置的回路就越多，其目的是达到用电安全、方便。

一般来讲，根据家庭户型的不同，家庭配电箱线路图也略有差异。如图 5-7 所示为家庭配电箱控制回路设计的实例。

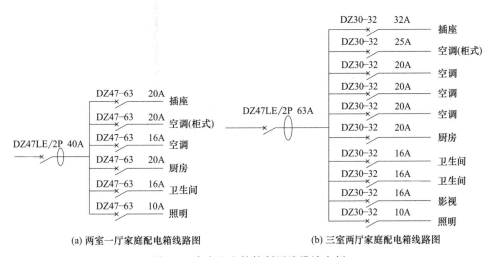

(a) 两室一厅家庭配电箱线路图　　(b) 三室两厅家庭配电箱线路图

图 5-7　家庭配电箱控制回路设计实例

图 5-7（a）采用 12 回路箱体。总开关选用 2P 断路器配漏电装置（断路器带漏保），具有漏电、短路保护功能。选用 DZ47-63 断路器作为每回路开关，用于线路和电气设备的过载及短路保护。这是目前民用住宅领域中最经济的照明箱。

图 5-7（b）采用 16 回路箱体。总开关选用 2P 断路器配漏电装置，具有漏电、短路保护功能。选用 DZ30-32 断路器作为每回路开关，每一回路均可同时切断相线和中性线，大大提高了电气使用的安全性。它是目前房产中最合理的配置。

5.1.2　安装户内配电箱

(1) 暗装户内配电箱

户内配电箱暗装的步骤及方法如下。

1）预埋、预留

① 在砌体墙上安装配电箱较为简单，施工人员在配电箱位置按照设计的尺寸预留洞口（例如宽×高×深为 450mm×400mm×120mm），洞口底边距地 1.70m（配电箱安装高度按 1.80m 计），且不能破坏电线管，如图 5-8 所示。

图 5-8　配电箱预埋

② 在混凝土墙上的情况较为复杂。此时，需用一个泡沫块暗埋在混凝土墙内，泡沫的质量要求为承压 14kg，以后将泡沫块挖走后，就是配电箱的安装位置。配电箱的尺寸及高度应符合设计要求。

2）箱体安装

箱体的安装在土建墙面抹灰前进行，也可在抹灰后进行。

在土建抹灰前，土建专业人员需先配合电气专业人员在配电箱洞口的上下左右四个侧面把灰饼打上，以确定抹灰后墙面的标高；或者土建先行抹灰，留出配电箱四周不抹（距配电箱边 150～200mm），并不得破坏箱体周围的管道。

安装前，先进行管道疏通。不通的，按规范要求处理，保证配电箱安装后，所有管道畅通，后期穿线顺利。

3）箱体固定

箱体固定前，首先利用箱体上已经开好的孔（要求配电箱按照配电系统图在上下两个底边预留敲落孔，并上下底边各多预留一个孔）进行接管。个别需要开孔的，先根据洞口内的预埋线管的位置，对箱体上下两个底边进行开孔（用电动开孔钻，严禁采用切割机、钢钎、钢锯等工具），不同的管径采用不同规格的钻头，具体做法同木箱开孔一致。然后将箱体横向固定在洞口，固定时要考虑箱体内压线端子排的左右位置，一般是接地端子在右边，零线端子在左边；箱体底边的高度为 1.8m，箱体两侧均留出与洞边相等的间距，箱口平面与墙面平行，且高出墙面 3mm。

如图 5-9 所示，箱体的固定方法如下。

① 用一根木条钉在墙上，木条必须水平，木条与箱体接触面高度为 1.8m，箱体座落在木条上，箱体的上方用另一根木条钉在墙上，将箱体夹住、夹牢。

② 调整箱口平面与墙面的关系（箱口平面与墙面平行，确定高出墙面的尺寸）。

③ 调整好后，再往箱体的两侧及背后填充水泥砂浆（作用是利用水泥砂浆的凝固来固定箱体）。注意，箱体的上下空间不能填充。

④ 等待水泥砂浆的凝固后（约两天），就可以拆掉木条，进行下一步接管工作了。

配电箱安装应横平竖直，在箱体放置后要用尺板找好箱体垂直度，使其符合规定，箱体垂直度的允许偏差是：当箱体高度为 500mm 以下时，不应大于 1.5mm，当箱体高度为 500mm 以上时，不应大于 3mm，配管入箱应顺直，露出长度小于 5mm。

4）接管

箱体周围的水泥砂浆凝固好以后，就可以接电线管了，如图 5-10 所示。管口不能直接进入箱体，必须是通过锁扣与箱体进行连接。连接好后，箱体内管口全部用管塞封堵严实，

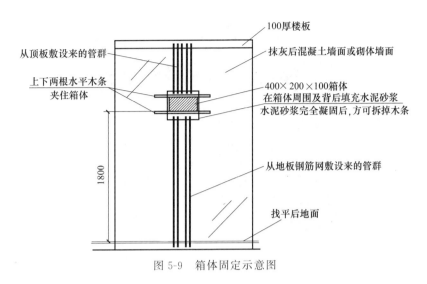

图 5-9　箱体固定示意图

防止抹灰施工时水泥砂浆进入管内堵塞线管。

图 5-10　配电箱接电线管

5）穿线

经电气施工员检查合格后，通知土建施工员进行配电箱所在墙体或配电箱周围的抹灰工作，如图 5-11 所示。土建施工人员在抹灰施工时，将箱体周围的空隙填实、抹平，但是，不能破坏管口封堵，不能将砂浆抹入箱体内。

图 5-11　配电箱周围墙体抹平

穿线时，需按规范要求进行配色，火线可用黄、绿、红三种颜色中的任一种颜色，零线为淡蓝色，接地线为黄绿相间的双色线。进入箱体的电线长度为箱体周长的三分之二，电源进线在主开关同侧，可适当短些，根据实际情况而定，如图 5-12 所示。每个配电回路的电线进入箱体后，都要用标签注明其名称、用途，这样接线时才能同每个配电开关一一对应。

图 5-12　配电箱穿线

（2）明装户内配电箱的安装

公共空间配电箱的一般设计是明装，明装配电箱分为明管明箱和暗管明箱两种，其配电箱的安装方式大致相同。但对于暗管明箱，现施工中一般采用如图 5-13（a）所示的做法，此做法的弊病是箱后的暗装接线盒不利于检查和维修，一旦遇到换线、查线等情况，还得拆下明装配电箱。图 5-13（b）的做法可避免这个问题，方便了检查和维修，它只需在订货时按图示对箱体提出要求即可。

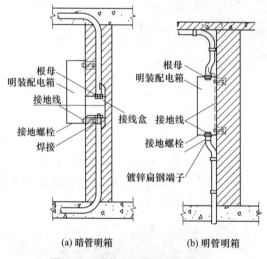

（a）暗管明箱　　　　　　　（b）明管明箱

图 5-13　明装配电箱的两种做法

安装配电箱前，应先将配电箱拆开分为箱体、箱内盘芯、箱门三部分。拆开配电箱时留好拆卸下来的螺钉、螺母、垫圈等。

明装配电箱固定箱体有铁架固定和金属膨胀螺栓固定两种固定方法。

① 铁架固定配电箱箱体　将角钢调直，量好尺寸，画好锯口线，锯断煨弯，钻孔位，焊接。煨弯时用方尺找正，再用电（气）焊将对口缝焊牢，并将埋入端做成燕尾形，然后除锈，刷防锈漆。再按照标高用高标号水泥砂浆将铁架燕尾端埋入牢固，埋入时要注意铁架的平直程度和孔间距离，应用线坠和水平尺测量准确后再稳住铁架，待水泥砂浆凝固后再把配电箱箱体固定在铁架上。

② 金属膨胀螺栓固定配电箱 采用金属膨胀螺栓可在混凝土墙或砖墙上固定配电箱，金属膨胀螺栓的大小应根据箱体重量选择。其方法是根据弹线定位的要求，找出墙体及箱体固定点的准确位置，一个箱体固定点一般为四个，均匀地对称于四角，用电钻或冲击钻在墙体及箱体固定点位置钻孔，其孔径应刚好将金属膨胀螺栓的胀管部分埋入墙内，且孔洞应平直不得歪斜。最后将箱体的孔洞与墙体的孔洞对正，注意应加镀锌弹垫、平垫，将箱体稍加固定，待最后一次用水平尺将箱体调整平直后，再把螺栓逐个拧牢固，如图 5-14 所示。

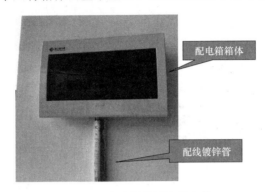

图 5-14　膨胀螺栓固定配电箱

明装配电箱箱内盘芯、箱门的安装方法与暗装配电箱基本相同，这里不再重复介绍。

5.1.3　配电箱中断路器的选择与安装

(1) 断路器的选择

家庭选配断路器的基本原则是：照明小，插座中，空调大。应根据用户的要求和装修个性的差异性，结合实际情况进行灵活的配电方案选择。

① 住户配电箱作为总闸的断路器一般选择双极 32～63A 小型断路器。

② 照明回路一般选择 10～16A 小型断路器。

③ 插座回路一般选择 16～20A 小型断路器。

④ 空调回路一般选择 16～25A 小型断路器。

以上选择仅供参考，每户的实际用电器功率不一样，具体选择要以设计为准。

(2) 在配电箱中安装断路器的步骤

① 把导轨安装在配电箱底板上，如图 5-15 (a) 所示。

② 将断路器按设计好的顺序卡在导轨上，如图 5-15 (b) 所示。

③ 将各条支路的导线在电线管中穿好后，将末端接在各个断路器的接线端上，如图 5-15 (c) 所示。

(3) 断路器的接线方法

断路器垂直正向安装或横向安装时，以断路器面板上铭牌的字或标识作参数，将断路器上方的接线端作为电源的进线端，又名电源端，将断路器下方的接线端作为负载的连接端，又名负载端，这种接线方式，称为上进线；反之将断路器上进线中的电源端当作负载端，负载端作为电源端来使用的接线方式，称为下进线。

断路器有电源端和负载端标志，分别以 1、3、5 表示电源端，2、4、6 表示负载端。有些厂家在 DZ20 系列产品盖上直接刻上了 1、3、5 和 2、4、6 阿拉伯数字。也有些塑壳断路器的塑料盖上直接压制有英文 "Line" 和 "Load"，或者压制汉字 "电源端" 和 "负载端"，

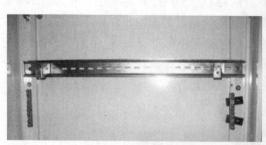

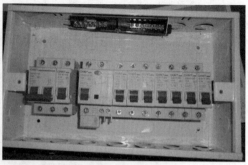

(a) 安装导轨   (b) 把断路器卡在导轨上

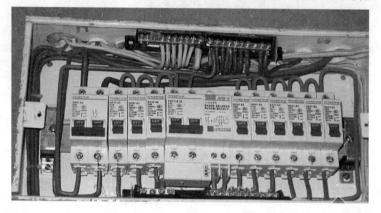

(c) 接线

图 5-15　在配电箱中安装断路器

还有用不干胶标牌的，标牌上有"Line（电源端）、Load（负载端）"字样，凡有此字样均说明该断路器只能上进线。

　　家庭及类似场所断路器的接线一般是上进线（上为进线下为出线），1P 和 2P 的断路器的接线方法是不相同的，如图 5-16 所示。

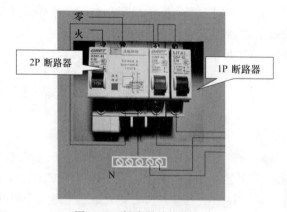

图 5-16　断路器的接线方法

　　① 1P 的断路器（一般作为各个回路开关使用），把 L 极（火线）接上端，N 极（零线）接到 N 极汇流线排上。

② 2P 的断路器（一般作为总开关使用），直接把 L 极、N 极接上即可。

值得注意的是，带漏电保护的断路器，零线必须从漏电保护器下面接线，若从上面接无法正常工作，如图 5-17 所示。

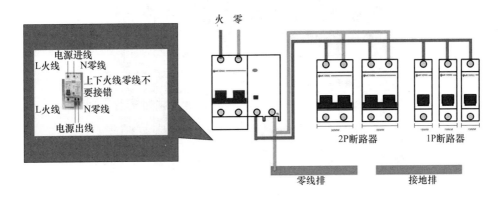

图 5-17　带漏电保护断路器的接线

5.1.4　配电箱内的线路安装

(1) 家庭配电箱的配线

根据箱体内总开关、分开关的组合形式，配电箱配线可分为两种方式：一种是总开关带漏电保护器，分开关不带漏电保护器；另一种是总开关不带漏电保护器，有几个分开关带漏电保护器，其余分开关不带漏电保护器。

第一种接线形式的接线比较简单，进线电源的零线、火线分别接在总开关的进线端，进线电源的地线直接接到接地端子排上；总开关同分开关、零线端子排连接的导线，生产厂家已接好；所有配电回路的零线、地线分别接到零线端子排和接地端子排上，火线需按用途、编号，同各个分开关一一对应，不能接错，如图 5-18 所示。

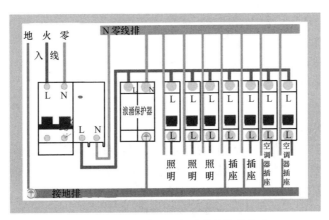

图 5-18　总开关带漏电保护器的接线方法

第二种接线形式，由于总开关不带漏电保护器，有几个分开关带漏电保护器，其余分开关不带漏电保护器，接线比较复杂一些，如图 5-19 所示。其中，不带漏电保护器的分开关的接线同第一种情形完全一样。带漏电保护器的分开关的接线方法如下。

① 带漏电保护器的分开关的电源侧，它的零线是从零线端子排接来的。

② 用电负荷侧的零线是从带漏电保护器的分开关的零线接口接线的，而不是从零线端子排接来的，否则，就会出现一用电就跳闸的现象。

图 5-19　总开关不带漏电保护器的接线方法

（2）零线与火线的接线规定

在断路器上，零、火线有标识，零线为"N"，火线为"L"，接线时不可接错。

（3）零排和地排的规定

在配电箱中，零排一般设在左边或上方，且安装在绝缘底座上；地排一般设在右边或下方，直接安装在箱体的导体底座上。

（4）配电箱接线的基本步骤及方法

① 先将每个配电回路的三根导线头，用标签注明其名称、用途。

② 将导线理顺、拉直，不得呈现弯弯曲曲的现象。

③ 分组、分层次走线，即零线、火线、接地线分别集中。

④ 按横平竖直的原则，分别走线到零线排、分开关、地线排。

⑤ 量好到接线位置的长度，剪断导线，剥去接线位置的绝缘层，然后把导线的导体部分插入到接线位置，压紧，但不要压到绝缘层，不能裸露导体。

（5）配电箱线路安装的注意事项

配电箱线路的排列情况最能说明电工技术水准，它好比电工本身的思路，思路清晰，线路排列也就清晰。若配电箱中接线混乱，可以想象室内其他地方的线路敷设，也很难会符合技术要求。

配电箱安装接线的注意事项如下。

① 在配电箱中，总断路器与各分断路器之间配线一般走左边，配电箱出线一般走右边。

② 走线规范、整齐，火线、零线、接地线的颜色应严格区分。各回路进线必须有足够长度，不得有接头。如图 5-20 所示为不规范的配电箱接线，其不规范之处如下。

a. 选用的箱体较小，没有足够的导线安装空间。

b. 导线预留长度不够，到处有导线接头，留下安全隐患。

c. 接线端处的芯线头裸露过长。

d. 进户线预留长度不足（配电箱内的进户线应留有一定余量，一般为箱体周长的一半）。

e. 断路器排列过于紧密，不利于维修时更换断路器。

图 5-20 不规范的配电箱安装与接线

③ 照明及插座回路一般采用 2.5mm² 导线，每根导线所串联断路器数量不得大于 3 个。空调回路一般采用 4.0mm² 导线，一根导线配一个断路器。

④ 箱内的导线要用塑料扎带绑扎，扎带大小要合适，间距要均匀，如图 5-21 所示。

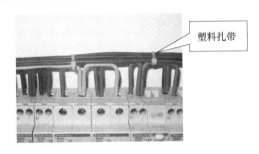

图 5-21 导线用塑料扎带绑扎

⑤ 汇流排在接线时，剥削绝缘层后的芯线要按照顺时针方向做"羊眼圈"，导线在折弯时要与螺钉的拧紧方向一致，这样才能保证导线在螺钉拧紧时不会被挤出，如图 5-22 所示。

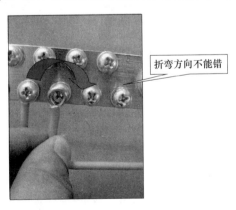

图 5-22 导线与汇流排的连接

⑥ 在进行断路器接线时，注意两根不同截面积的导线不能压在同一个端子上，如图 5-23 所示。

⑦ 导线与端子连接紧密，不伤芯，不断股。插接式端子线芯不应过长，应为插接端子

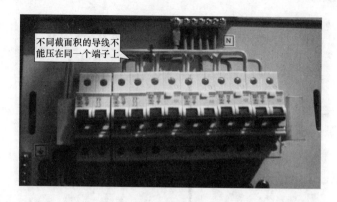

不同截面积的导线不能压在同一个端子上

图 5-23　断路器接线规范

深度的 1/2，同一端子上导线连接不多于 2 根，且截面积相同，防松垫圈等零件齐全。

⑧ 断路器上零、火线的标识，零线为"N"，火线为"L"，接线时不可接错。

⑨ 接完线，装上前面板，装上配电箱门，前面板上贴上标签，写上每个断路器的功能。

注意：配电箱全部电器安装完毕后，用 500V 绝缘电阻表对线路进行绝缘测量，如图 5-24 所示。摇测项目包括相线与相线之间，相线与零线之词，相线与地线之间，零线与地线之间。两人进行摇测，同时做好记录。

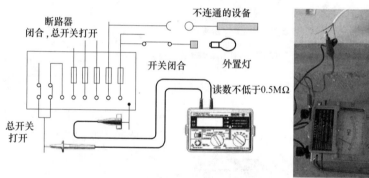
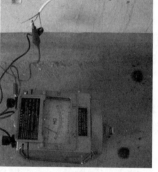

图 5-24　配电箱绝缘测量

5.2　开关插座的安装

5.2.1　开关插座安装须知

在室内装修时，开关、插座是安排在同一个工序安装的。

开关、插座的安装需要满足一定的作业条件，要求在墙面刷油漆及贴壁纸等装修工作均完成后才开始。并且电路管道、盒子均已铺设完毕，并完成绝缘测量。

作业时，保证天气晴朗，房屋通风干燥，切断配电箱的电源。

电源开关插座漏电而引起的人体电击、房屋火灾等现象常常发生，损失无可估量。而开关、插座出现安全问题，一方面是因为使用了低质量的产品，另一方面可能是安装不当造成的。因此为确保开关插座的安全，在安装前，应认真进行准备，挑选正规的开关、插座。

(1) 开关插座安装技术要求

① 安装前应检查开关插座的规格型号是否符合设计要求，是否有产品合格证（安装质量不合格的开关，有可能在短期内不会出故障，但若在质保期内出现故障，还得去更换，费力不讨好）。

插座一般会有 6A、10A、16A 几种，对于空调等大功率的用电器，需要选择 16A 以上并且带开关的插座，以确保家庭用电的安全。

② 检查开关控制是否操作灵活，外观是否有缺陷。同时用万用表"R×100"挡或"R×10"挡检查开关的通断情况（一般采取抽样检查的方法进行）。

发现开关插座有质量问题，不要进行拆装及维修，可直接要求换货。

③ 用绝缘电阻表（兆欧表）测量开关插座的绝缘电阻，要求不小于 2MΩ。摇测方法是：一条测试线夹在接线端子上，另一条夹在塑料面板上。由于室内安装的开关、插座数量较多，电工可采用抽查的方式对产品绝缘性能进行检查。

④ 开关一定要串接在电源火线上，严禁用零线来控制灯具。

如果将照明开关串接在零线上，虽然断开时电灯也不亮，但灯头的相线仍然是接通的，灯具上各点的对地电压仍为 220V 的危险电压。如果灯灭时人们触及这些实际上带电的部位，就会造成触电事故。所以各种照明开关或者单相小容量用电设备的开关，只有串接在相线上，才能确保安全。

开关误接零线上，若出现安全事故，电工是要负责任的。

⑤ 开关插座必须安装牢固。面板应平整，暗装开关插座的面板应紧贴墙壁，且不得倾斜，相邻开关插座的间距及高度应保持一致。

⑥ 多个开关插座并排安装时，要按照一定的由近及远的逻辑顺序去控制灯具。这样，使用起来才方便。

⑦ 开关插座安装要注意以下几个细节问题。

a. 开关插座安装避免过热过冷。开关插座一方面应当避免溅水，所以在浴室安装时，在注意位置安排的同时也最好为插座加上一个插座盒，同样，开关也不要安装在灶台上方，避免过热缩短使用寿命。

b. 浴霸开关注意空间。卫生间浴霸的开关一般比其他开关要大上一圈，在前期准备时应注意先多留几公分的位置，方便开关的安装。

c. 安装完成及时验收。开关安装完成后要及时验收，对开关控制、插座通电进行检查，同时也要对其外观、是否水平等进行检查，在保证一切合格后才能算安装工作的结束。

安装开关插座的主要技术要求如图 5-25 所示。

(2) 安装位置及高度

1）一般住宅

一般住宅开关应距地面 1.4m，同一室内的开关高度误差不能超过 5mm。并排安装的开关插座高度误差不能超过 2mm。开关插座面板的垂直允许偏差不能超过 0.5mm。

插座主要安装在离地面 0.3m 的地方，分体空调应预留在离地 1.8m 处；对于电视机等电器，有时候需要不止一个插座，也可能几个插座共同并排排列。而对于厨房而言，冰箱插座离地 0.3m，抽油烟机的高度一般需要到 2m。室内常用开关插座的安装位置如图 5-26 所示。

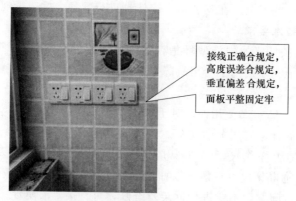

图 5-25　安装开关插座的主要技术要求

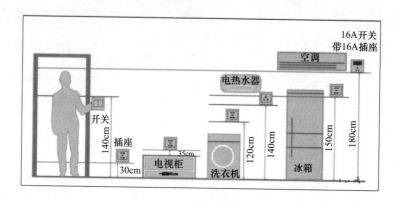

图 5-26　开关插座的安装位置

安装在门边的开关与门框距离 15～20cm，如图 5-27 所示。儿童房的开关高度宜为 1m。

2）酒店客房

① 客房进门处：客房进门处的内墙边设钥匙牌开关、房灯总开关和请勿打扰开关三个面板，如图 5-28 所示。钥匙牌开关，面板要带指示灯；房灯总开关，大床房为三控开关，双床房为双控开关，面板要带指示灯；请勿打扰开关，应选用专用面板，要与普通开关面板有明显区别，需带指示灯及图形标记或中英文字体。不能与其他开关合用一块面板。开关面板中心离地面 1350mm。

图 5-27　门边开关的安装位置

图 5-28　客房进门处开关面板

　　② 卫生间：卫生间门外的墙边设一个双联开关面板，照明灯分两路。卫生间里面，设吹风机电源插座、剃须插座。

　　③ 大单床房间（开关插座设置如图 5-29 所示）：在左右床头边墙上、靠窗侧床头柜上方设三个面板：阅读灯调光开关（不受总开关控制）；夜灯开关＋房灯总开关（三控）；手机充电插座。

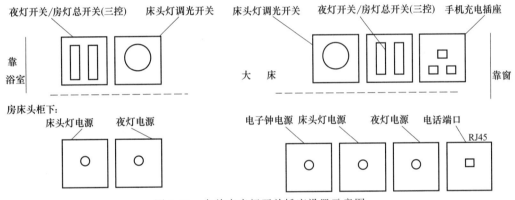

图 5-29　大单床房间开关插座设置示意图

　　床头柜下方（靠窗）设四个面板：电话插座；床头灯插座；电子钟电源插座；夜灯插座。

　　床头柜下方（靠浴室）设两个面板：床头灯插座；夜灯插座。

　　④ 双床房间（开关插座设置如图 5-30 所示）。

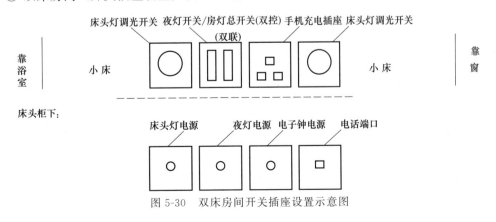

图 5-30　双床房间开关插座设置示意图

中间床头墙上床头柜的上方设四个面板：阅读灯调光开关（不受总开关控制）；夜灯开关 + 房灯总开关（双控）；手机充电插座；阅读灯调光开关（不受总开关控制）。

中间床头墙上床头柜的下方设四个面板：电话插座；床头灯插座；电子钟电源插座；夜灯插座。

⑤ 写字台处（开关插座设置如图 5-31 所示）。

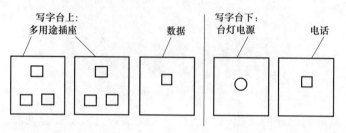

图 5-31　写字台处开关插座设置示意图

上方设置三个面板（面板中心高于台面 15cm）：一个 RJ45 数据端口（上网用）；2 个多功能电源插座（可用英制方脚插头）。

下方设置两个面板：台式电话端口（RJ11）；台灯电源插座。

⑥ 电视机柜后面（开关插座设置如图 5-32 所示）：后面设五个面板：电视机电源插座

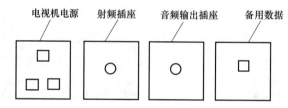

图 5-32　电视机柜后面开关插座设置示意图

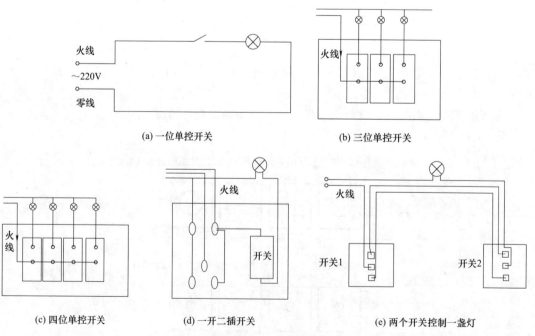

图 5-33　常用照明开关接线原理图

（受钥匙牌控制）；备用电源插座；RF/FM 射频信号插座；音频输出插座（连到卫生间）；RJ45 数据端口（作为备用，用于视频点播或电视上网）。

⑦ 其他必要的面板：落地灯电源插座；清洁时吸尘器用电源插座（卫生间与睡房之间的墙角）；电水壶电源插座（带开关，小酒吧台上方）；保险箱和电冰箱插座（在壁橱内）。

（3）常用照明开关接线图

灯具的控制方式多种多样，不同的控制方式有不同的接线方法。如图 5-33 所示是几种比较常用的照明开关接线原理图。

（4）电源插座接线规定

家庭使用的电源插座均为单相插座。按照国家标准规定，单相插座可分为单相两孔插座和单相三孔插座。

① 单相两孔插座有横装和竖装两种。面对插座，横装时为右极接相线（L），左极接零线（中性线 N），即"面对插座，左零右相"；竖装时为上极接相线，下极接中性线，即"面对插座，上相下零"。

② 单相三孔插座接线时，保护接地线（PE）应接在上方，下方的右极接相线，左极接中性线，即"面对插座，左零右相中接地"。国标规定的单相插座接线方法如图 5-34 所示。

无论哪种插座，正确接线只有一种，其他接线组合方式都是错误的。为确保设备和人身安全，插座在投入使用之前，必须依照规范进行接线检查。

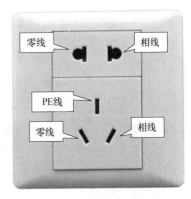

图 5-34 单相插座接线的规定

单相插座接线口诀

单相插座有多种，常分两孔和三孔。
两孔并排分左右，三孔组成品字形。
接线孔旁标字母，L 为火 N 为零。
三孔之中有 PE，表示接地在正中。
面对插座定方向，各孔接线有规定。
左接零线右接火，保护地线接正中。

5.2.2 开关插座安装工艺

（1）开关插座安装工序

① 安装前的准备　在开关和插座安装前应当先鉴别清楚产品的真伪，检查其配件是否准备齐全，保证金属膨胀螺栓、塑料胀管、镀锌螺钉等都齐全。

② 清洁底盒　由于开关插座的安装是在墙面装修之后，所以底盒难免会留下许多灰尘和杂质，在安装前先将底盒清理干净，避免杂质影响电路的使用，如图 5-35 所示。

③ 连接电源线，安装固定　盒内导线留出维修长度，削出线芯（图 5-36），将导线和接线柱相连，在接好后将开关插座安放至固定位置，利用螺钉固定，最后盖上面板，完成安装。

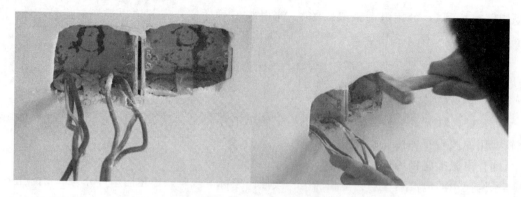

图 5-35　进行底盒清洁

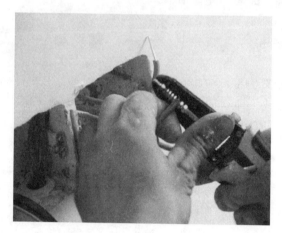

图 5-36　电源线处理

> 留足维修长度，
> 剥削线头绝缘层

（2）开关插座的接线与固定

① 拆面板　面板分为两种类型，一种是单层面板，面板正面有两个螺钉孔；另一种是双层面板，下层面板用螺钉固定在底盒上，上层面板扣合在下层面板上。

双层面板的开关插座，在安装前应将上下层面板撬开，如图 5-37 所示。

面板的上边或者下边有一个小开口，用一字形螺丝刀可以把上下层面板撬开

上层面板

下层面板

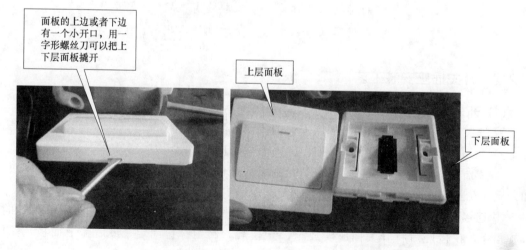

图 5-37　把上下层面板撬开

② 接线　先用螺丝刀把接线螺钉拧松一些，将已经剥削了绝缘层的线头按照规定插入接线孔中，然后立即拧紧螺钉，如图 5-38 所示。

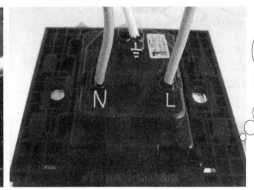

接线正确，不能出错。螺钉拧紧，防止脱落

(a) 把接线螺钉拧松　　(b) 分别插入线头并拧紧螺钉

图 5-38　接线

③ 固定面板　将底盒内甩出的导线从下层面板的出线孔中穿出，再把下层面板紧贴在底盒上，面板找正，用配套的螺钉将下层面板固定在底盒上，如图 5-39 所示，最后盖上上层面板。

用螺钉固定牢固，要求面板端正，紧贴墙面

图 5-39　固定下层面板

(3) 一位单控开关的接线

一位单控开关有两个接线柱，将"L"接线柱接电源火线的进线，"L1"接线柱接用电器（如荧光灯），如图 5-40 所示。

(4) 多位单控开关的接线

两位及两位以上的单控开关称为多位单控开关，如图 5-41 所示的三位单控开关，上方的接线柱分别接三个灯具，下方的三个接线柱接电源火线的进线。其他多位单控开关的接线方法与此类似。

多位单控开关接线时，一定要按照灯方位的前后顺序，一个一个地渐远地进行控制。这样，使用时才便于记忆。否则，经常会为了要找到想要开的

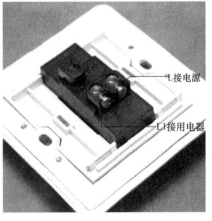

L接电源

L1接用电器

图 5-40　一位单控开关的接线

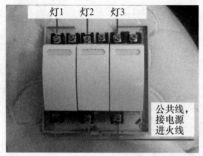

图 5-41　三位单控开关的接线

这个灯，把所有的开关都打开了。

(5) 双控开关的接线

双控开关有单位双控开关、双位双控开关和三位双控开关之分。家庭一般使用单位双控开关。

如图 5-42 所示，双控开关每位包含一个动断触点和一个动合触点；每位均有 3 个接线端，分别为动断端、动合端和公共端。为了便于叙述，把公共端编号为"1"，动断端、动合端分别编号为"2""3"。"2""3"接线端之间在任何状态下都是不通的（可用万用表电阻挡进行检测）。双控开关的动片可以绕"1"转动，使"1"与"2"接通，也可以使"1"与"3"接通。

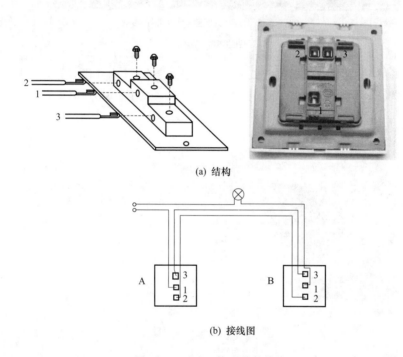

(a) 结构

(b) 接线图

图 5-42　两地双控开关的接线

安装接线时，零线可直接敷设到灯具安装处。两个开关之间的电线管内要穿三根控制电线（相线），三根电线要用不同的颜色区分开，相线先与开关 A 的接线柱"1"连接引入；再从 A 的接线柱"2"出来与 B 的"2"连接；又从 B 的"3"接线柱出来与 A 的"3"连接；最后由 B 的"1"引出到灯头。

双控开关的接线端可以直接从接线端旁的标注来识别，公共端一般标注为"L"，动断端、动合端一般标注为"L1""L2"。如果无法从标注上识别出各个接线端，可以用万用表的"R×1"挡来检测。公共端可以分别与动断端、动合端接通或断开，接通时电阻值为 0，断开时电阻值为 ∞；无论开关处于何种状态，动断端与动合端均不通，电阻值为 ∞。

(6) 触摸开关的接线

触摸开关常用于控制进户门处的灯具，使用时，触摸一下开关的触摸点，开关闭合

1min 左右后会自动断开。触摸开关有三个接线端，分别是火线输入、火线输出和零线输入，其接线方法如图 5-43 所示。注意，火线进和火线出两个接线端不要接错了。

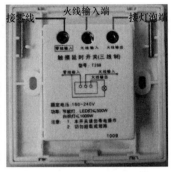

图 5-43　触摸开关的接线

(7) 声控开关的接线

声控开关是在特定环境下采用声响效果激发拾音器进行声电转换来控制用电器的开启，并经过延时后自动断开电源的节能电子开关。

在白天或光线较亮时，声控开关处于关闭状态；夜晚或光线较暗时，声控开关处于预备工作状态。当有人经过该开关附近时，脚步声、说话声、拍手声均可将声控开关启动（灯亮），延时一定时间后，声控开关自动关闭（灯灭）。

声控开关适合于安装在楼道、走廊、地下车库等场所，三线制声控开关有三个接线端，分别是火线输入、火线输出和零线输入，其接线方法如图 5-44 所示。

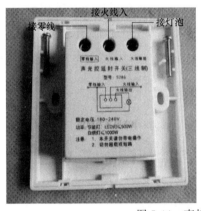

图 5-44　声控开关的接线

(8) 一开多孔插座接线

① 一开三孔插座的接线　一开三孔插座（开关控制灯）的接线，适合于室内既需要控制灯具，又需要使用插座的场所配电，如图 5-45 所示。

一开三孔插座（开关控制插座）的接线，适用于室内小功率需要经常使用的电器配电，如图 5-46 所示。

② 一开五孔插座的接线　一开五孔插座的结构如图 5-47（a）所示，左侧标注 L1 和 L2 的是开关的两个接线端，右侧标注 L 的是火线，N 是零线，剩下的一个是接地线。开关控制插座的接线如图 5-47（b）所示，开关控制灯具，插座独立使用的接线如图 5-47（c）所示。

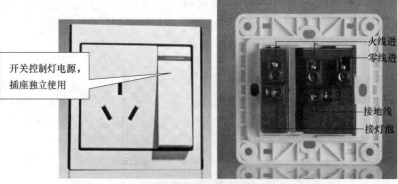

图 5-45 一开三孔插座（开关控制灯）的接线

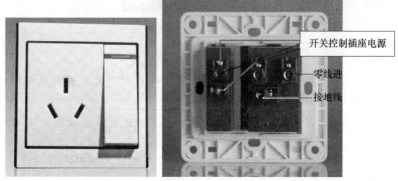

图 5-46 一开三孔插座（开关控制插座）的接线

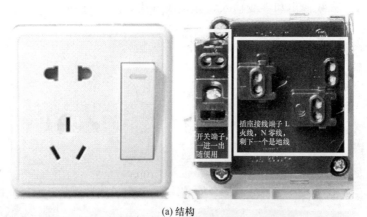

(a) 结构

(b) 开关控制插座　　　(c) 开关控制灯具，插座独立使用

图 5-47 一开五孔插座的接线

(9) 两开五孔插座接线

两开五孔插座的接线如图 5-48 所示，N 接零线，L 接火线，标注接地符号的一个接线端接地线，两个灯的火线进线分别接在开关的一个接口上，另一个接口接到灯座上的接口上，灯的零线不需要接开关或电源插座，插座为火线接 L 接口，零线接 N 接口上就可以了。灯的火线进线可直接用导线从电源插座的火线连接过来即可。

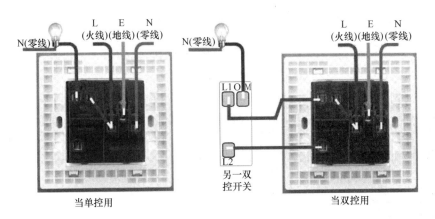

图 5-48 两开五孔插座的接线

(10) 开关、插座防水盒的安装

为了使用安全，在阳台和带淋浴的卫生间内的开关、插座应安装防水盒，以防止水漏到开关、插座里发生危险；在厨房炉灶附件的开关、插座安装防水盒可防油污；在厨房水槽附近的开关、插座安装防水盒可防止溅水。防水盒的外形如图 5-49 所示。

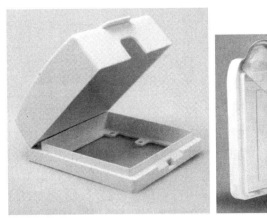

图 5-49 插座防水盒

安装防水盒时，先用一字形螺丝刀将盒盖撬开，将盒盖与面板上层仪器取下来，接下来的安装方法与普通插座安装一样。

(11) 插座接线正误的检测

① 插座常见接线错误与检查手段见表 5-1。

② 使用插座检测仪可以检测插座零火线接反、缺零线、缺地线等故障，通过观察验电器上 N、PE、L 三盏灯的亮灯情况，判断插座是否能正常通电，如图 5-50 所示。

表 5-1 插座常见接线错误与检查手段

错误种类	常规检查手段	测试条件
火线开路	试电笔	直接测量
零线开路	电压表	直接测量
地线开路	电压表	直接测量
零/火接反	试电笔	直接测量
地/火接反	试电笔	直接测量
零/地接反	钳形电流表	带负载,测量线路
线路接触不良(高阻点、阻抗)	电压表	带负载,外部测量

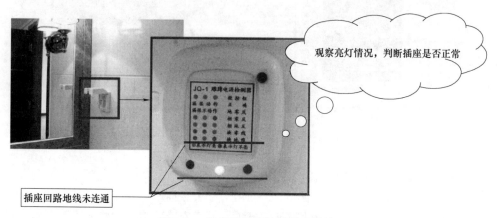

观察亮灯情况，判断插座是否正常

插座回路地线未连通

图 5-50 插座检测仪检测插座接线

5.3 常用灯具的安装

5.3.1 室内灯具安装技术要领

(1) 室内灯具安装技术要求

① 安装照明灯具的最基本要求是必须牢固、平整、美观。

② 室内安装壁灯、床头灯、台灯、落地灯、镜前灯等灯具时，灯具的金属外壳均应接地，以保证使用安全。

③ 卫生间及厨房装矮脚灯头时，宜采用瓷螺口矮脚灯头座。螺口灯头接线时，相线（开关线）应接在中心触点端子上，零线接在螺纹端子上，如图 5-51 所示。

零线　火线

火线
零线

图 5-51 螺口灯头的接线

④ 在装饰吊顶上安装各类灯具时，应按灯具安装说明的要求进行安装。灯具重量大于3kg时，应采用预埋吊钩或从屋顶用膨胀螺栓直接固定支吊架安装（不能用吊平顶或吊龙骨支架安装灯具），如图5-52所示。从灯头箱盒引出的导线应用软管保护至灯位，防止导线裸露在平顶内。

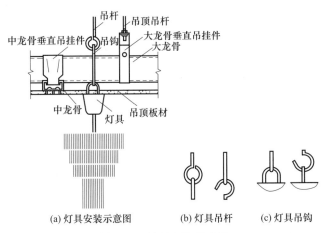

(a) 灯具安装示意图　　　　(b) 灯具吊杆　　(c) 灯具吊钩

图 5-52　吊顶安装示意图

⑤ 同一场所安装成排灯具一定要先弹线定位，再进行安装，中心偏差应不大于2mm。要求成排灯具横平竖直，高低一致；若采用吊链安装，吊链要平行，灯脚要在同一条线上。

⑥ 灯具安装过程中，要保证不得污染、损坏已装修完毕的墙面、顶棚、地板。

(2) 室内照明灯具安装步骤

安装灯具应在屋顶和墙面喷浆、刷油漆或贴壁纸及地面清理工作基本完成后，才能安装灯具。室内照明灯具安装步骤如图5-53所示。

图 5-53　室内照明灯具安装步骤

(3) 安装灯具的注意事项

① 安装前须检查灯具导线、紧固件、连接件及配件是否齐全、完好；并阅读说明书，明确安装顺序，如图5-54所示。

图 5-54　清点灯具配件

② 检验灯具有无暴露在外的导线，螺口灯头相线是否接在中心端子上，安装固定灯具座的尼龙膨胀管或膨胀螺栓有无质量问题，灯头的材质如何，灯头绝缘外壳有无破损；灯具的额定电压、电流、功率是否与设计要求一致。

③ 膨胀管的直径与冲击钻必须匹配，严禁因孔过大而用木片等物衬垫。

④ 屋顶天花板若为预制件，打孔遇预制件孔时，严禁用木榫，须配用金属吊件。

⑤ 若未设置预埋件，则不可安装重型灯具。

⑥ 若为吊灯，不论钢丝或铁链均须具有足够的强度，且电源线不拉紧，应适度松弛。

5.3.2 节能灯具的安装

(1) 节能灯

节能灯，全称三基色节能型荧光灯，是一种预热式阴极气体放电灯，灯管外形主要有 U 形、螺旋形、直管形，还有莲花形、梅花形、佛手形等几种，如图 5-55 所示。

以 H 形节能荧光灯为例，它由两根顶部相通的玻璃管（管内壁涂有稀土三基色荧光粉）、三螺旋状灯丝（阴极）和灯头组成。其工作原理与普通荧光灯相似，即可配用电感型镇流器（要配有启辉器），也可配用电子镇流器（不配用启辉器）。

(2) 节能灯安装方法

节能灯的灯座与普通白炽灯的灯座相同，因此节能灯的安装方法与白炽灯的安装方法一样。

节能灯可以壁式安装，吸顶式安装，也可以软线悬吊式的安装。下面先介绍日常生活中最常用的软线悬吊式的安装方法，其他两种安装的方法也就随之而清楚了。

① 安装圆木　先在准备安装吊线盒的地方打孔，预埋膨胀螺钉，如图 5-56（a）所示。然后在圆木底面用电工刀刻两条槽，圆木中间钻三个小孔，如图 5-56（b）所示。最后将两根电源线端头分别嵌入圆木两边小孔穿出，通过中间小孔用木螺钉将圆木紧固在木枕上，如图 5-56（c）所示。

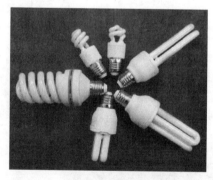

图 5-55　节能灯

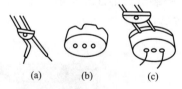

(a)　　　(b)　　　(c)

图 5-56　安装圆木

② 安装吊线盒（以塑料吊线盒为例）　先将圆木上的电线从吊线盒底座孔中穿出，用木螺钉把吊线盒紧固在圆木上，如图 5-57（a）所示。接着将电线的两个线头剥去 2cm 左右长的绝缘皮，然后将线头分别旋紧在吊线盒的接线柱上，如图 5-57（b）所示。最后按灯的安装高度（离地面 2.5m），取一股软电线作为吊线盒的灯头连接线，上端接吊线盒的接线柱，下端接灯头。在离电线上端约 5cm 处打一个结，如图 5-57（c）所示，使结正好卡在吊线盒盖的线孔里，以便承受灯具重量。将电线下端从吊线盒盖孔中穿过，盖上吊线盒盖就行了。

如果使用的是瓷吊线盒，软电线上先打结，两个线头分别插过瓷吊线盒两棱上的小孔固定，再与两根电源线直接相接，然后分别插入吊线盒底座平面上的两个小孔里，其他操作步骤不变。

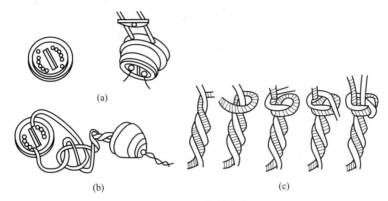

图 5-57　安装吊线盒

③ 安装灯头　旋下灯头盖子，将软线下端穿入灯头盖孔中，在离线头 3cm 处照上述方法打一个结，把两个线头分别接在灯头的接线柱上，然后旋上灯头盖子。如果是螺口灯头，相线应接在与中心铜片相连的接线柱上，否则容易发生触电事故，如图 5-58 所示。

④ 安装开关　控制灯具的开关，应串接在通往灯头的相线上，也就是相线通过开关才进灯头。开关一般安装在便于控制的适当位置。

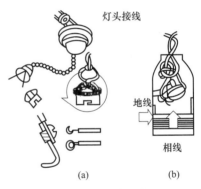

图 5-58　安装灯头

5.3.3　吸顶灯具的安装

(1) 吸顶灯具的主要部件

吸顶灯可直接装在天花板上，安装简易，款式简单大方，赋予空间清朗明快的感觉。常用的吸顶灯有方罩吸顶灯、圆球吸顶灯、尖扁圆吸顶灯、半圆球吸顶灯、半扁球吸顶灯、小长方罩吸顶灯等，如图 5-59 所示，其安装方法基本相同。

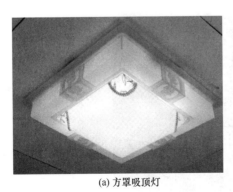

(a) 方罩吸顶灯

(b) 圆球吸顶灯

图 5-59

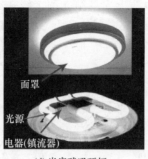

(c) 尖扁圆吸顶灯　　　　　(d) 半扁球吸顶灯　　　　　(e) 小长方罩吸顶灯

图 5-59　常用吸顶灯

下面先介绍有关吸顶灯的两个重要附件，见表 5-2。

表 5-2　吸顶灯的附件

附件	说明	图示
吸顶盘	与墙壁直接接触的圆、半圆、方形金属盘，是墙壁和灯具主体连接的桥梁	
挂板	连接吸顶盘和墙面的桥梁，出厂时挂板一般固定在吸顶盘上，通常形状为：一字形、工字形、十字形	

吸顶灯一般采用方形或环形荧光灯管作为光源，为了让荧光灯管能够正常发光，还需要配套的电子镇流器，如图 5-60 所示。

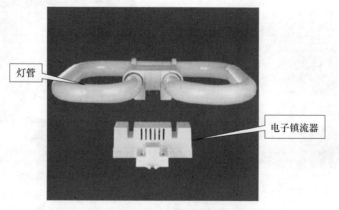

图 5-60　荧光灯的主要部件

（2）安装步骤及方法

① 拆开包装，先把吸顶盘接线柱上自带的线头去掉，并把灯管取出来，如图 5-61 所示。

在固定吸顶盘之前，将 220V 的相线（从开关引出的）和零线连接在接线柱上，与灯具引出线相连接。有的吸顶灯的吸顶盘上没有设计接线柱，可将电源线与灯具引出线连接，并用黄蜡带包紧，外加包黑胶布。

② 把吸顶盘放到计划安装的位置上，画好孔的位置；按照吸顶灯的安装孔位，在天花板上钻孔（一般使用 6mm 的钻头，钻孔时一定要注意孔的深度，不能把孔钻得太深）；再把吸顶盘的孔对准预埋的螺钉，将吸顶盘及灯座固定在天花板上，如图 5-62 所示。

图 5-61　拆除吸顶盘接线柱上的连线并取下灯管

(a) 定位

(b) 钻孔

(c) 固定吸顶盘

图 5-62　定位、钻孔和固定吸顶盘

③ 将接头放到吸顶盘内，如图 5-63 所示。

图 5-63　在接线柱上接线

④ 安装灯管（这时可以试灯，看是否会亮），如图 5-64 所示。

⑤ 安装装饰配件，把灯罩盖好，如图 5-65 所示。

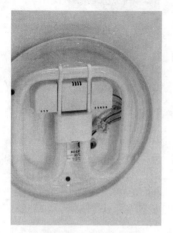

图 5-64　安装灯管　　　　　　　　　　图 5-65　安装灯罩

（3）吸顶灯安装注意事项

① 与吸顶灯电源进线连接的两个线头，电气接触应良好，要分别用黑胶布包好，并保持一定的距离，如果有可能尽量不将两线头放在同一块金属片下，以免短路，发生危险。

② 在砖石结构中安装吸顶灯时，应采用预埋螺栓，或用膨胀螺栓、尼龙塞或塑料塞固定；不可使用木楔。并且上述固定件的承载能力应与吸顶灯的重量相匹配，以确保吸顶灯固定牢固、可靠，并可延长其使用寿命。

当采用膨胀螺栓固定时，应按吸顶灯尺寸产品的技术要求选择螺栓规格，其钻孔直径和埋设深度要与螺栓规格相符。

③ 安装时要特别注意灯具与安装连接的可靠性，连接处必须能够承受相当于灯 4 倍的重量而不变形。

5.3.4　吊灯的安装

（1）安装高度的确定

所谓吊灯，是指吊装在室内天花板上的装饰用照明灯。吊灯如果安装得太矮，会阻碍人的视线，光线对眼睛会产生刺眼现象；如果吊得太高，则会影响这个居室的整体布置。一般来说，客厅吊灯的安装高度最好是在距离地面 2.2m 左右（注意：最低不能小于 1.8m，最高不能大于 3.0m），餐厅吊灯距离餐桌面 50～60cm，如图 5-66 所示。

（2）吊灯安装步骤及方法

① 组装吊灯。安装前先要熟悉说明书，对于中小型吊灯，可以先在地面完成灯臂与灯体的组装，如图 5-67 所示。注意将灯臂均匀分布，否则安装后的吊灯就会倾斜。

② 正确接线。将吊灯灯臂内各种电线正确连接，如图 5-68 所示。这一步非常重要，必须要细心、耐心，否则安装后不亮则要拆下来重新检查。

③ 组装吊灯吊链，如图 5-69 所示。

④ 安装吊灯吸顶盘。吊灯一般用吊杆或吊索吊装在天花板（或吊顶）上，安装时需要精确测量安装位置，这又是一个细致耐心的步骤。否则安装位置不合适，则会影响整个空间

的效果。

距离餐桌面高度为50～60cm

距离地面的高度为2.2m左右

(a) 餐厅吊灯　　　　　　　　　　　　　(b) 客厅吊灯

图 5-66　吊灯安装高度

图 5-67　灯臂与灯体组装

图 5-68　接线操作

图 5-69　组装吊灯吊链

根据吸顶盘（或固定条）的开孔尺寸，用电锤在吊顶上钻孔，如图 5-70（a）所示；把尼龙胀管塞到钻好了的孔中，如图 5-70（b）所示（注意：如果灯具较重，建议采用膨胀螺栓来固定）。

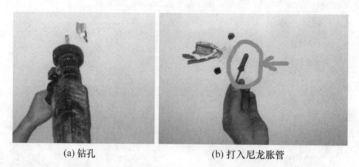

(a) 钻孔　　　　　　　　(b) 打入尼龙胀管

图 5-70　钻孔和打入尼龙胀管

用自攻螺钉将吸顶盘固定，如图 5-71 所示。

登高作业，需要两人配合，注意安全

图 5-71　安装固定板

⑤ 连接电源，调整灯具高度。把预留的电源线抽出来，接线时，火线接 L，零线接 N，如图 5-72 所示。接线完成后，调整吊灯吊链的高度。

接线要规范，绝缘恢复良好

图 5-72　连接电源

⑥ 安装灯臂配件和光源。吊灯灯臂配件主要有玻璃碗、套管。配件安装完成后，再安装光源（灯泡），如图 5-73 所示。

⑦ 通电试灯，如图 5-74 所示。

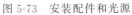

图 5-73 安装配件和光源

图 5-74 通电试灯

(3) 注意事项

① 比较重的吊灯，需要用挂板来稳固灯具，在现浇混凝土实心楼板上固定挂板的步骤及方法如图 5-75 所示。

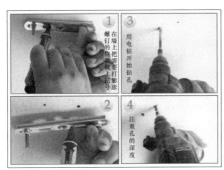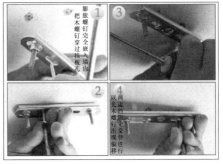

(a) 钻孔

(b) 固定挂板

图 5-75 钻孔和固定挂板

② 吸盘和挂板一定要固定好，不然松动了吊灯会掉下来，这是很危险的。

5.3.5 水晶灯的安装

目前，水晶灯的电光源主要有节能灯、LED 或者是节能灯与 LED 的组合。由于大多数水晶灯的配件都比较多，安装时一定要认真阅读说明书。

(1) 开箱检查

① 打开包装，取出包装中的所有配件，检查各个配件是否齐全，有无破损，如图 5-76 所示。

② 接上主灯线通电检查，测试灯具是否损坏，如图 5-77 所示。如果有通电不亮灯等情况，应及时检查线路（大部分是运输中线路松动所致）；如果不能检查出原因，应及时同商家联系。这一步骤很重要，否则配件全部挂上后才发现灯具部分不亮，又要拆下，徒劳无功。

图 5-76　打开包装检查配件

图 5-77　通电试灯，测试灯具是否损坏

（2）灯具组装

① 铝棒、八角珠及钻石水晶的组装　铝棒、八角珠、钻石水晶等配件的数量很多，其组装过程见表 5-3。

表 5-3　铝棒、八角珠及钻石水晶的组装

序号	配件组装	图　示
1	把配件中的小圆圈扣在铝棒的孔中	
2	将丝杆拧入 4 个螺杆中	

续表

序号	配件组装	图　示
3	把八角珠和钻石水晶扣在一起	

② 底板上组件的安装　底板上的组件比较多，其安装方法见表5-4。

表 5-4　底板上组件的安装步骤

步骤	方　法	图　示
1	把扣好小圆圈的铝棒扣到底板的固定架上	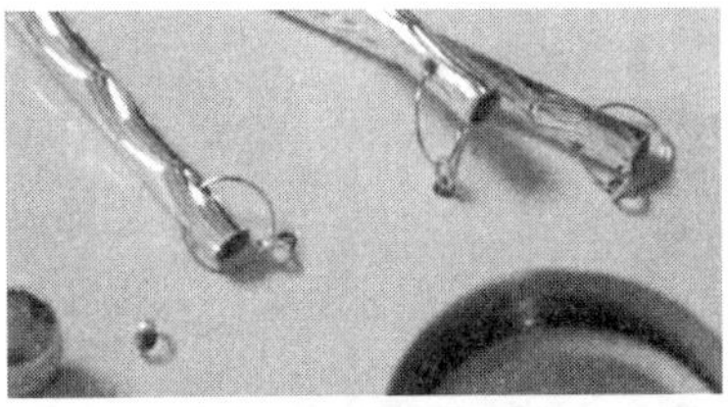
2	把钻石水晶扣在底板中央的固定扣上	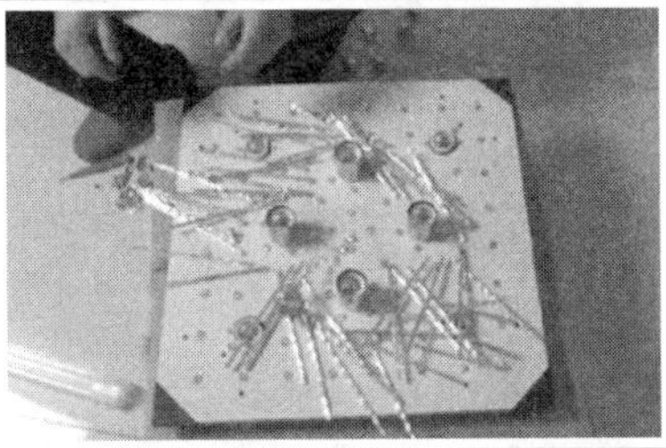
3	把装好螺杆的亚克力脚固定在底板上，一共8只	
4	把装好螺牙的螺杆也固定在底板上	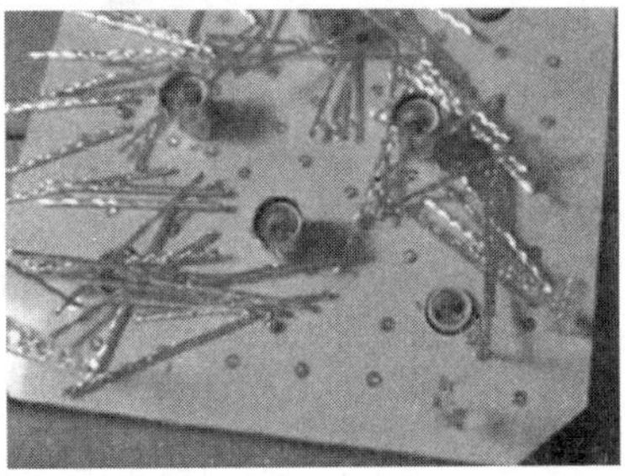

续表

步骤	方　法	图　示
5	装好光源(灯泡)	
6	卸下十字挂板上的螺钉	
7	按照固定孔的位置锁紧挂板上的螺钉	

（3）固定挂板和配件的安装

① 将十字挂板固定到天花板上，如图 5-78 所示。注意天花板的材质，示例中的天花板为木质。

图 5-78　将十字挂板固定到天花板上

② 将底板固定在天花板上，如图 5-79 所示。

图 5-79 将底板固定在天花板上

③ 安装其他配件 灯具其他配件的安装方法见表 5-5。

表 5-5 灯具其他配件的安装

步骤	方 法	图 示
1	用螺杆将灯罩固定到灯头上，每个灯头 3 个螺杆	
2	用螺杆将钢化玻璃固定	
3	将玻璃棒插入到固定好了的亚克力脚中	

续表

步骤	方　法	图　示
4	试灯	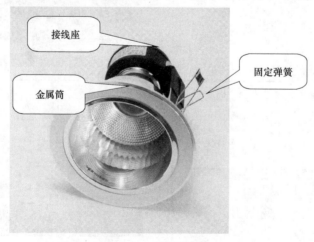

（4）水晶灯安装注意事项

① 打开包装后，先对照图纸，看看什么配件需要组装，一般吸顶灯都装好了，只是为了包装方便，可能有部分部位没有组装，这时需要组装上。

② 组装完毕后，把挂板固定到天花板上，其方法与前面介绍吸顶灯挂板安装方法相同。

③ 固定灯时，需要 2～3 人配合。

④ 在安装过程中要注意按分类顺序排列，装完以后要仔细检查一下。

⑤ 安装灯具时，如果装有遥控装置的灯具，必须分清火线与零线。

⑥ 如果灯体比较大，比较难接线的话，可以把灯体的电源的连接线加长，一般加长到能够接触到地上为宜，这样就容易安装很多，装上后可把电源线收藏于灯体内部，只要不影响美观和正常使用即可。

⑦ 为了避免水晶上印有指纹和汗渍，在安装时操作者应戴上白色手套。

5.3.6　筒灯的安装

相对于其他照明灯具，筒灯的聚光性更好，它是一种嵌入到天花板内光线下射式的照明灯具。一般安装在天花吊顶内（因为要有一定的顶部空间，一般吊顶需要在 150mm 以上才可以装）。嵌入式筒灯的最大特点就是能保持建筑装饰的整体统一与完美，不会因为灯具的

图 5-80　筒灯的结构

设置而破坏吊顶艺术的完美统一。筒灯通常用于普通照明或辅助照明，在无顶灯或吊灯的区域安装筒灯，光线相对于射灯要柔和。目前，筒灯的光源为常用的节能灯。

筒灯规格有大（5in，1in＝2.54cm，下同）、中（4in）、小（2.5in）三种。其安装方式有横插和竖插两种，横插价格比竖插要贵少许。一般家庭用筒灯最大不超过 2.5in，装入 5W 节能灯就行，如图 5-80 所示。

家庭装修时，筒灯一般作为辅助照明使用，因此不需要安装太多筒灯。筒灯之间的安装距离一般可以安排在 1m 左右，具体的间隔距离可根据客厅的大小来确定。

嵌入式筒灯的安装步骤及方法见表 5-6。

表 5-6　嵌入式筒灯的安装步骤及方法

步骤	方　　法	图　　示
1	在天花板上开一个比筒灯灯架的直径稍大的孔	 天花板开孔
2	连接好 220V 电源	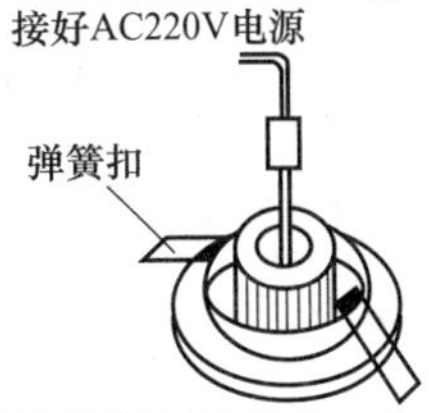 接好AC220V电源　弹簧扣
3	把灯筒两侧的固定弹簧向上扳直，插入顶棚上的圆孔中	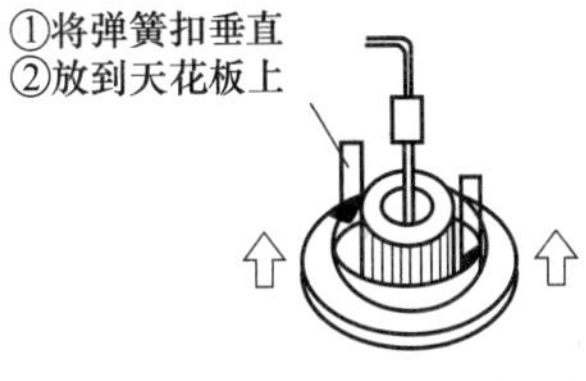 ①将弹簧扣垂直 ②放到天花板上
4	把灯筒推入圆孔直至推平，扳直的弹簧会向下弹回，撑住顶板，筒灯会牢固地卡在顶棚上	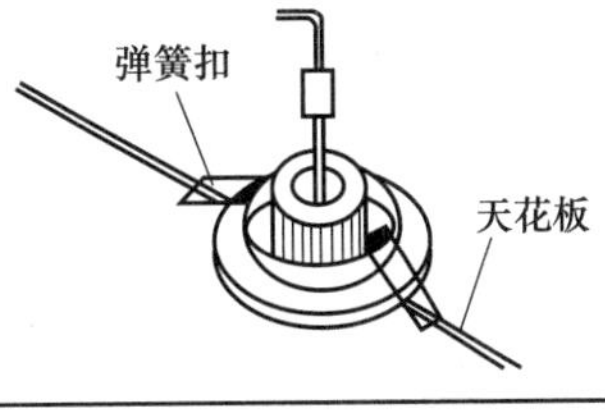 弹簧扣　天花板

5.3.7　LED 灯带的安装

(1) LED 灯带

LED 灯带是指把 LED 组装在带状的 FPC（柔性线路板）或 PCB 硬板上，因其产品形状像带子而得名。

现在的家居装饰，除了讲究文化内涵之外，还要讲究光、色的搭配和节能环保，LED 灯带正好满足了这一条件。LED 灯带的发光亮度有普通、高亮、超高亮等，可以满足不同人的需求；发光颜色有红、绿、蓝、黄、黄绿、紫、七彩、白等，适合不同的环境、不同的场合需求；功率低到一个 LED 只有 0.06W，还有的只有 0.03W，电压采用直流 12V 供电，既安全，又环保（直流无频闪，可以保护眼睛）。另外，LED灯带柔软，可以任意弯曲造型，适合不同地方的装饰需求；再加上体积小、轻、薄，不占地方，也满足于人们对空间的追求。

在木龙骨加石膏板的吊顶上，预留10cm宽的灯槽，在灯槽中安装LED灯作为辅助装饰光源是近年来家庭室内装修的一种潮流，如图5-81所示。

黄光效果图　　　　　　　　蓝光/绿光

白光效果图　　　　　　　　白光效果图

图 5-81　LED 灯带在室内装修中的应用

LED灯带因为采用串并联电路，可以每3个一组任意剪断而不影响其他组的正常使用。对于装修时的因地制宜有好处，而且还不浪费，多余的仍然可以用于其他地方。

防水型LED灯带还可以放在鱼缸之中，让灯带的光芒在水底闪耀，对于家居装饰来说也是一个极大的亮点。

（2）LED 灯带的配件

安装LED灯带所需要的配件主要有整流电源线、中间接头、尾塞和固定夹，见表5-7。

表 5-7　LED 灯带及配件

配件名称	图示	作　用
整流电源线		用于将220V电源转换为低压直流电压(一般为直流12V电压)，为灯带供电。有的产品还有灯光变换控制功能
中间接头		用于灯带长度不够时将两段灯带连接起来安装

续表

配件名称	图示	作　用
尾塞		用于封闭和保护 LED 灯带的尾部端头
固定夹		安装时配合钉子用于固定灯带

（3）安装灯带

LED 灯带安装的步骤及方法如下。

① 现场测量尺寸，确定所需灯带的长度及配件。如图 5-82 所示为某客厅 LED 灯带长度及配件确定的方法。

图 5-82　确定 LED 灯带长度及配件数量

② 根据测量后的计算结果，截取相匹配的长度，一般采用剪刀在 LED 灯带上的"剪刀"标记处剪断灯带，如图 5-83 所示。

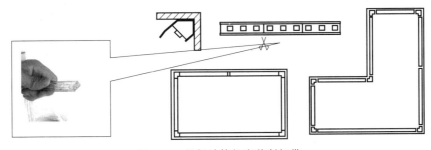

图 5-83　根据计算长度剪断灯带

③ 在吊顶的灯槽里，把 LED 灯带摆直，用固定夹固定好灯带，也可以用细绳或细铁丝固定。

（4）连接 LED 灯带的电源线

LED 灯带一般为直流 12V 或者 24V 电压供电，因此需要使用专用的开关电源供电，电源的大小根据 LED 带灯的功率和连接长度来定。如果不希望每条 LED 灯带都用一个电源来控制，可以购买一个功率比较大的开关电源作为总电源，然后把所有的 LED 灯带的输入电源全部并联起来，统一由总开关电源供电，如图 5-84 所示。这样的好处是可以集中控制，缺点是不能实现单条 LED 灯带的点亮效果和开关控制。具体采用哪种方式，可以由用户自己去决定。

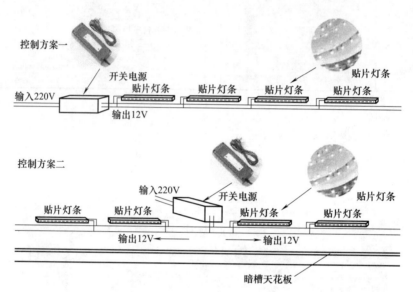

图 5-84　LED 灯带电源控制方案

每条 LED 带灯必须配一个专用电源插头。连接时，先要将透明塑料盖板取下，接好试灯后再盖上，如图 5-85 所示。

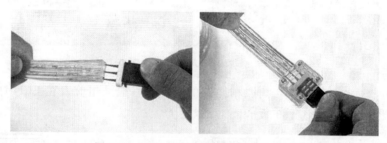

图 5-85　LED 灯带与电源线连接的方法

有的 LED 灯带背面贴有自黏性的双面胶，安装时可以直接撕去双面胶表面的贴纸，然后把灯带固定在需要安装的地方，用手按平就好了。

（5）安装 LED 灯带的注意事项

① 注意 LED 灯带的剪断位置。

普通 LED 灯带是以 3 个 LED 为一组的串并联方式组成的电路结构，每 3 个 LED 即可以剪断单独使用。贴片型的 LED 带灯，在每一米处有剪断标记，只能在标志处剪断，剪错或剪偏会招致 1m 不亮。

LED 灯带只能在标记处剪断，剪错或剪偏会导致 1m 不亮。最好是剪之前仔细看清楚标记处位置，在中间没连接的地方剪断即可。

② 注意 LED 灯带的连接距离。

LED 跑马灯带和 RGB 全彩灯带需要使用控制器来实现变幻效果，而每个控制器的控制距离不一样。一般而言，简易型控制器的控制距离为 10～15m，遥控型控制器的控制距离为 15～20m，最长可以控制 30m 的距离。如果 LED 灯带的连接距离较长，而控制器不能控制那么长的灯带，那么就需要使用功率放大器来进行分接。

如果超出了上述连接距离，则 LED 灯带很容易发热，使用过程中会影响 LED 灯带的使用寿命。因此，安装的时候一定要按照厂家的要求进行安装，切忌让 LED 灯带过负荷运行。

③ 如果不是 220V 灯带，请勿直接用 AC220V 电压去点亮灯带。

④ 灯带与电源线连接时，正、负极不能接反。

⑤ 静电容易损坏 LED 灯带，因此，安装操作时最好是戴上静电环作业。

⑥ 在整卷灯带未拆离包装物或堆成一团的情况下，切勿通电点亮 LED 灯带。

⑦ 灯带相互串接时，每连接一段，即试点亮一段，以便及时发现正负极是否接错和每段灯带的光线射出方向是否一致。

⑧ 灯带的末端必须套上尾塞，用夹带扎紧后，再用中性玻璃胶封住接口四周，以确保安全使用。

第6章

电动机的安装维护与检修

6.1 电动机的安装

电动机的安装质量直接影响它的安全运行。如果安装质量不好，不仅会缩短电动机的寿命，严重时还会损坏电动机和被拖动的机器。例如电动机与被拖动的机器之间传动连接不好，平衡校正不好，则电动机运行后，马上会出现过负荷，使电动机过热，甚至损坏电动机。电动机运行中的很多不正常情况多是安装质量不好造成的。所以电动机安装质量非常重要。

一般中小型电动机大多装在金属底板上或导轨上，也有些电动机直接装在混凝土的基础上。前者用螺栓把电动机紧固在金属底板上，后者是将电动机紧固在事先埋入混凝土中的地脚螺栓上。一般来说，电动机同机械设备配套装在同一底座上的情况较为常见。

电动机安装的作业流程是：准备工作→底座基础建造（包括地脚螺栓埋设）→安装前的检查→安装就位与校正→传动装置的安装与校正→接线→空载试验。

6.1.1 电动机安装基础建造

电动机安装基础有永久性、临时性及流动性等形式。

(1) 永久性的电动机基础

永久性的基础，一般在生产、修配、产品加工或电力排灌站等处的电动机上采用。这种基础一般用混凝土浇筑，也可用砖、石条或石板等做成。

① 电动机的永久性基础，一般采用混凝土浇筑。混凝土用1份水泥、2份黄沙、3份碎石拌和。如果电动机的重量在1t以上，可制成钢筋混凝土基础，以增加其强度。

② 当采用混凝土基础无设计要求时，基础重量一般不应小于电动机重量的3倍，基础高出地面的尺寸 H 取 $100 \sim 150$mm，B 和 L 的尺寸，由电动机机座安装尺寸决定，每边比电动机底座宽 $100 \sim 150$mm，以保证埋设的地脚螺栓有足够的强度，如图6-1所示。

③ 制作地脚螺栓，其埋入基础的螺栓一端，要开成人字形开口，埋入长度一般为螺栓直径的10倍左右，"人"字开口长度约是埋入长度的一半，如图6-2所示。

④ 浇筑基础前，先挖好基坑，并夯实坑底防止基础下沉。用石子铺平、夯实，用水淋透。把基础模板放在上面，并埋进地脚螺栓，如图6-3所示。稳固电动机的地脚螺栓应与混凝土基础牢固地结合成一体，浇灌前预留孔应清洗干净，螺栓本身不应歪斜，机械强度应能满足要求。

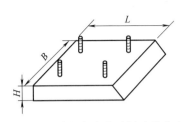

图 6-1 电动机底座基础尺寸的确定

图 6-2 地脚螺栓

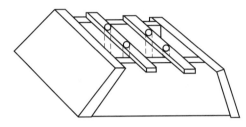

图 6-3 基础浇筑模板

⑤ 浇好混凝土后,用草或草袋盖在其上,防止太阳直晒,并经常浇水。养护 7 日后,可拆除基础模板,在继续养护 7~10 日后,方可安装电动机。

⑥ 固定在底座基础上的电动机,一般应有不小于 1.2m 的维护通道,如图 6-4 所示。

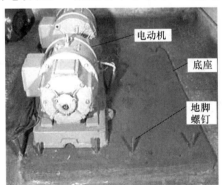

图 6-4 电动机的维护通道

⑦ 穿导线的钢管在浇筑混凝土前要埋好,连接电动机一端的钢管,管口离地不得低于 100mm,并要尽量接近电动机的接线盒,伸出钢管外的电缆要用软钢管伸入接线盒。

(2) 流动性和临时性基础

抗旱排涝或建筑工地等用的流动性或临时性电动机安装基础,宜采用比较简单的基础制作,通常是把电动机固定在坚固的木架上。木架一般用 100mm×200mm 的方木制成。为了可靠起见,可把方木底部埋在地下,并打木桩固定。

6.1.2 电动机安装前的准备工作

(1) 现场观察与核对

① 电动机的安装地点正确与否,不仅影响电动机能否正确工作,而且关系到安全运行

问题。电动机应安装在干燥、通风、灰尘较少和不致遭受水淹的地方，其安装场地的周围应留有一定的空间，以便于电动机的运行、维护、检修、拆卸和运输。

② 安装在室外的三相异步电动机，要采取防止雨淋日晒的措施，以便电动机正常运行，延长其使用寿命。

③ 检查并调整基础高度及平面度，校对地脚螺孔的位置和尺寸。

④ 核对起重设备的容量，是否足够对最重件进行起吊，并且起吊方法也应预先加以考虑。

（2）进行必要的检查

电动机安装前应进行必要的检查，主要应做好以下几个方面的工作。

1）开箱检查

① 设备和器材的包装及密封应良好。

② 开箱检查清点，规格应符合设计要求。

③ 附件、备件应齐全；产品的技术文件应齐全。

2）外观检查

① 电动机外观应完好，不应有损伤现象；定子和转子分箱装运的电动机，其铁芯、转子和轴颈应完整，无锈蚀现象；电动机的附件应无损伤。

② 小心清除电动机上的尘土和防锈层，仔细检查在运输过程中有无变形和损坏，紧固件有无松动或脱落。

3）抽芯检查

在电动机检查过程中，若发现有下列情况之一，应作抽芯检查。

① 电动机出厂期限超过制造厂保证期限。

② 若制造厂无保证期限，出厂日期已超过1年。

③ 经外观检查或电气试验，质量可疑时。

④ 开启式电动机经端部检查可疑时。

⑤ 试运转时有异常情况。

如电动机的储存时间超过一年，应仔细检查轴承和轴承位有无锈蚀，脂润滑的滚动轴承应更换润滑脂。

（3）绝缘电阻检测

测量电动机的绝缘电阻，就是测量电动机绕组对机壳和绕组相互间的绝缘电阻，如图6-5所示。电动机的绝缘电阻一般用绝缘电阻表进行测量。

图 6-5　电动机绝缘电阻测量

测量电动机绕组对地（外壳）的绝缘电阻时，绝缘电阻表接线端钮 L 与绕组接线端子连接，端钮 E 接电动机外壳；测量电动机的相间绝缘电阻时，L 端钮和 E 端钮分别与两部分接线端子相接。

① 各相绕组的始末端均引出机壳外的电动机，应断开各相之间的连接线，分别测量每相绕组之间的绝缘电阻，即绕组对地（机壳）的绝缘电阻。测量时的接线方法是：绝缘电阻表接线端钮 L 与绕组接线端子连接，端钮 E 接电动机外壳。

测量各相绕组之间的绝缘电阻，即相间绝缘电阻。其接线方法是：绝缘电阻表的 L 端钮和 E 端钮分别与两部分接线端子相接。

② 如果电动机绕组只有始端或末端引出壳外，则应测量所有绕组对机壳的绝缘电阻。

③ 电动机的对地绝缘电阻和相间绝缘电阻均应不低于 $1M\Omega$，否则应对绕组进行干燥处理。

注意：测量绝缘电阻前必须将被测电动机的电源切断，并对地短路放电，决不允许电动机带电进行测量，以保证人身和设备的安全。

（4）备齐安装所需工具

安装前应充分考虑电动机的安装次序及安装过程中各阶段所用工具、量具及辅助材料等。

电动机安装所需工具主要有：钢丝钳、剪线钳、剥线钳、尖嘴钳、验电笔、万用表、电工刀、螺丝刀、电钻、卷尺、手锤、弯管器、扳手、台虎钳、管子绞板、$\phi 1.2mm$ 钢丝、钢尺、水准器和接地电阻测试仪等。

6.1.3　电动机安装就位与校正

（1）电动机的搬运

① 质量在 100kg 以下的小型电动机，可用人力抬到底座基础上。人力搬运时需要 2 人配合，用绳子拴住电动机的吊环和底座，用杠棒来搬运，如图 6-6 所示。

图 6-6　人力搬运电动机

② 较重的电动机需用起重机或滑轮吊装。搬运时，可将钢丝绳穿入吊环，也可以套在电动机底座上进行搬运，如图 6-7 所示。在搬运过程中，要注意防止电动机左右摆动，以免损坏其他设备。

（2）安装就位

① 安装防振物和弹簧垫圈。为防止振动，安装时要在电动机与基础之间垫衬一层质地坚韧的木板或硬橡胶等防振物，如图 6-8 所示。在四个地脚螺栓上都套上弹簧垫圈。

② 拧紧固定底座螺母。将电动机放置好后拧紧螺母，拧螺母时要按对角交错次序拧紧，

图 6-7　采用起重设备吊装电动机

图 6-8　防振木的安装

每个螺母要拧得一样紧，如图 6-9 所示。

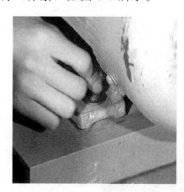

图 6-9　固定电动机底座上的螺母

③ 为保证防振木与基础面接触严密，电动机底座安装完毕后，一般还要进行二次灌浆处理。

（3）校正

电动机安装后的校正有纵向和横向水平校正两种，一般用水准器进行。校正时，用 0.5～5mm 厚的钢片垫在机座下来调整电动机的水平度，不能用竹片或木片代替。

6.1.4　传动装置的安装和校正

电动机与生产机械一般都是通过传动装置来连接的，为了使二者协调动作，必须准确安装和校正传动装置；否则，会增加电动机的负载而造成过载，严重时甚至烧毁电动机的绕组和损坏轴承。电动机常用的传动方式有皮带传动、联轴器传动和齿轮传动三种。

(1) 齿轮传动装置的安装和校正

① 安装齿轮传动装置时，安装的齿轮要与电动机配套，转轴纵横尺寸要配合安装齿轮的尺寸，所装齿轮的模数、直径和齿形等应与被动轮应配套，如图 6-10 所示。

图 6-10　齿轮传动装置的安装

② 圆齿轮的中心线应平行，齿轮传动时，接触部分不应小于齿宽的 2/3。伞形齿轮的中心线应按规定角度交叉，咬合程度应一致。

③ 对齿轮传动装置进行校正，齿轮传动时，电动机的轴与被传动的轴应保持平行。其校正方法是用塞尺测量两齿轮啮合间隙是否均匀，如果间隙均匀，说明两轴已平行，如图 6-11 所示。否则，应予以调整。

图 6-11　用塞尺测量齿间的间隙

(2) 皮带传动装置的安装和校正

① 安装皮带传动装置时，两个带轮的直径大小必须配套，如图 6-12 所示。若大小轮安装错误，则会造成事故。

② 两个带轮要安装在同一条直线上，且两轴要安装平行。否则，会增加传动装置的能量损耗，还会损坏皮带；若采用的是平皮带，则易造成脱带事故。

③ V 带轮必须装成一正一反，否则会影响调速。平带的接头必须正确，带扣正反面不能搞错，平带装上带轮时正反面不能搞错。

④ 对皮带传动装置进行校正，用带轮传动时必须使电动机带轮的轴和被传动机器带轮的轴保持平行，同时还要使两带轮宽度的中心线在同一直线上，如图 6-13 所示。

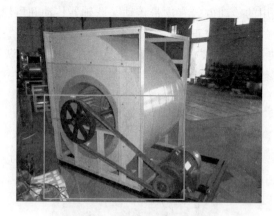

图 6-12　皮带传动装置的安装

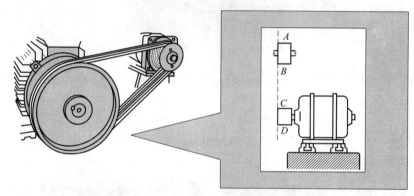

图 6-13　皮带传动装置的校正

（3）联轴器传动装置的安装和校正

① 常用的联轴器有弹性柱销式和弹性齿轮式，如图 6-14 所示。安装弹性柱销式联轴器时，应先把两半片联轴器分别装在电动机和机械的轴上，如图 6-15 所示。

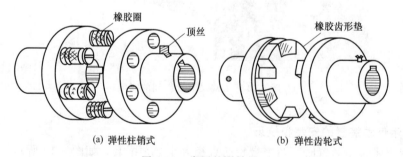

(a) 弹性柱销式　　　　　　　　　　　(b) 弹性齿轮式

图 6-14　常用的联轴器

② 使电动机靠近连接处。

③ 两轴相对处于一条直线上时，先初步拧紧电动机的机座地脚螺栓，但不要拧得太紧，接着用钢直尺搁在两半片联轴器上，然后用手转动电动机的转轴，旋转 180°。

④ 检查两半片联轴器是否高低一致，若高低不平应予以纠正，如图 6-16 所示。

⑤ 用手转动电动机转轴并旋转 180°，看两半片联轴器是否高低一致，若高低不一致应予以纠正至高低一致，如图 6-17 所示。只有电动机和机械的轴处于同轴状态，才可把联轴

图 6-15 联轴器安装

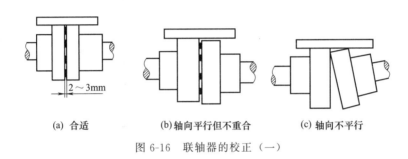

(a) 合适　　　　(b)轴向平行但不重合　　　(c) 轴向不平行

图 6-16 联轴器的校正（一）

图 6-17 联轴器的校正（二）

器和地脚螺钉拧紧。

6.1.5 电动机的接线

(1) 三相异步电动机定子绕组首尾端的判别

电动机的定子绕组是异步电动机的电路部分，它由三相对称绕组组成并按一定的空间角度依次嵌放在定子槽内。为了便于叙述，三相绕组的首端分别用 U_1、V_1、W_1 表示，对应的尾端用 U_2、V_2、W_2 表示。为了便于变换接法，三相绕组的 6 个端子头都引到电动机接线盒内的接线柱上，如图 6-18 所示。

当电动机接线板损坏，定子绕组的 6 个线头分不清楚时，不可盲目接线，以免引起电动机内部故障，因此必须分清 6 个线头的首尾端后才能接线。下面介绍判别电动机各相绕组的首尾端的几种方法，大家可根据具体情况予以采用。

1）万用表毫安挡测量法判别定子绕组首尾端

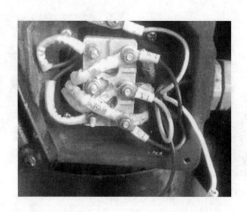

图 6-18　电动机的接线盒

① 判别出三相绕组各自的两个出线端　把万用表调到"R×10"或"R×100"挡，分别测量 6 个线头的电阻值，其阻值接近于零时的两出线端为同一相绕组。用同样的方法，可判别出另外两相绕组。

② 用万用表毫安挡判别各相绕组的首尾端

a. 将万用表的转换开关置于直流 mA 挡，并将三相绕组接成如图 6-19 所示的线路。根据万用表指针是否摆动，从而判别绕组的首尾端。

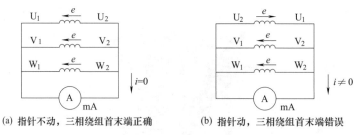

图 6-19　万用表毫安挡判别绕组的首尾端

b. 用手转动电动机的转子。若万用表指针不动，说明三相绕组首尾端的区分是正确的。

c. 若指针动了，说明有一相绕组的首尾端接反了，应一相一相分别对调后重新试验，直到万用表指针不动为止。以此类推，从而判断出了电动机定子绕组的首尾，即其中的一端为首端，另一端为尾端。

注意：当某相绕组对调后万用表指针仍动，此时应将该相绕组两端还原，再对调另一相绕组，这样最多只要对调三次必定能区分出绕组的首尾端。

在电工技能等级鉴定时，一般是将三相异步电动机定子绕组的 6 个端子用导线引出来，如图 6-20 所示，要求考生在规定的时间内，能够正确判断出绕组的首尾端，测量绕组相与相、相与地的绝缘电阻，再按照要求做三角形接法或星形接法，通电用钳形电流表测量电动机的电流。

为避免失误和节省测量时间，用万用表电阻"R×10"或"R×100"挡判断出一个绕组后，可将该绕组的 2 根导线打一个结，按照同样的方法，把判断出的第二个、第三个绕组的 2 根导线也分别打结，如图 6-21 所示。这样，在下一步判断绕组首尾、测量绝缘电阻和测量电流时，就不会再花费时间去找哪两根导线属于同相的。

图 6-20　把 6 个端子用导线引出来

图 6-21　同一绕组的 2 根导线分别打结

在判断绕组首尾时，万用表置于最小电流挡（如 50mA 挡），将假定为首端的 3 根导线短接起来后与红表笔头缠在一起，假定为尾端的 3 根导线短接起来后与黑表笔头缠在一起，用一只手转动电动机的转子，用眼仔细观察表针是否摆动，表针不动，说明假定正确；表针摆动，说明假定错误。整个判断过程如图 6-22 所示。

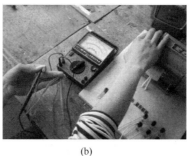

(a)　　　　　　　　　　　　　(b)

图 6-22　用万用表判断绕组首尾

操作口诀

绕组首尾如何找，利用指针万用表。
量程置于毫安挡，首接红笔尾接黑，
转动转子看表针，表针不动就对了。

2）用 36V 低压电源和灯泡判别绕组首尾端

先判别三相绕组各自的两个出线端，若灯亮，则该两个端子为同一相，如图 6-23（a）

所示；灯不亮，则该两个端子不是同一相，如图 6-23（b）所示。

(a)灯亮两端子为同一相　　　　　　(b)灯不亮两端子不是同一相

图 6-23　根据灯泡是否点亮判别同相绕组

　　将任一两相绕组串联在灯泡上，第三相接通 36V 电源。若灯亮，则与灯泡相连的第一相绕组为首端，第二项绕组为尾端。灯不亮，则与灯泡相连的端子分别为这两相的首端。

　　判别第三相绕组的首尾端：把已知首尾端的一相绕组与第三相绕组串联，用上述方法即可判断出第三相绕组的首尾端。

　　3）用干电池和万用表判别绕组首尾端

　　如图 6-24 所示是用干电池和万用表判别绕组首尾端接线示意图。它是将两个绕组接成变压器的形式来进行判别的。用上述方法找出一个绕组的首、尾端与万用表两表笔接好，此时将指针式万用表拨至 10V 直流电压挡或拨至 10mA 直流电流挡。把两节干电池串联好，负极接一绕组的一端，正极瞬时接在绕组的另一端，同时观察万用表指针偏转情况：如果表针顺时针偏转，则与电池负极相接的线头是该相的始端，与电池正极相接的线头是该相的末端；而与万用表红表笔所接的线头为末端，黑表笔所接的端头为始端。

　　如未看清万用表的偏转方向，可重复以上操作。如果万用表偏转方向为逆时针，可将电池极性变换一下再试，最后再用同样方法测出第三个绕组的始端和末端。

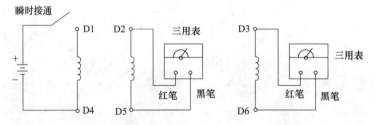

图 6-24　用干电池和万用表判别绕组首尾端

　　此方法称为"瞬时极性法"，适用于已安装好且转子不易用手转动的电动机。

　　（2）绕组的连接方法

　　电动机基本连接方式有两种：星形连接（Y）和三角形连接（△）。Y系列中小型异步电动机功率在 4kW 及以上的，其额定电压为 380V，均采用△连接，3kW 及以下的有 380V 和 220V 两种，写成 380/220V，对应接法有两种，即 Y/△。电源线电压 380V 时，定子绕组接成 Y；电源线电压 220V 时，定子绕组接成△。

　　实际接线时，一定要按电压高低对号入座选择定子绕组的接法，千万不能接错，否则电动机不能正常运转，甚至会烧坏电动机绕组。

　　① 星形连接　将三相绕组的尾端 U_2、V_2、W_2 短接在一起，首端 U_1、V_1、W_1 分别

接三相电源。

② 三角形连接 将第一相绕组的尾端 U_2 接第二相绕组的首端 V_1，第二相绕组的尾端 V_2 接第三相绕组的首端 W_1，第三相绕组的尾端 W_2 接第一相绕组的首端 U_1，然后将三个端点分别接三相电源。三相异步电动机的三相绕组接法见表6-1。

表6-1 三相异步电动机的三相绕组接法

连接法	接线实物图	接线图	原理图
星形(Y)接法	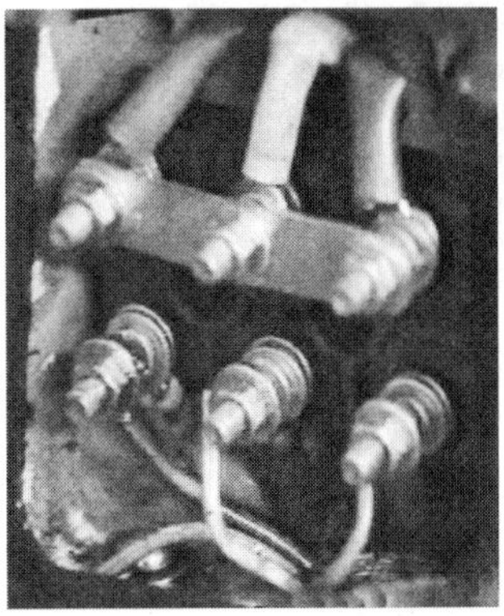	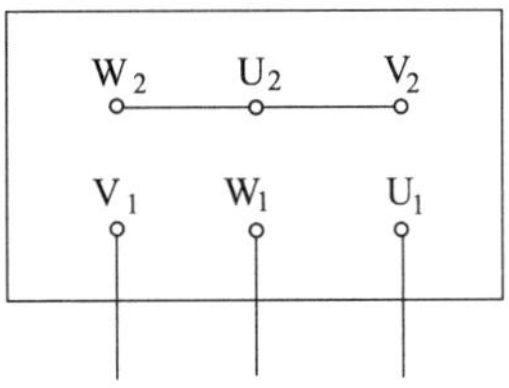	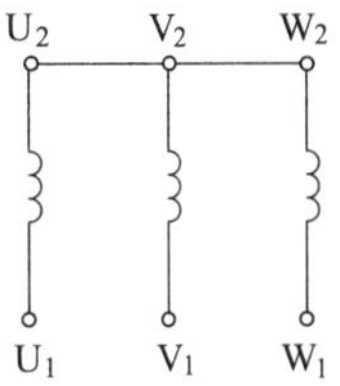
三角形(△)接法		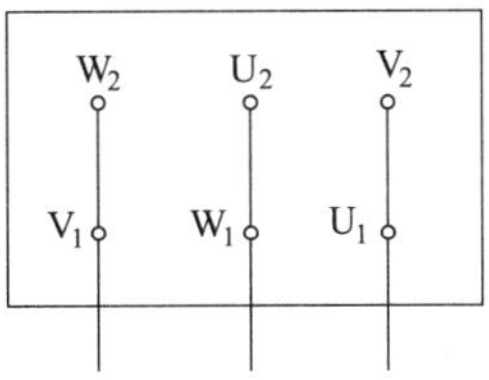	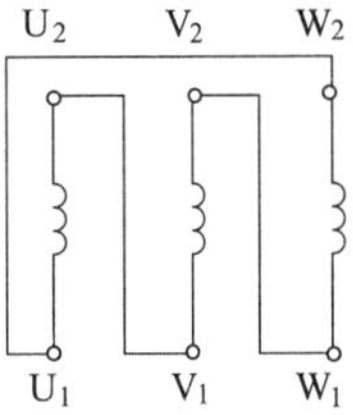

异步电动机不管是星形接法还是三角形接法，调换三相电源的任意两相，即可得到方向相反的转向。

为了帮助大家记忆电动机三相绕组的接线方法，下面用口诀来表述。

接线操作口诀

电机接线分两种，三相接线星三角，
绕线尾尾（或头头）并星形，首尾串接成三角。
接线盒内六线柱，具体接法是这样，
三柱横联是星形，上下串联为三角。
厂家预定的接法，自己不能随意改。

(3) 电动机的引线与控制

① 控制装置的设置 每台电动机应有单独的操作开关，安装地点应便于操作，安装高

度一般距地面为1.5m。室外电动机的操作开关，应安装在电动机近旁的操作箱内。安装有多台电动机的工作场所，除每台电动机设置的操作开关外，应有总的动力控制箱，如图6-25所示。

图 6-25　电动机控制箱

② 电动机的引线　电动机开关与电动机启动器及接线盒之间的引线，由于其间距离较短，其截面积可依据电动机的额定电流按允许载流量进行选择，见表6-2。对于那些重载启动的电动机，应再把导线截面积提高1～2级，以利启动。

表 6-2　常用电动机引线最小截面积的选择

电动机额定电流/A	引线最小截面积/mm²	
	铜芯线	铝芯线
6～10	1.5	2.5
11～20	2.5	4
21～30	4	6
31～45	6	10
46～60	10	16
61～90	16	35

电动机和附属装置的引线，最好采用有护套的绝缘电线。为安全起见，距地面2.5m以内的引线，应采用槽板或硬塑料管保护。当电动机引线沿地面敷设时，可采用电缆、管线或电缆沟，引线不应有裸露部分。

电动机到断路器之间导线的敷设，常采用两种形式：一种是地下管敷设；另一种是明管敷设。目前一般用地下管敷设。采用地下管敷设时，应使连接电动机一段的管口离地不得小于100mm，并应使它尽量接近电动机的接线盒。另一端尽量接近电动机的操作开关，最好用软管伸入接线盒，如图6-26所示。

车间用的电动机，在电源处必须装设有明显断开点的开关和短路保护装置，同时应装设漏电保护器。电源、启动设备、保护装置等与电动机的连接，应采用接线盒或其他安全措施，避免因导电体的外露而威胁人身安全。

（4）电动机外壳的保护接地

在电动机外壳上都有两个专门的接地螺栓，一定要把它引接到合格的接地装置上，如图6-27所示。在正常情况下，电动机外壳并不带电，人体接触到它并无触电危险。但当电动

图 6-26 电动机接线盒导线的敷设

机绕组绝缘损坏或严重受潮时，外壳就会带电，有触电危险。电动机外壳接地后，电流顺着接地线流向大地，从而保证了人身安全。

图 6-27 电动机外壳保护接地

所安装电动机、金属线管等金属部位均要做接地处理。接地电阻为：电动机功率大于等于 10kW 时，接地电阻值小于 4Ω；电动机功率小于 10kW 时，接地电阻值小于 10Ω。

接线盒内通过电缆 PE 芯线接地与电动机外壳接地的目的应该各有侧重。前者主要是为了确保发生单相接地时的接地电阻符合要求，提高单相接地保护的灵敏度。后者主要是为了钳住电动机外壳的对地电压，防止可能的电压升高危害到人身安全。

经验表明，合适的布线可以有效地减少外部环境对信号的干扰以及各种线缆之间的相互干扰，提高设备运行的可靠性。同时，也便于查找故障原因和维护工作，提高产品的可用性。

6.1.6 电动机的试车

(1) 电动机试车前的检查

电动机及其传动装置、控制保护装置安装完毕，从某种意义上说，工作才完成一半。要保证试车一次成功，必须进行详细的、全面的质量检查工作。

① 检查是否与电动机铭牌上所示的电压、接法等相吻合。

② 检查电动机转轴是否能自由旋转，检查电动机的接地装置是否可靠。

③ 对要求单方向运转的电动机，须检查运转方向是否与该电动机运转指示箭头方向相同。

④ 检查电动机的接线是否正确；检查电动机的启动、控制装置中各个电气元件是否完好，熔断器的熔体设置是否合理。

(2) 电动机空载测试

电动机安装和接线完毕应进行试运行，在试车时，主要是进行一系列的测试工作。

① 在电动机空载运行时，测量三相空载电流是否平衡。电动机空载电流通常不应大于其额定电流的 5%～10%。空载电流正常后再带负荷试车。

② 查看旋转方向是否正确。

③ 观察电动机是否有杂声、振动及其他较大的噪声。如果有异常情况应立即停车，进行检查。

④ 电动机空转 2h，测量以下部位的温度：轴承盖、端盖、机壳，如图 6-28 所示。各非转动部位温度一般不应超过室温，滑动轴承温升不得超过 45℃，滚动轴承温升不得超过 60℃。

图 6-28　检查电动机是否过热

⑤ 用转速表测量电动机的转速并与电动机的额定转速进行比较，如图 6-29 所示。值得说明的是，用接触式转速表测量电动机的转速时一定要注意安全。现在一般采用非接触式转速表来测量电动机转速，既方便，又安全。

(a) 接触式转速表测量

(b) 非接触式转速表测量

图 6-29　测量电动机转速

注意：如果有多台电动机试车，不能同时启动。应先启动大功率的电动机，后启动小功率的电动机。

6.2 电动机的运行与维护

6.2.1 电动机启动与停车

(1) 电动机启动方式的选择

异步电动机的启动方式分为全压启动、降压启动、变频启动等，电动机启动方式的选择主要考虑以下因素。

① 电动机启动时给电网造成的压降，一般不超过15%；频繁启动的不超过10%，主要考虑启动时不要给别的用电设备造成欠压而保护动作。

② 启动时电动机的端电压是否满足厂家要求，一般为 $65\%U_n$。

③ 启动转矩的大小。对于带载启动的电动机，尤其要注意，若启动转矩太小，会造成电动机堵转。

在选择异步电动机的启动方式时，首先考虑选择全压启动，不得已时才采用降压启动等其他方式。如果把可以采用全压启动的电动机，采用了降压启动，这无疑是一种浪费，且增加了故障率。

(2) 电动机不能启动的原因

三相异步电动机不能启动的因素很多，例如：电源未接通；熔丝熔断；定子或转子绕组断路；定子绕组接地；定子绕组相间短路；定子绕组接线错误；过载或传动机械被轧住；转子铜条松动；轴承中无润滑油，转轴因发热膨胀，妨碍在轴承中的回转；控制设备接线错误或损坏；过电流继电器调得太小；老式启动开关油杯缺油；绕线式转子电动机启动操作错误；绕线式转子电动机转子电阻配备不当；轴承损坏。

当电动机不能启动时，应根据实际情况及症状作详细分析、仔细检查，不能搞强行多次启动，尤其在启动时电动机发出异常声响或过热时，应立即切断电源，在查清原因且排除后再行启动，以防故障扩大。

(3) 电动机启动时的注意事项

① 启动多台异步电动机时，应从大到小逐台启动，不可同时启动，以免过大的启动电流造成线路压降过大或引起开关跳闸。

② 合闸前，应注意检查电动机附近是否有人或杂物，以免造成人身事故或设备事故。

③ 合闸时，操作者应站在开关旁边，合闸、拉闸都要果断迅速，不可中途停止。

④ 合闸后，如果电动机不转，要果断地迅速拉闸，切断电源，检查熔丝及电源接线等是否有问题；绝不能合闸等待或带电检查，否则会烧毁电动机或发生其他事故。

⑤ 启动后，若电动机转动很慢，启动困难，声音不正常及传动机械不正常，电流表、电压表指示异常等，都应立即切断电源检查，待查明原因、排除故障后，才能重新启动。

⑥ 电动机应避免频繁启动或尽量减少启动次数（特殊用途的电动机除外），一般空载连续启动不得超过3~5次。异步电动机长时间工作后，停机又启动不得连续超过2~3次。因为电动机启动电流大，频繁启动或启动次数较多会使电动机绕组发热，影响电动机的使用寿命。

⑦ 对于笼型电动机的星形-三角形启动或自耦减压启动，若是手动操作，应注意启动操作顺序，控制好延时的长短。

（4）电动机故障停车

通常，电动机的定子绕组短路、断路，以及出现过电流、低电压、接地、转子绕组励磁电流过大和过小或失磁等现象，都会造成电动机停车。如果电动机的保护装置齐全，一旦发生故障停车，有关保护继电器就会动作，发出故障指示或报警信号，此时可做以下处理。

① 根据继电保护装置的指示或信号，确定发生故障的部位，并解除警报。

② 将控制电源断开，以免在故障状态下继续启动或误操作。

③ 断开定子电源开关，以免发生触电事故。

④ 无论什么原因造成电动机故障停车，都应认真听取电动机操作人员有关故障前后各种情况的说明，并根据信号指示判断故障类型和故障部位，尽快找出并消除事故原因和故障点。只有将故障彻底排除，才可将电动机试车和再投入运行。

6.2.2 电动机日常维护检查

机械设备能否正常工作，关键在于电动机能否正常运转。所以，电动机日常维护是很重要的。电动机日常维护检查的工作要点是：及早发现设备的异常状态，及时进行处理，防止事故扩大。

平时，要保持电动机干净，没有灰尘；经常检查电动机的外观，看是否有零件错位；检查轴承并进行更换或加油，还要检查进线接线头。电动机工作时，注意工作环境，不要处于太颠簸的状态，以防电动机受到损坏或者是减少使用寿命。还要进行外观检查，风扇是否工作正常，是否有异常振动，联轴器连接是否可靠，底座固定是否紧固，轴承工作是否正常（听声音），温度是否正常（建议采用红外测温仪测量），电流是否正常（利用钳形电流表测量）；另外，绕线式电动机还须检查炭刷和滑环。如果某一方面出现异常，就要赶快进行电动机维修处理，否则，事态严重化之后自己就处理不了了。

下面介绍电动机日常维护的常用方法。

（1）眼看

① 检查电动机外部紧固件是否有松动，零部件是否有毁坏，设备表面是否有油污、腐蚀现象，电动机的各接触点和连接处是否有变色、烧痕和烟迹等现象，若有以上现象，原因是电动机局部过热、导体接触不良或绕组烧毁等。

② 检查仪表指示是否正常。若电压表无指示或不正常，则表明电源电压不平衡、熔丝烧断、转子三相电阻不平衡、单相运转、导体接触不良等；若电流表指示过大，则表明电动机过载、轴承故障、绕组匝间短路等。

③ 检查电动机是否停转。电动机停转的原因有：电源停电、单相运转、电压过低、电动机转矩太小、负载过大、单相电动机的离心开关有故障、电压降过大、轴承烧毁、机械卡住等。

（2）耳听

采用螺丝刀或听诊棒靠听觉可以听到电动机的各种杂音，如图 6-30 所示。其中包括电磁噪声、通风噪声、机械摩擦声、轴承杂音等，从而可判断出电动机的故障原因。

引起噪声大的机械方面的原因有：轴承故障，机械不平衡，紧固螺钉松动，联轴器连接不符合要求，定、转子铁芯相擦等。

引起噪声大的电气方面的原因有：电压不平衡、单相运转、绕组有断路或击穿故障、启动性能不好、加速性能不好等。

图 6-30　监听电动机有无杂音

（3）鼻嗅

靠嗅觉可以闻到焦味、臭味。引起焦味、臭味的原因是电动机过热、绕组烧毁、单相运转、润滑不好、轴承烧毁、绕组绝缘击穿等。

（4）手摸

靠触觉用手摸机壳表面可以发现电动机的温度过高和振动现象。

造成电动机温度过高的原因是过载、冷却风道堵塞、单相运转、匝间短路、电压过高或过低、三相电压不平衡、加速特性不好使启动时间过长、定子和转子相擦、启动器接触不良、频繁启动和制动或反接制动、进口风温过高、机械卡住等。用手摸电动机表面估计温度高低时，由于每个人的感觉不同，带有主观性，因此要由经验来决定。

造成电动机振动的原因是：机械负载不平衡、各紧固零部件有松动现象、电动机基础强度不够、联轴器连接不当、间隙不均或混入杂物、电压不平衡、单相运转、绕组故障、轴承故障等。

6.2.3　电动机运行检查

电动机在运行中的状况，可通过电动机线路电流的大小、温升的高低、声响的差异等多方面特征表现出来。因此，电工应加强电动机运行中的检测和监视。若发现不正常的情况，应及时停机检查，排除故障。

（1）温度检查

可用"温升"衡量电动机发热程度，所谓温升就是电动机与环境的温度差。

运行中的电动机都会发热，但其温升不应超过铭牌上的允许限度。电动机在运行期间温度的高低可反映其内部绕组是否过热。因此，如果发现电动机的温度超过允许值，应立即停机检查，查明严重发热的原因，排除故障后才可以运行。

电动机的不同部分允许最高温度和允许温升温度，在规定的标准环境温度下，都有规定的数值，在电动机使用说明书中一般有标注。

电动机温度异常的主要原因有：电动机电气接线接触不良或老化导致电气接线温度异常；电动机外壳由于铁芯老化、散热不良导致外壳温度过高或温度不均匀；与电动机连接的轴承、联轴器由于润滑不良导致轴承、联轴器温度异常。

检查电动机的温升情况，可根据实际情况选用以下的方法。

1）手感法

对中、小容量的电动机，在没有任何仪表的条件下，最简便的方法是用手摸来检查电动机是否过热。这时需用验电笔测试电动机外壳是否带电，在证实外壳不带电后方可用手掌心触摸电动机外壳。如果烫得马上缩手，难以忍受，则说明电动机的温度已超过了允许值；如果没有烫得缩手的感觉，能长时间紧密接触，说明电动机没有过热。电动机机壳温度与手感的大致标准见表 6-3。

表 6-3　电动机机壳温度与手感的大致标准

机壳温度/℃	手感	说　明
30	稍冷	由于机壳温度比体温低，所以感觉稍冷
40	稍温	感觉比较暖和
45	温和	感觉暖和
50	稍热	触摸时间稍长，手掌便变红
55	热	仅可接触 5～6s
60	热	仅可接触 3～4s
65	非常热	仅可接触 2～3s，手离开电动机后，手掌还感到热
70	非常热	用指头仅可接触 3～4s
75	极热	用指头仅可接触 1～2s
80	极热	难以触摸，有烧灼感
85～90	极热	难以触摸，有强烈烧灼感

电动机的各发热部位的允许温度见表 6-4。

表 6-4　电动机的各发热部位的允许温度　　　　　　　　　　　　　　　℃

发热部位	绝　缘　等　级			
	A 级	E 级	B 级	F 级
绕组	105	110	125	145
铁芯	115	120	140	165
滚珠轴承	95			

2）滴水法

在机壳上滴几滴水试验，如果滴水后冒热汽，则温度在 80℃ 左右；如果既冒热汽又能听到"哒哒"声，则温度已超过 90℃，说明电动机已过热，温升已超过允许值。

注意：上述两种方法是极粗略的方法，而且必须在考虑到电动机有安全接地，绕组绝缘没有遭受损害的情况下进行，以防止发生人身事故。

3）温度计法

利用玻璃温度计测量，这是比较准确而直观的方法。

当电动机达到额定运行状态时，其温度也逐渐上升到某一稳定值而不再上升，这时可用温度计（最好是酒精温度计）测量电动机的温度。方法是：将酒精温度计的球体用锡纸包缠后插入电动机吊环孔内，使温度计球体与孔内四周紧贴，然后用棉花将孔封严。此时温度计测得的温度比电动机绕组最热点低 10℃ 左右，故把所测得的温度加上 10℃，再减去环境温度（+40℃）即为电动机实际温升。

4）仪器测量法

非接触红外线测温仪可以在安全的地方测量电动机的运行温度，可同时对点、线、面进行测温，现在已经成为电动机等电气设备维修操作中不可缺少的工具。

红外测温仪使用前，应先测试其是否处于良好状态，可照射自己的手掌部分，大约为34℃。红外测温仪测量电动机温度的步骤及方法见表6-5。

表6-5　红外测温仪测量电动机温度的步骤及方法

步骤	方　　法	图　　示
1	握住测温仪,打开开关,将射出的红点照射在电动机后端位置,记下此时的温度值	
2	握住测温仪,将射出的红点照射在电动机中间位置,记下此时的温度值	
3	握住测温仪,将射出的红点照射在电动机前端位置,记下此时的温度值	

红外测温仪使用注意事项如下。

① 只能测量表面温度，红外测温仪不能测量内部温度。电动机的测温点应有定位标识，在电动机的前端轴承部分，中间绕组部分，后端轴承的正上方。

② 测温仪距离电动机被测点应小于等于1m。测温仪不能透过玻璃进行测温，玻璃有很特殊的反射和透过特性，会影响红外测温仪的读数，但可通过红外窗口测温。

③ 定位热点，要发现热点，仪器瞄准目标，然后在目标上作上下扫描运动，直至确定热点。

④ 注意环境条件：蒸汽、尘土、烟雾等。这些因素阻挡仪器的光学系统而影响精确测温。

⑤ 电动机测温检查，一般情况下可使用红外测温仪进行测量；如果测量的电动机有故障，有条件时可以再使用红外热成像仪进行复测，如图 6-31 所示为红外热成像仪检查散热不良导致的电动机外壳温度异常。

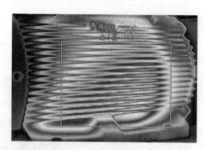

图 6-31　红外热成像仪检查散热不良导致的电动机外壳温度异常

（2）运行电流检查

在正常运行情况下，当环境温度为标准值（40℃）时，电动机定子电流值应等于或略小于铭牌规定的额定值。当环境温度高于标准温度时，必须降低电动机额定电流值。当环境温度低于标准值时，可以适当增加额定电流值。其电流允许升降百分比，见表 6-6。已装电流表的电动机，可在电流表上直接观察电动机的运行电流；没有电流表的小型电动机，应定期用钳形电流表测量三相电流。

表 6-6　环境温度与电动机电流变动范围对照表

环境温度/℃	允许电流变动百分数
30	增加 10%
35	增加 5%
40	额定电流
45	减小 5%

如果电动机的电流不符合规定且超过太多，应查明原因，降低负载。同时还要注意三相定子电流平衡情况，如果三相电流不平衡，任意两相间的电流差值不应大于额定电流的 10%，否则说明电动机有故障。

（3）电源电压变化检查

按照规定，当电源电压与额定值的偏差不超过 ±5% 时，电动机仍能以额定功率连续运行。若低于该范围，应适当减轻负载运行。同时，三相电压不平衡也不能太大，任意两相电压的差值不应超过 5%，否则会使电动机发热过快。

最好装一块电压表和一个转换开关，以便随时监视三相电压是否正常。

（4）电动机运行中的声音、振动和气味的监视

① 异常声音的检查　电动机在正常运行时，音响均匀，无杂音或特殊叫声。如有杂音出现，可能是电的方面或机械方面的故障引起的，这时须仔细听辨，同时还应注意观察电动机转速是否迅速下降，电动机是否发生剧烈振动。

当负载过重或发生断相运行时，电动机会发出沉闷的"嗡嗡"声；转子与定子铁芯摩擦时，会发出金属摩擦声和撞击声；轴承严重损坏，就会发出"咕噜、咕噜"的声音；若轴承

缺油或油中有杂质，会产生"沙沙"声等。总之，电动机运行中如果发现有较大的振动或异常声响，应立即查明原因，及时处理，以免造成更大的事故。

②　异常气味的检查　如果电动机超载运行时间过久，绕组因过热使绝缘损坏，就会闻到一股绝缘漆的焦煳气味，这时应立即停止电动机的运行，查明原因，加以排除。

③　振动的检查　运行中的电动机只有轻度振动，振幅很小。如果振幅加大，即说明电动机有故障存在，必须停机检查，以防故障扩大，损坏电动机。通常简单的方法是，凭经验用手摸轴承部位，如果感到振得发麻，则说明振动已经很厉害，这时应检查电动机机械部分是否有问题，如：电动机地脚螺钉是否松动，皮带轮或联轴器是否松动或严重变形，并予以排除。

(5) 传动装置工作情况的检查

要随时注意皮带轮或联轴器是否松动，传送皮带有无打滑现象（打滑是皮带太松所致），皮带接头是否完好等。

(6) 轴承工作及其润滑情况的检查

轴承的工作情况，可凭经验用听觉来判断。例如用螺丝刀或听诊棒的一头顶在轴承外盖上，另一头贴在耳边，仔细听轴承滚珠或滚珠沿轴承滚道滚动的声音，正常时声音是单一、均匀的，如有异常应将轴承拆卸下来检查，及时排除故障。

滚动轴承温度在长期运行中不得超过95℃（标准环境温度为40℃），如果温度过高，会使润滑恶化，甚至损坏轴承。这时需检查润滑油是否不足或过多，如润滑油确实不足，必须及时添油，但添油量要适当。

轴承的温度也可用手触摸前轴承外盖来检查。正常时，其温度应与电动机机壳温度大致相同，无明显温差（前轴承是电动机的载荷端，最容易损坏）。若有明显温差，说明有异常，应及时排除故障。

除以上各项需经常地监视并及时地处理所发生的异常问题外，还应注意电动机的通风情况和电动机周围环境的清洁。对于熔丝除按规定选择安装外，还要及时更换已有损伤的熔丝，防止因熔丝损坏造成电动机单相运行，烧毁电动机绕组。

6.2.4　电动机定期检查与保养

三相异步电动机应根据使用环境及累计工作时间进行定期检查保养，每年不应少于2次。电动机的定期检查保养包括每月检查、每半年检查和每年检查，检查的具体项目见表6-7。

表6-7　电动机定期检查与保养项目

周期	检查与保养项目
每月检查保养	检查电动机各部位的发热情况
	检查电动机和轴承运转时的声音
	检查各主要连接处的情况,控制设备的工作情况
	清洁保养(擦拭电动机外部的油污及灰尘,吹扫内部的灰尘)
	测量电动机的转速,检查电动机的振动情况
	拧紧各紧固螺钉
	检查接地装置

续表

周期	检查与保养项目
每半年检查保养	清扫电动机内部和外部灰尘、污物等
	检查润滑情况，补充润滑脂或更换润滑油
	检查并调整通风及冷却情况
	检查并调整传动装置
每年检查保养	清扫电动机绕组、通风沟和接线板
	测量绕组的绝缘电阻，必要时进行干燥处理
	清洗轴承及润滑系统，检查其状况；测量轴承间隙，更换磨损超过规定的滚动轴承，对损坏严重的滑动轴承应重新挂锡
	测量并调整电动机定、转子间的气隙
	清扫启动器、控制设备、附属设备，更换已经损坏的触点、元件及零部件
	检修接地装置
	检查并调整传动装置
	检查开关、熔断器的完好情况
	检查、校核测试和记录仪表

6.3 三相异步电动机的拆卸与装配

电动机的拆卸与装配是定期大修的主要内容之一，也是电工初学者熟悉电动机内部结构的最佳手段。

6.3.1 认知三相异步电动机

(1) 三相异步电动机的基本结构

虽然三相异步电动机的种类较多，例如绕线式电动机、笼式电动机等，但结构是基本相同的，主要由轴承盖、接线盒、端盖、定子铁芯、定子绕组、转轴、轴承、转子、风扇、罩壳组成，如图 6-32 所示。简单地说，三相异步电动机主要由固定不动的定子和绕轴旋转的转子两大部分组成。

① 三相异步电动机的定子由机座、定子铁芯和定子绕组构成，如图 6-33 所示。

a. 机座又称机壳，它的主要作用是支撑定子铁芯，同时也承受整个电动机负载运行时产生的反作用力，运行时内部损耗所产生的热量也是通过机座向外散发的。中、小型电动机的机座一般采用铸铁制成，大型电动机因机身较大浇注不便，常用钢板焊接成形。

b. 定子绕组是电动机的电路部分，通入三相交流电，产生旋转磁场。

c. 定子铁芯是异步电动机磁路的一部分。中小型异步电动机定子铁芯一般采用整圆的冲片叠成，大型异步电动机的定子铁芯一般采用肩形冲片拼成。在每个冲片内圆均匀地开槽，使叠装后的定子铁芯内圆均匀地形成许多形状相同的槽，用以嵌放定子绕组。槽的形状由电动机的容量、电压及绕组的形式而定。绕组的嵌放过程在电动机制造厂中称为下线。完成下线并进行浸漆处理后的铁芯与绕组成为一个整体一同固定在机座内。

② 转子是电动机的旋转部分，包括转子铁芯、转子绕组和转轴等部件，如图 6-34 所示。

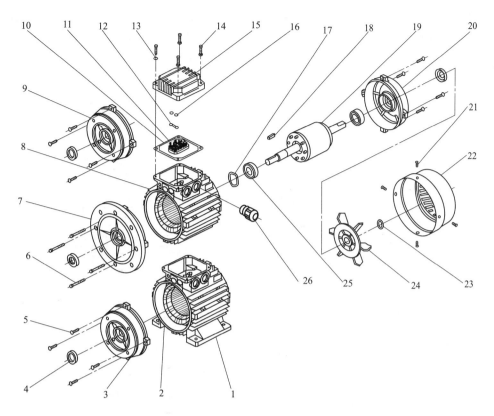

图 6-32　三相异步电动机的基本结构

1—机座（B3）；2—定子；3—前盖（B3）；4—密封圈；5,6,14,21—螺钉；7—前盖（B5）；
8—机座（B5）；9—前盖（B14）；10—密封垫片；11—接线柱；12—连接片；13—垫圈；
15—接线盒盖；16—螺母；17—波形垫圈；18—键；19—有轴转子；20—后盖；
22—风罩；23—挡圈；24—风扇；25—轴承；26—出线圈

图 6-33　定子的结构

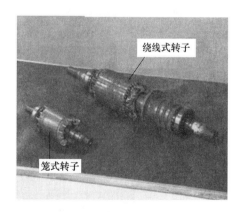

图 6-34　转子的结构

　　a. 转子铁芯也是电动机磁路的一部分，也用电工钢片叠成。与定子铁芯冲片不同的是，转子铁芯冲片是在冲片的外圆上开槽，使叠装后的转子铁芯外圆柱面上均匀地形成许多形状相同的槽，用来放置转子绕组。

　　b. 转子绕组是异步电动机电路的另一部分，其作用为切割定子磁场，产生感应电动势和电流，并在磁场作用下受力而使转子转动。笼式转子绕组由置于转子槽中的导条和两端的端环构成。绕线转子绕组与定子绕组相似，也是一个对称的三相绕组，一般接成星形，三个出线头接到转轴的三个集电环（滑环）上，再通过电刷与外电路连接，如图 6-35 所示。

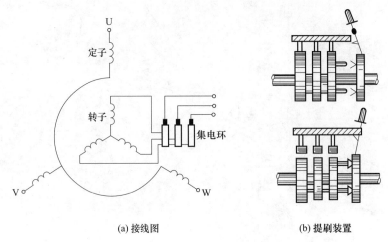

(a) 接线图　　　　　　　　　　　　　(b) 提刷装置

图 6-35　绕线式异步电动机的转子

c. 转轴用来传递转矩及支撑转子的重量，一般由中碳钢或合金钢制成。

（2）三相异步电动机部件的作用

三相异步电动机是一个整体，各个部件彼此依赖，不可或缺；任何一个部件损坏都会影响电动机的正常工作，各主要部件的作用见表 6-8。

表 6-8　异步电动机主要部件的作用

名称	实物图	作　用
散热筋片		向外部传导热量
机座		固定电动机
接线盒		用于电动机绕组与外部电源的连接
铭牌		介绍电动机的类型、主要性能、技术指标和使用条件
吊环		方便运输

续表

名称	实物图	作　用
定子		通入三相交流电源时产生旋转磁场
转子		在定子旋转磁场感应下产生电磁转矩,沿着旋转磁场方向转动,并输出动力带动生产机械运转
前、后端盖		固定
轴承盖		固定、防尘
轴承		保证电动机高速运转并处在中心位置的部件
风罩、风叶		冷却、防尘和安全保护

(3) 异步电动机的型号

型号是为了简化技术条件对产品名称、规格、形式等的叙述而引入的一种代号，以适应不同用途和不同工作环境的需要。通常是把电动机制成不同的系列，各种型号由汉语拼音大写字母、国际通用字符和阿拉伯数字组成，如图 6-36 所示。

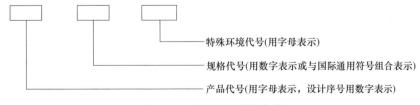

特殊环境代号(用字母表示)

规格代号(用数字表示或与国际通用符号组合表示)

产品代号(用字母表示，设计序号用数字表示)

图 6-36　电动机型号的含义

例如 Y132M-4 的含义为：Y 表示三相异步电动机（三相异步电动机的产品名称代号还有：YR 为绕线式异步电动机；YB 为防爆型异步电动机；YQ 为高启动转矩异步电动机）；"132"表示机座中心高（mm）；"M"表示机座长度代号；"4"表示磁极数。

（4）异步电动机的额定值

电动机按铭牌上所规定的条件运行时，就称为电动机的额定运行状态。根据国家标准规定，异步电动机的额定值主要有：

① 额定功率：指电动机轴上输出的功率，单位为 W 或 kW。

② 额定电压：指绕组上所加的线电压，单位为 V 或 kV。

③ 额定电流：定子绕组额定运行时的线电流，单位为 A。

④ 额定转速：额定负载下运行时的转速，单位为 r/min。

⑤ 额定频率：我国电力网的频率为 50Hz，因此除外销产品外，国内用的异步电动机的额定频率为 50Hz。

（5）中小型三相异步电动机的基本系列

中小型三相异步电动机的基本系列见表 6-9。

表 6-9　中小型三相异步电动机的基本系列

类别	系列代号	防护形式	中心高/mm	转子绕组形式	额定功率/kW	额定电压/V
小型	Y	封闭式	80～315	笼型	0.55～160	380
		防护式	160～315		5.5～250	
	Y2	封闭式	80～355		0.55～315	
	J02（老）	封闭式	90～280		0.6～100	
	J2（老）	防滴式	180～280		10～125	
中型	Y（新）	防护式	355～500		220～1400	6000
			560～630		1600～3200	
	YR（新）		355～500	绕线型	220～1250	
			560～630		1400～1800	
	JS2（老）	防护式	355～400	笼型	60～320	380
	JR2（老）			绕线型		
	JS（老）		375～630	笼型	45～300	380
					75～250	3000
	JR（老）			绕线型	200～1050	6000
	JK（老）		375～500	笼型	100～275	380
					130～440	3000
					290～440	6000

6.3.2　三相异步电动机的拆卸

（1）准备工作

① 备齐拆装工具，特别是拉具、套筒、钢铜套等专用工具，一定要准备好，如图 6-37 所示。

② 选好电动机拆装的合适地点，并事先清洁和整理好操作现场环境。

③ 做好标记，如标出电源线在接线盒中的相序，标出联轴器或皮带轮与轴台的距离，标出端盖、轴承、轴承盖和机座的负荷端与非负荷端，标出机座在基础上的准确位置，标出绕组引出线在机座上的出口方向。

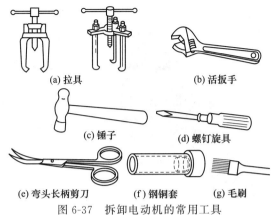

（a）拉具　　　　　　　　（b）活扳手

（c）锤子　　　　　（d）螺钉旋具

（e）弯头长柄剪刀　　（f）钢铜套　　（g）毛刷

图 6-37　拆卸电动机的常用工具

④ 切断电源，拆除电动机与外部的电气连接线，如电源线和保护接地线等。

⑤ 拆下地脚螺母，将电动机拆离安装基础并运至解体现场，若机座与基础之间有垫片，应做好记录并妥善保存。

（2）拆卸操作步骤

三相异步电动机的拆卸操作步骤为：带轮或联轴器→前轴承外盖→前端盖→风罩→风扇→后轴承外盖→后端盖→抽出转子→前轴承→前轴承内盖→后轴承→后轴承内盖。其拆卸操作步骤可按照如图 6-38 所示的数字顺序进行。

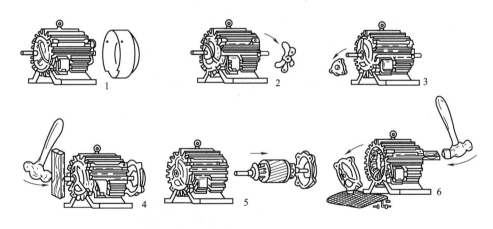

图 6-38　三相异步电动机的拆卸操作步骤（按数字顺序）

（3）联轴器或皮带轮的拆卸

① 在皮带轮或联轴器的轴伸端做好定位标记。

② 拧松皮带轮上的定位螺钉或定位销（如果电动机使用时间较长，拆卸较困难，可在皮带轮或联轴器内孔和转轴结合部加入几滴煤油或柴油）。

③ 用拉具钩住联轴器或皮带轮，缓缓拉出，如图 6-39 所示。

若遇到转轴与皮带轮结合处锈死或配合过紧，拉不下来时，可用加热法解决。

其方法是：先将拉具装好并扭紧到一定程度，用石棉绳包住转轴，用氧炔焰或喷灯快速而均匀地加热皮带轮或联轴器，待温度升到 250℃左右时，加力旋转拉具螺杆，即可将皮带轮或联轴器拆下。

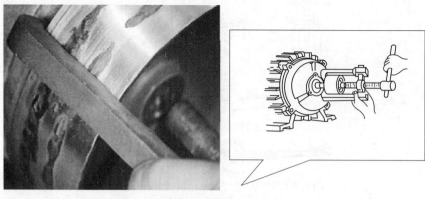

图 6-39　用拉具拆卸皮带轮

（4）拆卸端盖，抽出转子

① 拆卸风扇罩和风扇叶，如图 6-40 所示。小型异步电动机的风叶一般不用卸下，可随转子一起抽出来，但必须注意不能让它产生变形，更不能损坏风叶。

图 6-40　拆卸风扇叶

② 做对正记号。在拆卸端盖前，应检查端盖与机座的紧固件是否齐全，端盖是否有损伤，并用记号笔在端盖与机座接合处做好对正记号，如图 6-41 所示。

图 6-41　用记号笔做对正记号

③ 先取下前、后轴承外盖，再卸下前后端盖紧固螺栓，如图 6-42 所示。

图 6-42　拆卸端盖紧固螺栓

④ 卸出端盖。如果是中型以上的电动机，端盖上备有防松螺钉，可对防松螺钉均匀加力，将端盖从止口中顶出。

小型异步电动机的端盖一般没有防松螺钉，可用螺丝刀或撬棍在周围接缝中均匀加力，将端盖撬出止口；再用厚木板顶住端盖敲打，使轴退出一定的位置，如图 6-43 所示。

图 6-43　拆卸端盖的方法

若是拆卸小型电动机，在轴承盖螺钉和端盖螺钉全部拆掉后，可双手抱住电动机，使其竖直，轴头长端向下，利用其自身重力，在垫有厚木板的地面上轻轻一触，就可松脱端盖。

对于较重的端盖，在拆卸前，必须用起重设备将端盖吊好或垫好，以免在拆下时损坏端盖或碰伤其他机件，甚至伤及操作人员。

⑤ 抽出转子。在抽出转子前，应在转子下面气隙和绕组端部垫上厚纸板，以免抽出转子时，碰伤绕组或铁芯。对于 30kg 以内的转子，可直接用手抽出，如图 6-44 所示。

图 6-44　用手抽出转子

较大的电动机，如果转子轴伸出机座部分足够长，可用起重设备吊出。起吊时，应特别注意保护轴颈、定子绕组和转子铁芯风道。如果转子轴伸出机座的部分较短，可先在转子轴的一端或两端加套钢管接长，形成所谓假轴。

吊出转子时分两步进行：第一步用绳子套在两端的轴（或假轴）上，将转子的一部分吊出定子，并将伸出定子的一端轴颈用木块垫好。第二步将绳子换在转子中部的重心范围，将其吊出。在吊出转子的过程中，还要注意对电动机其他有关部分的保护。

(5) 轴承的拆卸

在转轴上拆卸轴承常用以下三种方法。

① 用拉具拆卸轴承　按照拉具拆卸皮带轮的方法将轴承从轴上拉出来，如图 6-45 所示。

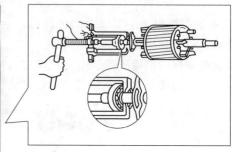

图 6-45　用拉具拆卸轴承

② 用铜棒敲打拆卸轴承　在没有小型拉具时，也可用铜棒的端部从倾斜方向顶住轴承内圈，边用榔头敲打，边将铜棒沿轴承内圈移动，以使轴承周围均匀受力，直到卸下轴承，如图 6-46 所示。

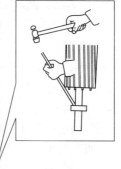

图 6-46　用铜棒敲打拆卸轴承

③ 搁在圆筒或支架上拆卸端盖内孔轴承　用两块厚铁板在轴承内圈下边夹住转轴，并用能容纳转子的圆筒或支架支住，在转轴上端垫上厚木板或铜板，敲打取下轴承。

在拆卸端盖内孔轴承时，可采用如图 6-47 所示的方法，将端盖止口面向上平稳放置，在轴承外圈的下面垫上木板，但不能顶住轴承，然后用一根直径略小于轴承外沿的铜棒或其他金属管抵住轴承外圈，从上往下用锤子敲打，使轴承从下方脱出。

6.3.3　三相异步电动机的组装

电动机的装配步骤，原则上与拆卸步骤相反。

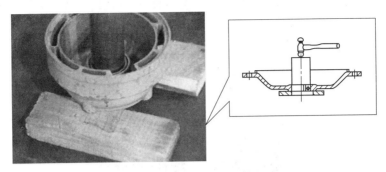

图 6-47 拆卸端盖内孔轴承

（1）装配前的准备

① 先备齐装配工具，将可洗的各零部件用汽油冲洗，并用棉布擦拭干净。

② 彻底清扫定子、转子内表面的尘垢、漆瘤，用灯光检查气隙、通风沟、止口处和其他空隙有无杂物；如有，必须清除干净。

③ 检查槽楔、绑扎带和绝缘材料是否到位，是否有松动、脱落，有无高出定子铁芯表面的地方；如有，应清除掉。

④ 检查各相定子绕组的冷态直流电阻是否基本相同，各相绕组对地绝缘电阻和相间绝缘电阻是否符合要求。

（2）轴承的装配

轴承的装配可分为冷套法和热套法。

1）准备工作

① 先检查轴承滚动件是否转动灵活而又不松旷；再检查轴承内圈与轴颈，外圈与端盖轴承座孔之间的配合情况和光洁度是否符合要求。如轴承磨损严重，外圈与内圈间隙过大，造成轴承过度松动，转子下垂并摩擦铁芯，轴承滚动体破碎或滚动体与滚槽有斑痕出现，保持架有斑痕或被磨坏等，都应更换新轴承。更换的轴承应与损坏的轴承型号相符。

② 在轴承中按其总容量的 $1/3 \sim 2/3$ 的容积加足润滑油，如图 6-48 所示（若润滑油加得过多，会出现运转中轴承发热等现象）。

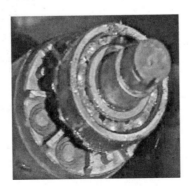

图 6-48 在轴承中加足润滑油

2）冷套法装配轴承

先将轴颈部分擦拭干净，装入内轴承盖，再把经过清洗并加足润滑油的轴承套在轴上，如图 6-49 所示。为使轴承内圈受力均匀，可用一根内径比转轴外径大而比轴承内圈外径略小的套筒抵住轴承内圈，将其敲打到位。若找不到套筒，可用一根铜棒抵住轴内圈，沿内圈圆周均匀敲打，使其到位，如图 6-50 所示。为避免轴承歪扭，应在轴承内圈的圆周上均匀敲打，使轴承平衡地行进。

装内轴承盖　　　　　装轴承

图 6-49　先装内轴承盖再装轴承

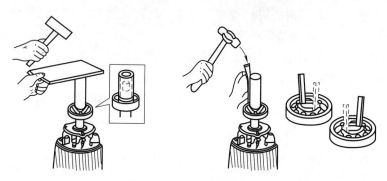

图 6-50　冷套法装配轴承

3）热套法装配轴承

如果轴承与轴颈配合过紧，不易敲打到位，可将轴承放入 80～100℃ 变压器油中（注意：轴承不能放在槽底，应吊在槽中），30～40min 后取出迅速套入轴颈中，如图 6-51 所示。

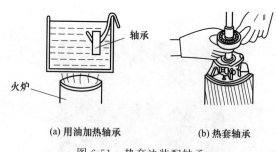

(a) 用油加热轴承　　　　　(b) 热套轴承

图 6-51　热套法装配轴承

安装轴承时，轴承型号标志必须向外，以便下次更换时查对轴承型号。

（3）端盖的装配

① 后端盖的装配　后端盖应装在转轴较短一端的轴承上。

装配时，将转子竖直放置，使后端盖轴承座孔对准轴承外圈套上，然后一边使端盖在轴上缓慢转动，一边用木锤均匀敲打端盖的中央部分，如图 6-52（a）所示。

按拆卸时所做的标记，将转子送入定子内腔中，合上后端盖，按对角交替的顺序拧紧后端盖紧固螺钉,在拧紧螺钉的过程中,不断用木锤在端盖靠近中央部分均匀敲打直至到位,如图 6-52(b)所示。

(a) 用木锤敲打端盖   (b) 拧螺栓

图 6-52 装配后端盖

② 前端盖的装配 将前轴承内盖与前轴承按规定加足润滑油,参照后端盖的装配方法将前端盖装配到位,如图 6-53(a)所示。在装配前,先用螺丝刀清除机座和端盖止口上的杂物和锈斑,然后装到机座上,按对角交替顺序旋紧螺钉。

(a) 装配前端盖   (b) 装端盖螺钉

图 6-53 前端盖的装配

在装配前轴承外盖时,由于无法观察前轴承内盖螺孔与端盖螺孔是否对齐,会影响前轴承外盖的装配进度。可用以下两种方法解决这一问题。

第一种方法是当端盖固定到位后,将前轴承外盖与端盖螺孔对齐,用一颗轴承盖螺钉伸进端盖上的一个孔中,边旋动转轴,边轻轻在顺时针方向拧动螺钉,一旦前轴承内盖螺孔旋转到对准螺钉时,趁势将螺钉拧进,如图 6-53(b)所示。

第二种方法是用一颗比轴承盖螺钉更长的无头螺钉,先拧进前轴承内盖,再将端盖和前轴承外盖相应的螺孔套在这颗长螺钉上,使内外轴承盖孔与端盖螺孔始终对准。端盖到位后,先拧紧其余两颗轴承盖螺钉,再用第三颗轴承盖螺钉换出无头长螺钉。

装配完毕,必须检查转子转动是否灵活,有无停滞或偏重现象。

(4) 皮带盘的装配

对于中小型电动机,在皮带盘端面垫上木块,用木锤敲打;对于较大型电动机的皮带轮安装,可用千斤顶将皮带轮顶入。

(5) 电动机装配后的检验

① 检查机械部分的装配质量，包括检查所有紧固螺钉是否拧紧，转子转动是否灵活，轴承内是否有杂声，机座在基础上是否复位准确、安装牢固，与生产机械的配合是否良好。

② 检测三相绕组每相的对地绝缘电阻和相间绝缘电阻，其阻值不得小于 $0.5M\Omega$。

③ 按铭牌要求接好电源线，在机壳上接好保护接地线；接通电源，用钳形电流表检测三相空载电流，看是否符合允许值，如图 6-54 所示。

图 6-54 用钳形电流表检测三相空载电流

④ 检查振动和噪声。用长柄螺钉刀头放在电动机轴承外的小油盖上，耳朵贴紧螺钉刀柄，细心听运行中有无杂音、振动，以判断轴承的运行情况。如果声音异常，可判断轴承已经损坏，如图 6-55 所示。

图 6-55 听轴承有无杂音

⑤ 通电空转半小时左右，检查电动机温升是否正常。

6.4 三相电动机的检修

三相异步电动机在长期的运行过程中，会出现各种各样的故障，这些故障综合起来可分为电气的和机械的两大类。电气方面主要有定子绕组、转子绕组、定转子铁芯、开关及启动设备的故障等；机械方面主要有轴承、转轴、风扇、机座、端盖、负载机械设备等的故障。

及时判断电动机的故障原因并进行相应处理，是防止故障扩大、保证设备正常运行的重要工作。

6.4.1 三相异步电动机的定期检修

电动机定期维护检修可分为小修、中修和大修。检修周期要根据电动机型号、工作条件确定。其中连续运行的中小型笼式电动机小修周期为 1 年，中修周期为 2 年，大修周期为 7～10 年；连续运行的中小型绕线式电动机小修周期为 1 年，中修周期为 2 年，大修周期为 10～12 年；短期反复运行、频繁启制动的电动机小修周期为半年，中修周期为 2 年，大修周期为 3～5 年。

(1) 三相异步电动机的小修检查项目

三相异步电动机的小修检查项目见表 6-10。

表 6-10　三相异步电动机定期小修检查项目

序号	检修项目
1	检查电动机接地是否完好
2	吹风清扫及一般性的检查
3	更换波形弹簧片，并进行调整
4	检查和处理局部绝缘的损伤，并进行修补工作
5	清洗轴承，进行检查和换油
6	处理绕组局部绝缘故障，进行绕组绑扎加固和包扎绝缘等工作
7	紧固所有的螺钉
8	处理松动的槽楔和齿端板
9	调整风扇、风扇罩，并加固
10	检查电动机运转时是否存在不正常的声音

(2) 三相异步电动机的中修检查项目

三相异步电动机中修除包含全部小修项目之外，还应重点检查表 6-11 所列的项目。

表 6-11　三相异步电动机定期中修检查项目

序号	检修项目
1	包含全部小修项目
2	对电动机进行清扫和干燥，更换局部线圈和加强绕组绝缘
3	电动机解体检查，处理松动的线圈和槽楔以及紧固零部件
4	更换槽楔，加强绕组端部绝缘
5	处理松动的零部件，进行点焊加固
6	转子做动平衡试验
7	改进机械零部件结构并进行安装和调试
8	做检查试验和分析试验

(3) 三相异步电动机的大修检查项目

三相异步电动机大修除包含全部中修项目之外，还应重点检查表 6-12 所列的项目。

表 6-12　三相异步电动机定期大修检查项目

序号	检修项目
1	包含全部中修项目
2	绕组全部重绕
3	更换电动机铁芯、机座、转轴等工作
4	对于机械零部件进行改造、更换、加强和调整等工作
5	转子调校动平衡
6	电动机进行浸漆、干燥、喷漆等处理
7	做全面型试验和特殊检查试验

6.4.2　三相异步电动机常见故障的检查与分析

(1) 三相异步电动机故障检查程序

三相异步电动机可能出现的故障是多种多样的，产生的原因也比较复杂，检查电动机时，一般按先外后里、先机后电、先听后检的顺序。先检查电动机的外部是否有故障，后检查电动机内部；先检查机械方面，再检查电气方面；先听使用者介绍使用情况和故障情况，再动手检查，这样才能正确迅速地找出故障原因。

电动机发生故障时，往往会发生转速变慢、有噪声、温度显著升高、冒烟、有焦煳味、机壳带电和三相电流不平衡或增大等现象，为了能迅速找出故障原因并及时修复电动机，当故障原因不明时，可先查电源有无电，再看熔丝和开关；让电动机空载转一转，看是否故障在负载；接下来依次检查接线盒、轴承、绕组、转子，其检查程序如图 6-56 所示。

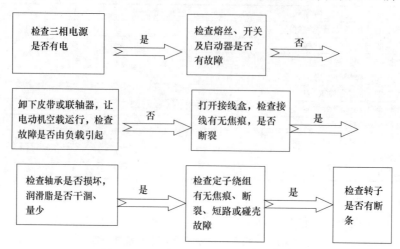

图 6-56　三相异步电动机故障检查程序

（2）三相异步电动机故障分析思路

1）空载运转检查

在对电动机外观、绝缘电阻、电动机外部接线等项目进行详细检查后，如未发现异常情况，可对电动机做进一步的通电试验。

① 将三相低电压（$30\%U_N$）通入电动机三相绕组，逐步升高电压，当发现声音不正常、有异味或无法转动时，立即断电检查。

② 如启动未发现问题，可测量三相电流是否平衡，电流大的一相可能是绕组短路；电流小的一相可能是多路并联绕组中出现断路。

③ 若三相电流平衡，可使电动机继续运行 1～2h，随时用手检查铁芯部位及轴承端盖，如发现烫手，应立即停车检查。如线圈过热，则是绕组短路；如铁芯过热，则是绕组匝数不够，或铁芯硅钢片间的绝缘损坏。

2）电动机内部检查

通过上述检查，确认电动机内部存在问题，就应拆开电动机做进一步检查。

① 检查绕组部分　查看绕组端部有无积尘和油垢，查看绕组绝缘、接线及引出线有无损伤或烧伤。若有烧伤，则烧伤处的颜色会变成暗黑色或烧焦，有焦臭味。

若烧坏一个线圈中的几匝线匝，可能是匝间短路造成的，如图 6-57 所示；若烧坏几个线圈，可能是相间或连接线（过桥线）的绝缘损坏所引起的；若烧坏一相，可能是三角形连接中由一相电源断路所引起的；若烧坏两相，则是一相绕组断路引起的；若三相全部烧坏，很可能是长期过载，或启动时卡住引起的，也可能是绕组接线错误引起的，可查看导线是否烧断和绕组的焊接处有无脱焊、虚焊现象。

图 6-57 几匝线匝局部短路

② 检查铁芯部分 查看转子、定子表面有无擦伤的痕迹。

若转子表面只有一处擦伤,而定子表面全是擦伤,这大都是转子弯曲或转子不平衡造成的;若转子表面全都有擦伤的痕迹,定子表面只有一处伤痕,这是定子、转子不同心造成的。

造成定子、转子不同心的原因是机座或端盖止口变形或轴承严重磨损使转子下落;若定子、转子表面均有局部擦伤痕迹,则是上述两种原因共同引起的。

③ 检查轴承部分 查看轴承的内、外套与轴颈和轴承室配合是否合适,同时也要检查轴承的磨损情况,如图 6-58 所示。

图 6-58 检查轴承的磨损情况

④ 检查其他部分 查看扇叶是否损坏或变形,转子端环有无裂痕或断裂,再用短路测试器检查导条有无断裂。

6.4.3 三相异步电动机常见故障检修

三相异步电动机的常见故障现象、故障的可能原因以及相应的处理方法见表 6-13,可供读者分析处理故障时参考。

表 6-13 三相异步电动机的常见故障及处理

故障现象	故障原因	处理方法
通电后电动机不能启动,但无异响,也无异味和冒烟	①电源未通(至少两相未通) ②熔丝熔断(至少两相熔断) ③过流继电器调得过小 ④控制设备接线错误	①检查电源开关、接线盒处是否有断线,并予以修复 ②检查熔丝规格、熔断原因,换新熔丝 ③调节继电器整定值与电动机配合 ④改正接线

续表

故障现象	故障原因	处理方法
通电后电动机转不动，然后熔丝熔断	①缺一相电源 ②定子绕组相间短路 ③定子绕组接地 ④定子绕组接线错误 ⑤熔丝截面积过小	①找出电源回路断线处并接好 ②查出短路点，予以修复 ③查出接地点，予以消除 ④查出错接处，并改接正确 ⑤更换熔丝
通电后电动机转不启动，但有嗡嗡声	①定、转子绕组或电源有一相断路 ②绕组引出线或绕组内部接错 ③电源回路接点松动，接触电阻大 ④电动机负载过大或转子发卡 ⑤电源电压过低 ⑥轴承卡住	①查明断路点，予以修复 ②判断绕组首尾端是否正确，将错接处改正 ③紧固松动的接线螺钉，用万用表判断各接点是否假接，予以修复 ④减载或查出并消除机械故障 ⑤检查三相绕组接线是否把△接法误接为Y形，若误接应更正 ⑥更换合格油脂或修复轴承
电动机启动困难，带额定负载时的转速低于额定值较多	①电源电压过低 ②△接法电动机误接为Y形 ③笼型转子开焊或断裂 ④定子绕组局部线圈错接 ⑤电动机过载	①测量电源电压，设法改善 ②纠正接法 ③检查开焊和断点并修复 ④查出错接处，予以改正 ⑤减小负载
电动机空载电流不平衡，三相相差较大	①定子绕组匝间短路 ②重绕时，三相绕组匝数不相等 ③电源电压不平衡 ④定子绕组部分线圈接线错误	①检修定子绕组，消除短路故障 ②严重时重新绕制定子线圈 ③测量电源电压，设法消除不平衡 ④查出错接处，予以改正
电动机空载或负载时电流表指针不稳，摆动	①笼型转子导条开焊或断条 ②绕线型转子一相断路，或电刷、集电环短路装置接触不良	①查出断条或开焊处，予以修复 ②检查绕线型转子回路并加以修复
电动机过热甚至冒烟	①电动机过载或频繁启动 ②电源电压过高或过低 ③电动机缺相运行 ④定子绕组匝间或相间短路 ⑤定、转子铁芯相擦（扫膛） ⑥笼型转子断条，或绕线型转子绕组的焊点开焊 ⑦电动机通风不良 ⑧定子铁芯硅钢片之间绝缘不良或有毛刺	①减小负载，按规定次数控制启动 ②调整电源电压 ③查出断路处，予以修复 ④检修或更换定子绕组 ⑤查明原因，消除摩擦 ⑥查明原因，重新焊好转子绕组 ⑦检查风扇，疏通风道 ⑧检修定子铁芯，处理铁芯绝缘
电动机运行时响声不正常，有异响	①定、转子铁芯松动 ②定、转子铁芯相擦（扫膛） ③轴承缺油 ④轴承磨损或油内有异物 ⑤风扇与风罩相擦	①检修定、转子铁芯，重新压紧 ②消除摩擦，必要时车小转子 ③加润滑油 ④更换或清洗轴承 ⑤重新安装风扇或风罩
电动机在运行中振动较大	①电动机地脚螺栓松动 ②电动机地基不平或不牢固 ③转子弯曲或不平衡 ④联轴器中心未校正 ⑤风扇不平衡 ⑥轴承磨损间隙过大 ⑦转轴上所带负载机械的转动部分不平衡 ⑧定子绕组局部短路或接地 ⑨绕线型转子局部短路	①拧紧地脚螺栓 ②重新加固地基并整平 ③校直转轴并做转子动平衡试验 ④重新校正，使之符合规定 ⑤检修风扇，校正平衡 ⑥检修轴承，必要时更换 ⑦做静平衡或动平衡试验，调整平衡 ⑧寻找短路或接地点，进行局部修理或更换绕组 ⑨修复转子绕组
轴承过热	①滚动轴承中润滑脂过多 ②润滑脂变质或含杂质 ③轴承与轴颈或端盖配合不当（过紧或过松） ④轴承盖内孔偏心，与轴相擦	①按规定加润滑脂 ②清洗轴承后换洁净润滑脂 ③过紧应车、磨轴颈或端盖内孔，过松可用黏结剂修复 ④修理轴承盖，消除摩擦

续表

故障现象	故障原因	处理方法
轴承过热	⑤皮带张力太紧或联轴器装配不正 ⑥轴承间隙过大或过小 ⑦转轴弯曲 ⑧电动机搁置太久	⑤适当调整皮带张力,校正联轴器 ⑥调整间隙或更换新轴承 ⑦校正转轴或更换转子 ⑧空载运转,过热时停车,冷却后再走,反复走几次,若仍不行,拆开检修
空载电流偏大(正常空载电流为额定电流的20%～50%)	①电源电压过高 ②将Y形接法错接成△接法 ③修理时绕组内部接线有误,如将串联组并联 ④装配质量问题,轴承缺油或损坏,使电动机机械损耗增加 ⑤检修后定、转子铁芯不齐 ⑥修理时定子绕组线径取得偏小 ⑦修理时匝数不足或内部极性接错 ⑧绕组内部有短路、断线或接地故障 ⑨修理时铁芯与电动机不相配	①若电源电压值超出电网额定值的5%,可向供电部门反映,调节变压器上的分接开关 ②改正接线 ③纠正内部绕组接线 ④拆开检查,重新装配,加润滑油或更换轴承 ⑤打开端盖检查,并予以调整 ⑥选用规定的线径重绕 ⑦按规定匝数重绕绕组,或核对绕组极性 ⑧查出故障点,处理故障处的绝缘。若无法恢复,则应更换绕组 ⑨更换成原来的铁芯
空载电流偏小(小于额定电流的20%)	①将△接法错接成Y形接法 ②修理时定子绕组线径取得偏小 ③修理时绕组内部接线有误,如将并联绕组串联	①改正接线 ②选用规定的线径重绕 ③纠正内部绕组接线
Y-△开关启动,Y位置时正常,△位置时电动机停转或三相电流不平衡	①开关接错,处于△位置时的三相不通 ②处于△位置时开关接触不良,成V形连接	①改正接线 ②将接触不良的接头修好
电动机外壳带电	①接地电阻不合格或保护接地线断路 ②绕组绝缘损坏 ③接线盒绝缘损坏或灰尘太多 ④绕组受潮	①测量接地电阻,接地线必须良好,接地应可靠 ②修补绝缘,再经浸漆烘干 ③更换或清扫接线盒 ④干燥处理
绝缘电阻只有数十千欧到数百欧,但绕组良好	①电动机受潮 ②绕组等处有电刷粉末(绕线型电动机)、灰尘及油污进入 ③绕组本身绝缘不良	①干燥处理 ②加强维护,及时除去积存的粉尘及油污,对较脏的电动机可用汽油冲洗,待汽油挥发后,进行浸漆及干燥处理,使其恢复良好的绝缘状态 ③拆开检修,加强绝缘,并做浸漆及干燥处理,无法修理时,重绕绕组
电刷火花太大	①电刷牌号或尺寸不符合规定要求 ②滑环或整流子有污垢 ③电刷压力不当 ④电刷在刷握内有卡涩现象 ⑤滑环或整流子呈椭圆形或有沟槽	①更换合适的电刷 ②清洗滑环或整流子 ③调整各组电刷压力 ④打磨电刷,使其在刷握内能自由上下移动 ⑤上车床车光、车圆
电动机轴向窜动	使用滚动轴承的电动机为装配不良	拆下检修,电动机轴向允许窜动量如下

容量/kW	轴向允许窜动量/mm	
	向一侧	向两侧
10及以下	0.50	1.00
10～22	0.75	1.50
30～70	1.00	2.00
75～125	1.50	3.00
125以上	2.00	4.00

第7章

配电线路及装置的安装与维护

7.1 低压架空线路施工

7.1.1 杆位定位和挖坑

(1) 杆位测量与定位

电线杆基坑的定位与画线挖坑前，应先检查杆位标桩是否符合设计图的要求，防止原勘测所设立的标桩因外力作用而发生变位或遗失。一般常用的测量方法有标杆测量法和仪器测量法。标杆测量法适用于各种条件的电线路，特别对长大直线及线路转角处；用经纬仪测量不易偏离路径，杆位较准且效率高，如图 7-1 所示。下面介绍用仪器对线路定测的步骤及方法。

图 7-1 用经纬仪测量杆位

① 确定直线段线路中心线。在线路控制点的标桩上，稳固安放经纬仪，将其对中、调平，使水平度盘中心位于标桩的铅垂线上；然后瞄准直线另一端控制点上设置的标杆，读取水平度盘的读数，并做记录。

② 线路转角测定。将经纬仪平稳安放于线路转角点，并对中、调平；然后分别测定线路的中心线和记录水平度盘的读数。两读数之差，即为线路的水平转角的度数。

为保证水平转角度测量的精确度，消除仪器的误差，需采取两次复测，取两次读数的平均值。

③ 定杆位。具体步骤如下。

a. 档距测量。用测量绳顺着确定的线路中心线，量出每根电杆之间的设计档距；将数根标杆连续立在中心线上。

b. 用经纬仪（或目测）指挥各标杆成一直线，然后在标杆处钉上杆位标桩。

c. 在杆位标桩顶部用红漆做上标记，其侧面注明杆号，并做好记录；然后在线路中心线上距杆桩3m处钉上辅助标桩。

d. 向前延伸时，将第一根标杆移到最前面，与原来的标杆成一直线，中间依次插入标杆，轮流移杆逐步向前延伸。

④ 确定杆高。根据电线路的实际情况，确定电杆的规格和型号；当线路必须跨越其他架空线路时，应用视距测高仪测量交叉点的高度；依据交叉点高度及交叉跨越的距离，选定杆型。

注意：杆位测量时，如人手够用，应每一点处立一标杆；人少时，可一人立标杆一人观察。观察时标杆必须垂直立于地面，以减少误差。

(2) 划线和挖坑

划线也叫分坑，也就是在地面用白灰划出开挖的尺寸。

基坑施工前必须先进行杆坑的划线定位，杆坑定位必须做到以下两点：直线杆顺线路方向位移不得超过测量档距的3%；转角杆、分支杆的横线路、顺线路位移不应超过50mm。

挖坑时，可根据实际情况采用人工挖坑或者机械挖坑。目前采用机械挖坑居多，即用挖坑机直接向地面钻孔，可提高施工效率。只有在一些机械不能到达的地方，采用人工挖坑、人工或半机械立杆。由于采用人工立杆，坑应为带马道的坑型，即在顺着电杆起吊的方向，将电杆坑向上斜着开启的一个槽，如图7-2所示。为了防止坑壁坍塌，保证施工安全，应根据不同的土质来确定坑壁的安全坡度及坑口的尺寸，见表7-1。

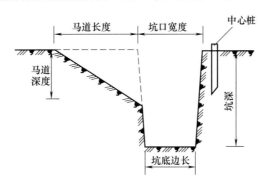

图 7-2　带马道的杆坑示意图

表 7-1　坑口尺寸表

土质情况	坑壁坡度	坑口尺寸/m
坚硬黏土	10%	$B=A+0.1H\times2$
硬塑黏土	20%	$B=A+0.2H\times2$
可塑黏土	30%	$B=A+0.3H\times2$
大块碎石	40%	$B=A+0.4H\times2$
中砂粗砂	50%	$B=A+0.5H\times2$
细砂粉砂	60%	$B=A+0.6H\times2$

注：B—坑口尺寸；A—坑底尺寸，m，$A=b+0.4$；b—杆根宽度（不带卡盘或底盘）或底盘宽度（带底盘）或拉线盘宽度；H—坑的深度，m，$H=c+0.1$；c—电杆埋深加底盘厚度（带底盘）或拉线盘埋深加拉线盘厚度。

挖坑时，要根据电杆埋设深度的要求（见表7-2）决定坑的深度。电杆埋设深度应根据电杆的长度、承受力的大小和土质情况来确定。一般为杆长的1/6，但最浅不得小于1.5m；变台杆不应小于2m。

表 7-2　电杆埋设深度表

杆长/m	8	9	10	11	12	13	15
埋深/m	1.5	1.6	1.7	1.8	1.9	2.0	2.3

注：变台杆埋设深度为2.0m。

① 挖杆坑时，若坑基土质不良可挖深后换好土夯实，或加枕木。

② 坑底要踏平夯实，分层埋土也要夯实，多余土要堆积压紧在电杆根部。

③ 挖坑时，应注意地下各种工程设施，如地下电缆、地下管道等，应与这些设施保持一定的距离。

④ 土质松软的地段，要采取防止塌方措施。

⑤ 变台杆的两杆坑深应一致，且根开的中心偏差不应超过±30mm。

7.1.2　立杆

立杆的方法有人工立杆、机械立杆和半机械立杆。

(1) 人工立杆

人工立杆一般采用架腿（俗称戗杆）立杆，其工具简单，不受地形限制，单杆双杆都可采用。因此，在吊车不能到达的地方或无条件使用吊车时，都采用人工立杆。

人工立杆的操作方法见表 7-3。

表 7-3　人工立杆的操作方法

序号	操作方法及说明
1	将一块厚度大于80mm、宽度约为500mm、长度约为3m的硬木板（滑板）置于坑内靠木桩侧，宽面面向线路方向，在坑内稍倾斜一点即可，下部与底盘顶死
2	将杆置于坑口边马道侧，然后众人将杆上半部抬起，底部顶在木板上，这时在顶部系四根大绳，并按四个方向（顺线路前后左右）撒开，每绳一人，如图 7-3 所示
3	将铁棒置于杆下，尽力把杆抬起，另一铁棒再置于靠近杆根部一侧，尽力抬杆，轮番进行，尽量使杆与地平的角度大一点。同时两人抱住杆的根部，使其顺木板下滑而不移位，要避免使杆顶在坑边的土坡上，一直到杆立起为止，并保证使杆落于底盘中心上
4	两人各用一手扶小架腿上部，另一只手握住把手，将其两杆下部分开，用上部咬住已抬起的电杆，然后增加为四人，每两人持小架腿的一杆，四人同时用力向前并向上将杆支起，所有抬杆人撤掉，分散到大绳处并握住大绳，起立方向上的大绳要人多一些
5	四人再用力使杆抬得更高一点，直至架腿与地面基本垂直；另外四人以同样方法持大架腿并将下腿分开，将上部咬住小架腿支点上部的杆（两架腿不要咬在一起），这时大架腿用力支起，小架腿即松开，再将其移置于接近杆根的部位；然后两架腿同时用力，起立方向的大绳也一同用力，喊号子，步调一致，将杆支起更大的角度，直至大架腿与地面基本垂直；这时小架腿再稍用力支一点，大架腿即松开，并将其落于小架腿支点之上，再用力支起，小架腿即松开，再移置于杆根部位，同时用力，就这样一倒一倒将杆支起，使杆与地面角度约为80°，起立方向大绳用力撑紧
6	大架腿稍用力一点，小架腿松开，并延杆体转动180°，与大架腿对称将杆夹住，这时大架腿和大绳同时用力，将杆立于垂直，这时四根大绳和两副架腿同时将杆撑住
7	从大面小面将杆找正，大面根部偏移较小，可用前述方法转杆使其位移，直至到底盘；头部偏移用大绳调整，找正后将木板抬出即可埋土。如根部偏差较大，应将石块置于坑中作为支点，然后用滑板当作杠杆撬动杆的根部移动，如图 7-4 所示
8	埋土至装上卡盘后，才允许将架腿松开撤掉，前移至另一基坑。架腿立杆如图 7-5 所示。人工立杆要不惜人力
9	双杆架腿立杆与单杆相同，只是需要四副架腿、两块滑板、两根大绳，人员要增加一倍，要用两块滑板同动撬动杆根，调整较大偏差

图 7-3　用架脚将杆端支起

图 7-4　用木滑板撬动杆根部移位

(a) 支架腿

(b) 倒架腿

(c) 立起后

图 7-5　架腿立杆

(2) 机械立杆

机械立杆一般用汽车吊，15m 以上的杆采用汽车液压吊，如图 7-6 所示。立杆的顺序通常从始端或终端开始，也可以某一耐张段或转角开始。

图 7-6　吊车立杆

吊车立杆作业内容及步骤见表 7-4。

表 7-4　吊车立杆作业内容及步骤

序号	作业内容	作业步骤及标准
1	检查工具、机具	正确使用个人安全用具
2	选择电杆重心,起吊电杆将电杆运到杆坑附近	使用吊车立、撤杆时,钢丝绳套应吊在杆的适当位置以防止电杆突然倾倒(钢丝绳索系在杆高 3/5 处,使下部重一点,上部轻一点,并用吊钩吊好)
3	起吊电杆缓慢进行,到 1m 高度,组装横担	①单横担在电杆上的安装位置一般在线路编号的大号侧;承力单横担与线路方向垂直,30°及以下转角杆横担应与角平分线方向一致 ②横担安装应平直,上下歪斜或左右(前后)扭斜的最大偏差应不大于横担长度的 1%
4	电杆起立离地后,应对各吃力点处做一次全面检查,确无问题后再继续起立。起立 60°后,应减缓速度,注意各侧拉线。执行"起重"的规定	采用汽车吊起重时,当重物吊离地面后,工作负责人应再检查各受力部位,无异常情况后方可正式起吊
5	电杆下落时对准杆位,一次完成,回填土未完时不得拆除临时拉绳或摘除吊钩	①电杆根部中心与线路中心线的横向位移:直线杆不得大于 50mm,转角杆应向内角侧预偏 100mm ②导线紧好后,直线杆顶端在各方向的最大偏移不得超过杆长的二百分之一;转角杆应向外角中心线方向倾斜 100~200mm;终端杆不应向导线侧倾斜,应向拉线侧倾斜 100~200mm ③承力杆的挠度不应大于 3‰
6	新埋设的电杆夯实回填上,做好防沉台	回填土时应做到:土块应打碎;回填时应每回填 500mm 夯实一次,回填过程应清除树根杂草;松软土质的基坑,回填时应增加夯实次数或采取加固措施。防沉台应高出地面 300mm,如图 7-7 所示。 当采用抱杆立杆留有滑坡时,滑坡(马道)回填土应夯实,并留有防沉层。当基坑在路基边坡上时,应在电杆周围采取加固措施,用砖石混凝土砌筑方形台子等。 如果是在街道立杆,由于道路基础较结实,可以不做防沉台

图 7-7　电杆立起后的基础

吊车立杆的危险点分析及控制措施见表 7-5。

表 7-5　吊车立杆的危险点分析及控制措施

序号	危险点分析	控 制 措 施
1	防止倒杆	①立、撤杆工作要设专人统一指挥,开工前讲明施工方法。在居民区和交通道路附近进行施工应设专人看守 ②要使用合格的起重设备,严禁超载使用 ③电杆起离地面后,应对各部吃力点做一次全面检查,无问题后再继续起立,起立 60°后应减缓速度,注意各侧拉绳,特别控制好后侧头部拉绳防止过牵引

续表

序号	危险点分析	控制措施
1	防止倒杆	④吊车起吊钢丝绳扣子应绑在杆的适当位置,防止电杆突然倾倒
2	防止高空坠落	①攀登杆塔前检查脚钉是否牢固可靠 ②杆塔上转移作业位置时,不得失去安全带保护,杆塔上有人工作时,不得调整或拆除拉线
3	防止坠落物伤人	现场人员必须戴好安全帽。杆塔上作业人员要防止掉东西,使用的工器具、材料等应装在工具袋里,工器具的传递要使用传递绳,杆塔下方禁止行人逗留
4	防止砸伤	①吊车的吊臂下严禁有人逗留,立杆过程中坑内严禁有人,除指挥人及指定人员外,其他人远离电杆1.2倍杆高的距离以外 ②修坑时,应有防止杆身滚动、倾斜的措施 ③利用钢钎作地锚时,应随时检查钢钎受力情况,防止过牵引将钢钎拔出 ④已经立起的电杆只有在杆基回填土全部夯实,并填起300mm的防沉台后方可撤去叉杆和拉绳

(3) 半机械立杆

半机械立杆与机械立杆比较,只是起吊方法不同,其他程序方法基本相同。

半机械立杆的方法很多,大都采用固定式人字抱杆,这种方法安全可靠。

注意:在选取抱杆时,要使材质和直径合理,安全系数要适当大一点,否则抱杆重量过大,会给移动带来不便。

固定式人字抱杆吊装方法如图7-8所示,其他同机械立杆。

(a) 人力拉绞磨

(b) 准备起吊

(c) 起吊

(d) 拉线桩

图7-8　固定式人字抱杆立杆操作施工图

半机械立杆的操作注意事项见表 7-6。

表 7-6　半机械立杆注意事项

序号	注意要点及说明
1	抱杆根开一般为其高度的 $1/3\sim1/2$，两抱杆长度应相等且两脚应在一个水平面上，并用绳索连接在一起防止滑动。起吊较重杆时，可在抱杆倾斜的相反方向上再增设钢索拉线。绳索较多时，要排列上下顺序，以免起吊后发生混乱
2	摆放电杆时，电杆的吊点要处于基坑处，一般应在吊钩的正下方。必要时可在杆的根部加置临时重物，使电杆重心下移，以助起吊
3	抱杆最大倾斜角应不大于 $15°$，以减少拉线的拉力，拉线与地面夹角不宜大于 $45°$
4	固定式人字抱杆适用于 15m 及以下的混凝土杆，当起吊 15m 以上的水泥杆时，由于吊点仅为一点，使水泥杆吊点处承受弯矩过大，必须在吊点处绑扎加强木。一般用圆木或方木，用 $8^\#$ 铁丝与水泥杆扎成一体，其长度可为水泥杆长的 $1/3\sim1/2$，直径至少 100mm
5	土质较差时，抱杆脚处应垫以枕木，防止受压下沉
6	拉线桩、绞磨桩的设置必须牢固可靠，并有人监视
7	抱杆立杆应有起重工配合作业，指挥者应具备有关起重吊装专业的技术，所有参加人员应步调一致，听从指挥

7.1.3　杆上组装作业

(1) 登杆要领及作业方法

① 登杆前，杆必须立稳夯实，埋深要符合要求。检查安全带和脚扣，不得有任何损伤裂纹。

② 根据杆径选择合适的大、中、小号脚扣。系好安全带，安全带的腰带不要系在腰上，要系在腚部的上部，并且松紧要适中。

③ 将工具装入工具袋，跨在肩上；把绳子（长度大于杆长）系在安全带右侧的金属钩上（以右手有力为例），另一端撒开；戴好线手套。

④ 在受电侧将左脚脚扣扣在杆上，距地面 $300\sim500$mm，将右脚脚扣扣在杆上，距地面 $700\sim900$mm，然后抬起左脚套入扣靴内，右手抱杆，腚部后倾，左腿和右手同时用力即可上一步。这时将右脚套入扣靴内，左手抱杆，腚部后倾，松开右手上移，右腿和左手同时用力，同时左脚带动脚扣离开杆体向上移动，即可又上一步。左脚上抬后可扣住杆体，松开左手上移，右手抱杆，腚部后倾，同时用力，即可又上一步，轮番上述动作即可到达安装位置。也可在地面上将脚套入扣靴内，按上述的动作要求进行登杆。

登杆时必须做到，脚扣要与杆体蹬紧，腚部始终保持后倾，双手抱紧杆体，如图 7-9 所示。

⑤ 到达安装位置后，两脚蹬紧脚扣，腚部向后用力并使安全带撑紧（安全带与杆体的接触部分要高于腚部的腰带），双手即可松开。调整在杆上的位置，面向送电方向。

⑥ 在杆上做好准备后，杆下人即可将最下层的横担系在绳子上（杆下人应将 U 形抱箍装好、套上螺母及垫），然后离开杆 3m 以外，杆上人即可用绳子将横担拉到作业位置。先把横担放在与杆撑紧的安全带上，解开绳扣并把绳子放下。

⑦ 双手将横担举起超过杆顶，把 U 形抱箍套在杆上并将其落至安装要求的位置（事先已用尺子量好），先将螺母稍紧，杆下人即可在顺线路方向（离开杆 8m 以外）观测大面横担是否水平，并指挥杆上人调整。然后杆下人再到与线路垂直方向观测小面横担是否歪斜，并指挥杆上人调整。

⑧ 杆上人可将安全带调整到横担上面，即右手抱杆（在横担下面），左手解开挂钩并从

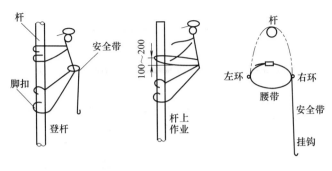

(a) 示意图

(b) 实际操作图

图 7-9 登杆作业

杆后交至右手，右手持挂钩后从横担上面交至左手，左手再把挂钩与左环挂好，这样做的目的是为了安全。同时可将工具袋挂在横担上。

⑨ 杆上人即可用上述的方法与杆下人配合几次将中层横担、上层横担、杆顶铁头、拉线抱箍（带心形环）、直瓶、悬垂或绝缘子串等组装件安装好。

⑩ 在杆上检查无误并无遗留的工具、小件后，先将工具袋用绳子送下，然后即可将安全带解开，按登杆的要领和相反的动作即可从杆上爬下，到杆底（地面）后即可把脚从扣靴中抽出。

⑪ 杆上作业项目较多或金具横担较重时，可两人或三人同时在杆上作业。

注意：新立的电杆其杆基未填满夯实培土时，严禁攀登。

(2) 横担安装

1）安装横担的技术要求

目前低压架空线路主要使用的是铁横担，也有的使用瓷横担。安装横担的技术要求见表7-7。

表 7-7 安装横担的技术要求

序号	项目	技 术 要 求
1	安装偏差	横担安装应平整,安装偏差应符合规定:横担端部上下歪斜不应大于20mm;横担端部左右歪斜不应大于20mm。双杆横杆,与电杆接触处的高差不应大于两杆距的5‰,左右扭斜不大于横担总长的1%。 陶瓷横担安装时,应在固定处垫橡胶垫,垂直安装时,顶端顺线路歪斜不应大于10mm;水平安装时,顶端应向上翘起5°~15°,水平对称安装时,两端应一致,且上下歪斜或左右歪斜不应大于20mm

续表

序号	项目	技术要求
2	安装高度	横担的上沿应装在离电杆顶部100mm处，如图7-10所示。多路横担上下档之间的距离应在600mm左右，分支杆上的单横担的安装靠向必须与干线线路横担保持一致
3	安装方向	直线单横担应安装于受电侧；90°转角杆或终端杆当采用单横担时，应安装于拉线侧，多层横担同上。双横担必须有拉板或穿钉连接，连接处个数应与导线根数对应
4	安装工艺	在直线段内，每档电杆上的横担必须互相平行。 耐张杆、跨越杆和终端杆上所用的双横担，必须装对整齐。 横担在电杆上的安装部位必须衬有弧形垫铁，以防倾斜

图 7-10　横担安装示例

2）直线单横担杆的安装

① 地面电工组装好顶帽、横担、抱箍等。

② 甲、乙电工上杆将传递绳头引下，地面电工系好顶帽，甲乙交叉上下对站，吊上顶帽自杆顶套下，对准顺线路方向（转角杆分角方向）安装好顶帽。

③ 甲拧紧，乙吊上滑车及绳索，挂于顶帽上。理顺绳索，放下绳头，地面工系好横担（下系背扣，上系倒背扣）慢慢上拉至安装点略高处。

④ 甲乙配合取下横担，一人后挺腰放于安全带上，拧开一侧螺栓，自外向内套入电杆，一人托扶，一人拧螺栓，按规定距离调整好安装位置，并校正方向及平整情况后拧紧螺栓。

3）直线杆、耐张杆双横担、直转杆横担的安装

地面电工系好五孔拉铁及瓷瓶，吊上安装于横担两侧及顶帽顶端上，直线杆需调整瓷瓶槽方向对准顺线路方向（直线转角方向）。耐张终端杆需先吊上五孔拉铁及螺栓安装后，地面电工再装配瓷瓶串（如紧线杆可挂上耐张线夹），将滑车绳头系于第二片瓷瓶上端（打易解的结），配合吊上，由杆上电工挂于五孔拉铁孔内（螺栓自上向下穿及装好闭口销）。

（3）绝缘子安装技术要求

1）绝缘子安装的技术要求

电杆上横担紧固好后，即可对绝缘子进行安装。在低压线路上一般使用蝶式绝缘子，当导线为35mm²及以下时，选用ED-3蝶式绝缘子；当导线为50mm²及以上时，则选用ED-2蝶式绝缘子；绝缘子是通过M-16螺栓与横担连接并固定的，由于蝶式绝缘子上端的圆孔开口直径约为20mm，故螺栓根部与蝶式绝缘子连接处应放上一片ϕ18mm的垫圈。

绝缘子安装技术要求见表7-8。

表 7-8 绝缘子安装技术要求

序号	技术要求及说明
1	针式绝缘子应与横担垂直,顶部的导线槽应顺线路方向,紧固应加镀锌的平垫弹垫。针式绝缘子不得平装或倒装。绝缘子的表面清洁无污
2	悬式绝缘子使用的平行挂板、曲型拉板、直角挂环、单联碗头、球头挂环、二联板等连接金具必须外观无损、无伤、镀锌良好,机械强度符合设计要求,开口销子齐且尾部已曲回。绝缘子与绝缘子连接成的绝缘子串应能活动,必要时要做拉伸试验。弹簧销子、螺栓的穿向应符合规定
3	蝶式绝缘子使用的穿钉、拉板的要求同序号2,所有螺栓均应由下向上穿入
4	外观检查合格后,高压绝缘子应用 5000V 绝缘电阻表摇测每个绝缘子的绝缘电阻,阻值不得小于 500MΩ;低压绝缘子应用 500V 绝缘电阻表摇测,阻值不得小于 10MΩ。最后将绝缘子擦拭干净。绝缘子裙边与带电部位的间隙不应小于 50mm

2) 绝缘子安装

① 安装前的检查。应检查绝缘子外观有无缺陷,其额定电压是否符合线路电压,并用绝缘子表(2500V)测量其绝缘电阻,测得的绝缘电阻值不应低于 300MΩ。

安装人员站立在电杆上的合适位置,用吊绳将需要安装的金具材料和绝缘子分别进行安装,绳结应打在铁件杆上。当提升较重的绝缘子串时,可以在横担端部安放一个滑轮用于提升重物。

② 紧固件的要求。安装时,紧固横担和绝缘子各部位所用的螺栓,其直径不应小于 16mm。螺栓装在垂直方向时,应从下往下穿;开口销用在垂直方向时,应从上往下穿。

③ 安装方式。绝缘子与角钢横担之间应垫一层薄橡皮,以防紧固螺栓时压碎绝缘子。悬垂绝缘子串应与地面垂直,实在不能垂直安装时,顺线路方向的倾斜角应小于 5°,最大偏移值要小于 200mm。

7.1.4 拉线制作与安装

(1) 拉线的种类及用途

拉线用于平衡电杆所受导线的单向拉力。拉线的种类及用途见表 7-9。

表 7-9 拉线的种类及用途

序号	拉线名称	用　途	图　示
1	普通拉线	用于终端、转角和分支杆,装设在电杆受力的反面,用以平衡电杆所受导线的单向拉力。对于耐张杆则在电杆顺线路方前后设拉线,以承受两侧导线的拉力	
2	侧面拉线(人字拉线)	用于交叉跨越和耐张段较长的线路上,以便使线路能抵抗横线路方向上的风力,因此有时也叫做风雨拉线或防风拉线,每侧与普通拉线一样	
3	水平拉线(拉桩拉线)	需要跨越道路或其他障碍时采用	

续表

序号	拉线名称	用　途	图　示
4	自身拉线	又叫弓形拉线，用于地面狭窄、受力不大的杆上	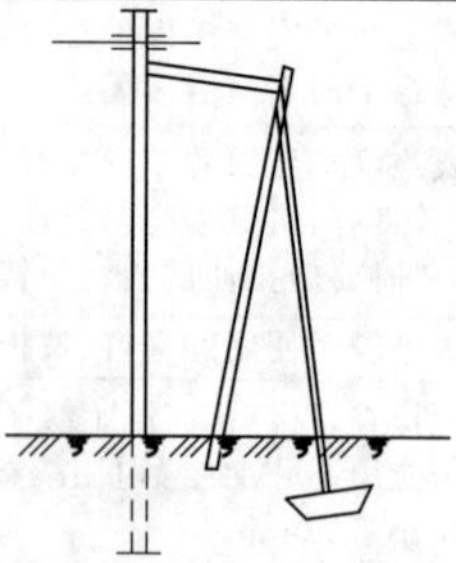
5	Y形上下拉线	用于受力较大或较高的杆上	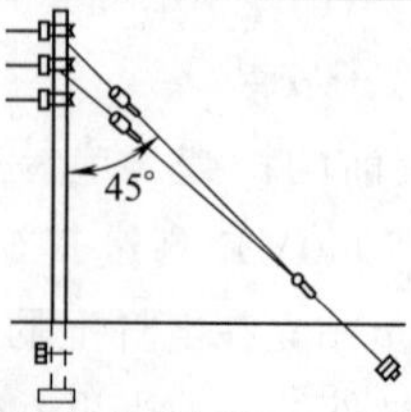
6	Y形水平拉线	用于双杆受力不大的杆上	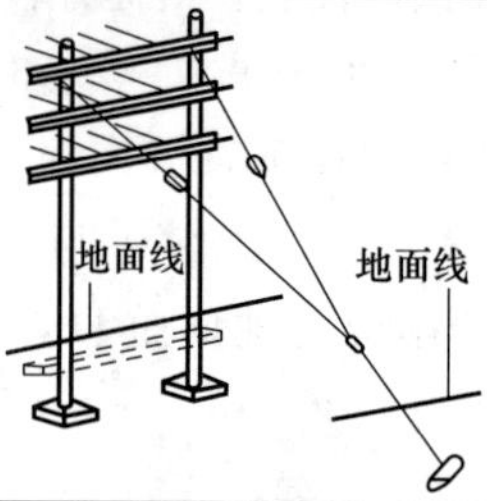
7	X形拉线（交叉拉线）	用于双杆受力较大的杆上	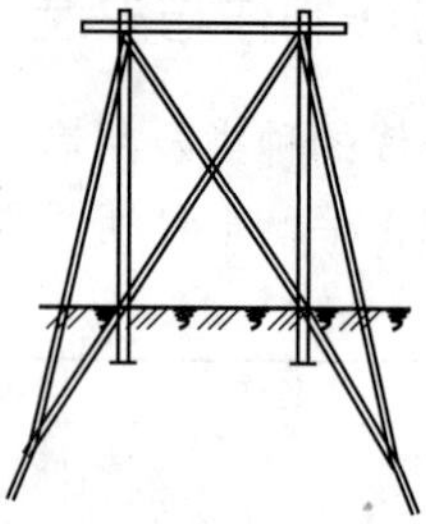

（2）拉线制作要点

拉线由抱箍、上把、拉线、下把、拉线盘及拉线坑等组成。拉线制作要点见表 7-10。

表 7-10　拉线制作要点

序号	内容	要　点	
1	基本方法	用尺量出钢绞线及回弯处的长度，利用钳具、大剪刀、铁锤等工具，人力制作回弯并装入线夹	
2	操作程序	根据测量计算的结果，量出钢绞线长度→断开→制作上把（如图 7-11 所示）→现场组立、校正杆段→制作下把（如图 7-12 所示）→绑扎断头→涂红丹→调整拉线	
3	质量标准检查项目	各部件规格强度必须符合设计要求	（关键）与图纸核对
		拉线连接强度必须符合设计要求	（关键）按标准金具核对
		拉线可调部分不少于线夹可调部分的 1/2	（关键）尺量
		拉线与拉棒应是一直线，组合拉线应受力一致。拉线制作质量如图 7-13 所示	（一般）观察
4	检查方式	X形拉线的交叉点处应有足够的空隙，避免相互磨碰	（一般）观察
		拉线夹弯曲部位不应有明显松股，拉线断头应用 ϕ1.2mm 镀锌铁丝绑扎 5 道；与本线的绑扎处用 ϕ3.2mm 铁丝扎 5 道，线夹尾线长度为 300～400mm	（一般）观察

续表

序号	内容	要　　点
5	注意事项	①线夹舌板应与拉线紧密接触,受力后无滑动现象。线夹的凸背应在尾侧,安装时,线股不应松散及受损坏 ②同组拉线使用两个线夹时,线夹尾线端方向统一在线束的外侧 ③杆塔多层拉线应在监视下对称调节,防止过紧或受力不匀 ④线夹及花篮螺栓的螺杆必须露出螺母,并加装防盗帽 ⑤拉线断头处及拉线钳夹紧处损伤时应涂红丹防锈 ⑥当拉线制作采用爆压、液压时,参见对应施工工艺规程 ⑦现场负责人对拉线制作工艺质量负责检验

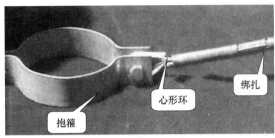
(a) 绑扎缠绕法制作上把

(b) 楔形线夹法制作上把

图 7-11　制作上把

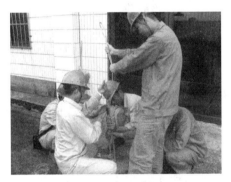

图 7-12　制作下把

图 7-13　拉线制作质量检查

拉线制作及安装注意事项如下。

① 拉线与电杆的夹角一般为 45°~60°,当受地形限制时,不宜小于 30°。终端杆的拉线及耐张杆承力拉线应与线路方向对正;转角拉线应与转角后线路方向对正;防风拉线应与线

路方向垂直；拉线穿过公路时，对路面中心的垂直距离不得小于 6m。

② 采用 UT 型线夹及楔形线夹固定，安装前螺纹上应涂润滑剂；拉线弯曲部分不应有明显松股，露出的尾线不宜超过 400mm；所有尾线方向应一致；调节螺钉应露扣，应有不小于 1/2 螺杆螺纹长度可供调节。调整后 UT 型线夹应用双螺母且拧紧，花篮螺栓应封固，尾线应绑扎固定。

③ 居民区、厂矿内，混凝土电杆的拉线从导线之间穿过时，拉线中间应装设拉线专用的蛋形绝缘子。

④ 拉线底把埋设必须牢固可靠，拉线棒与底拉盘应用双螺母固定，拉线棒外露地面长度一般为 500～700mm。

⑤ 拉线安装前应对拉线抱箍及其穿钉、心形环、钢绞线或镀锌铁丝、拉线棒、底盘、线夹、花篮、螺钉、蛋形绝缘子等进行仔细检查，有不妥的不得使用。拉线组装完后，应对杆头进行检查，不得有物体遗留在杆上。

7.1.5 架线

架线是由放线、挂线和紧线三个工序组成的，这三个工序是一气呵成的。

(1) 放线

1) 准备工作

① 为顺利展放线，在林区应顺线路砍伐出宽度足够的放线通道。凡属设计要求需拆除、改建的建筑物、电力线、通信线等均应在放线前处理完毕。

② 对机动车辆行驶很少的便道，可不搭设跨越架，但应设专人看守。展放线时应挖地沟，将导线放在地沟中。

③ 被跨越电力线的停送电作业，应严格按照《安全管理规定》执行。

④ 为减少拖线长度，一般将导引钢丝绳运至放线距离的中间，以便向两头进行人力展放。

2) 放线操作

放线时要一根一根地放，不要使导线出现磨损、断股和死弯。用手放线时要正放几圈反放几圈，不要使导线出现死弯。放线必须按线轴或导线盘缠绕的反方向，且要面对挂线或线路方向放线，如图 7-14 所示。放线时，线轴或导线盘必须立放，不得倒放，严禁导线打扭或拧成麻花状。

放线操作时，要注意以下几点。

① 放铝线或钢芯铝线时，应在每根电杆的横担上预挂 3 只开口滑轮，待导线拉至每根电杆处后，用绳子将导线提起，嵌入滑轮。继续拖拉导线时，使其沿滑轮移动。

② 导线应一根一根地放，线盘处应留有经验的人员看守，负责检查导线质量。

③ 放线时应有可靠的联络信号，沿途还要有人看护导线，使其不受损伤，不打环扣。当导线跨越道路时应设专人看护。

④ 地面应无石子和坚硬物，不得损伤导线。

(2) 挂线

挂线分两个步骤：一是把非紧线端（终端或始端/接户杆或进户杆根据现场条件选定）的导线固定在横杆上的终端绝缘子（茶台）上；二是把导线挂在其他直线杆的横担上。

① 非紧线端导线在横担茶台上固定，可在杆上直接操作，也可在杆下先把导线绑扎在

(a) 放线架的结构   (b) 将托线盘安装在底座上

(c) 放线架插入线轴孔中   (d) 电线盘立放在放线架上

图 7-14 线轴放置及放线架

茶台上，然后再登杆操作并把茶台用拉板固定在横担上。

　　② 直线杆上的挂线可在横担上悬挂开口铜或铝滑轮，必须用铁线将滑轮绑扎牢固。也可在横担上垫以草袋或棉垫，其目的是防止紧线时将导线划伤。草袋或棉垫也应用绳子绑扎牢固。

　　注意：杆上穿线（拾线）人员应注意安全，在瓷瓶下工作时必须设置保险绳和安全带双保险，并设杆下监护人。杆下工人不得站在滑车垂直下方拉引渡绳，以免渡绳与导引绳松脱伤人。

　　（3）紧线

　　低压配电线路一般采用人工在杆上用紧线器紧线，如图 7-15 所示。紧线时要注意横担和杆身的偏斜、拉线地锚的松动、导线与其他物的接触或磨损、导线的垂度等。

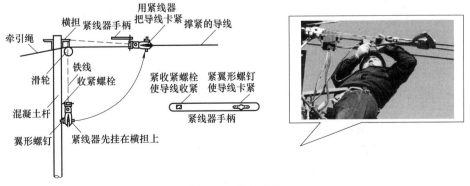

图 7-15 紧线操作

① 准备工作　一般情况下均采用单线法进行紧线，即一次只紧一根线。紧线的准备工作见表7-11。

表 7-11　紧线准备工作

序号	操作方法及说明
1	检查耐张段内拉线是否齐全牢固，地锚底把有无松动
2	检查导线有无损伤、交叉混淆、障碍、卡住等情况，接头是否符合要求，是否已挂滑轮且导线已在轮内；检查电杆有无倾斜，杆头金具、绝缘子是否缺件等
3	紧线工具（紧线器、耐张线夹、铝包带、绑线、活络扳手、头、登杆工具、挂紧线器用的8#铅丝或6～10mm的钢筋等）应准备齐全并运到现场，操作人员应全部到达指定现场
4	紧线操作人员、观察导线弧垂的人员、指挥人员等应全部到达指定地点，并做好准备

② 紧线操作　紧线操作的方法及步骤见表7-12。

表 7-12　紧线操作的方法及步骤

序号	操作方法及说明
1	操作人员登上杆塔，将导线末端穿入紧线杆塔上的滑轮后，把导线端头顺延在地下，一般先由人力拉导线，然后再用牵引绳将导线拴好、拴紧
2	紧线前，将与导线规格对应的紧线器预先挂在与导线对应的横担上，同时将耐张线夹及其附件、绑线、铝包带、工具等用工具袋带到杆上挂好。 紧线器的优点在于牵引取掉后仍可随意调节导线的松紧，因此是一种常用的方法
3	通过规定的信号在紧线系统内（始端、中途杆上、垂度观察员、牵引装置等）进行最后检查和准备工作，一切正常后即可由指挥者发出准备启动牵引装置的命令，准备就绪后即可启动牵引装置。牵引速度宜慢不宜快
4	弧垂一般由人肉眼观察，必要时应用经纬仪观察。弧垂观测挡的选择原则如下。 ①紧线段在5挡以下时，靠近中间选择一挡 ②紧线段在6～12挡时，靠近两端约1/4处各选择一挡 ③紧线段在12挡以上时，靠近两端1/4处及中间各选一挡 ④观测挡宜选挡距较大和悬挂点高差较小的档距，若地形特殊应适当增加观测挡

7.1.6　在绝缘子上固定导线

(1) 技术要求

导线在针式及蝶式绝缘子上的绑扎固定，通常采用绑线缠绕法，其技术要求见表7-13。

表 7-13　导线在绝缘子上固定的技术要求

序号	技术要求及说明
1	导线的固定必须牢固可靠，不得有松脱、空绑等现象
2	对于直线杆塔，导线应安装在针式绝缘子或直立瓷横担的顶槽内；水平瓷横担的导线应安装在端部的边槽上；采用绝缘子串悬挂导线时，必须使用悬垂线夹
3	直线角度杆，导线应固定在针式绝缘子转角外侧的脖子上
4	直线跨越杆，导线应固定在外侧绝缘子上，中相导线应固定在右侧绝缘子上（面向电源侧）。导线本体不应在固定处出现角度
5	绑扎铝绞线或钢芯铝绞线时，应先在导线上包缠两层铝包带，包缠长度应露出绑扎处两端各15mm，如图7-16所示
6	绑扎方式应按标准要求进行，绑线的材质应与导线相同
7	绑扎固定时，应先观察前后档距弧垂是否一致，否则应先拉动导线使其基本一致后，再进行绑扎，绑扎必须紧固

(2) 在针式绝缘子上固定导线

架空线路由于所使用的杆型及受力情况不同，导线在针式绝缘子或瓷横担上的固定方式也不一样，应根据具体的情况选择合适的固定方式。

① 直线跨越杆。其导线要固定在针式绝缘子顶槽内，边线的附线固定在针式绝缘子内

图 7-16 包缠铝包带

侧（电杆侧）边缘内；中间导线固定在外侧线侧内。

　　②直线杆。导线要固定在针式绝缘子或直立式瓷横担顶槽内；如为水平瓷横担，导线要固定在端部边槽内。

　　③转角杆。小于 30°的转角杆，导线要固定在转角外侧针式绝缘子的边槽内。

　　(3) 针式绝缘子的绑扎

　　针式绝缘子的绑扎步骤及方法，见表 7-14。

表 7-14 针式绝缘子的绑扎步骤及方法

步骤	操作方法	图　　示
1	绑扎前先在导线绑扎处包缠 150mm 长的铝箔带	
2	把扎线短的一端在贴近绝缘子处的导线右边缠绕 3 圈，然后与另一端扎线互绞 6 圈，并把导线嵌入绝缘子颈部嵌线槽内	
3	把扎线从绝缘子背后紧紧地绕到导线的左下方	
4	把扎线从导线的左下方围绕到导线右上方，并如同上法再把扎线绕绝缘子 1 圈	
5	把扎线再围绕到导线左上方	

步骤	操作方法	图　示
6	继续将扎线绕到导线右下方,使扎线在导线上形成"×"形的绞绑状	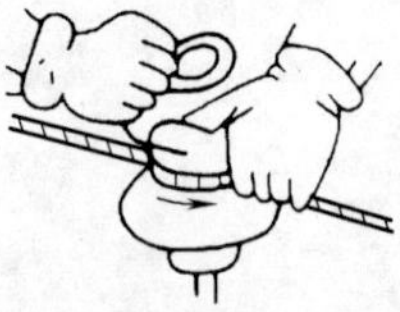
7	把扎线围绕到导线左上方,并贴近绝缘子处紧缠导线 3 圈后,向绝缘子背部绕去,与另一端扎线紧绞 6 圈后,剪去余端	

（4）蝶式绝缘子的绑扎

蝶式绝缘子直线支点绑扎法见表 7-15。

表 7-15　蝶式绝缘子直线支点绑扎法

步骤	操作方法	图　示
1	把拉紧的电线紧贴在蝶式绝缘子嵌线槽内,将绑扎线一端留出足够在嵌线槽中绕 1 圈和在导线上绕 10 圈的长度,并使绑扎线和导线成"×"状相交	
2	把盘成圈状的绑扎线,从导线右边下方绕嵌线槽背后缠至导线左边下方,并压住原绑扎线和导线,然后绕至导线右边,再从导线右边上方围绕至导线左边下方	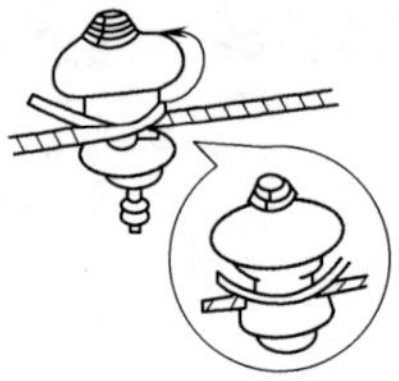
3	在贴近绝缘子处开始,把绑扎线紧缠在导线上,缠满 10 圈后剪去余端	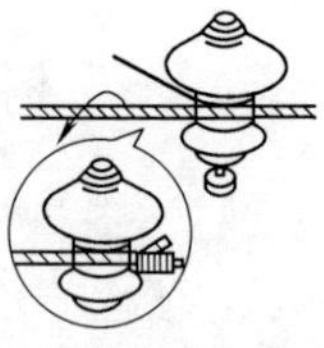
4	把绑扎线的另一端围绕到导线右边下方,也要从贴近绝缘子处开始,紧缠在导线上,缠满 10 圈后剪除余端	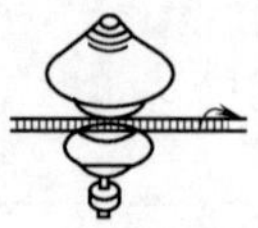
5	绑扎完毕	

蝶式绝缘子始端、终端的绑扎法见表7-16。

表7-16 蝶式绝缘子始端、终端的绑扎法

步骤	操 作 方 法	图 示
1	把导线末端在绝缘子嵌线槽内围绕一圈	
2	把导线末端压住第1圈后再围绕第2圈	
3	把绑扎线短端嵌入两导线并合处的凹缝中,绑扎线长端在贴近绝缘子处按顺时针方向把两导线紧紧地缠扎在一起	
4	绑扎完毕	

导线在绝缘子上固定时的注意事项见表7-17。

表7-17 导线在绝缘子上固定时的注意事项

序号	注 意 事 项
1	核实并检查绝缘子及连接金具(送电线路使用的铁制或铝制金属附件,统称为金具)的规格型号与导线的规格型号、电压等级是否相符
2	检查绝缘子的瓷质部分有无裂纹、硬伤、脱釉等现象;瓷质部分与金属部分的连接是否牢固可靠;金属部分有无严重锈蚀现象
3	擦拭绝缘子上的污迹
4	针式绝缘子顶槽绑扎时,顶槽应顺线路方向
5	针式绝缘子在横担上的固定必须紧固,且有弹簧垫
6	使用连接金具连接时,应检查其有无锈蚀破坏、螺纹脱扣等现象
7	不合格的绝缘子、金具不得在线路中使用
8	检查杆头有无遗漏工具、草屑、铁丝、绑线等物,应清除干净
9	杆头较复杂时,应检查导线与横担、拉线及相与相之间的安全距离是否符合要求
10	杆头有无其他不妥

7.2 电力电缆线路敷设

7.2.1 电力电缆线路施工基础

(1) 电力电缆线路施工搬运常识

① 两人或多人搬动电力电缆时,必须同时起立和放下,互相配合,以防损伤。上斜坡时,后面的人员应比前面的人员高,下坡时反之。

② 滚动电缆盘时，必须顺着电缆盘上的箭头指示或电缆的缠紧方向。要求有一人统一指挥和会使用控制棒的人员控制方向。

③ 懂得常用起重工具的工作原理和使用要领，电缆盘在滚动时，其滚动方向必须按顺着电缆的缠绕方向滚动，这样滚动电缆盘时，电缆应会越滚越紧，电缆就不会在滚动时被松下，脱落伤人或损坏电缆。

（2）敷设电力电缆的前期准备工作

① 根据设计提供的图纸，熟悉掌握各个环节，首先审核电缆排列断面图是否有交叉，走向是否合理，在电缆支架上排列出每根电缆的位置，作为敷设电缆时的依据。

② 为避免浪费，收集电缆到货情况，核实实际长度与设计长度是否合适，并测试绝缘是否合格，选择登记，在电缆盘上编号，使电缆敷设人员达到心中有数，忙而不乱，文明施工。

③ 制作临时电缆牌，其内容包括编号、规格、起点、终点等，如图 7-17 所示。

图 7-17 临时电缆牌

④ 工具与材料根据需要配备。

⑤ 沿敷设路径安装充足的安全照明，在不便处搭设脚架。

⑥ 根据电缆敷设次序表规定的盘号，电缆应运到施工方便的地点。

⑦ 检查电缆沟、支架是否齐全、牢固，油漆是否符合要求，电缆管是否畅通，并已准备串入牵引线，清除敷设路径上的垃圾和障碍。

⑧ 在电缆隧道、沟道、竖井上下、电缆夹层及转变处、十字交叉处都应绘出断面图，并准备好电缆牌、扎带。

⑨ 将图纸清册和次序表交给施工负责人，便于熟悉路径，在重要转弯处，安排有经验人员把关，准备好通信用具，统一联络用语。

⑩ 在扩建工程中若涉及进入带电区域时，应事先与有关部门联系办理作业票。

（3）电缆质量检查与验收的要求

电缆到达现场后，建设单位、监理单位、施工单位、供货商等有关人员应及时进行检查验收。验收时应按下列要求进行。

① 电缆型号、规格、电压等级、长度等是否符合订货要求。

② 材质证明资料是否齐全。

③ 电缆的外包装是否符合国家标准要求，产品标签应标明型号、规格、标准号、厂名和产地。

④ 电缆外皮上的标志是否齐全。

⑤ 检查电缆外皮是否受到损坏，封端是否严密。当外观检查有怀疑时，应进行潮湿判断或试验。

检查完毕，并确认符合验收条件时，应办理验收手续，然后方可使用。

(4) 电缆的敷设方法

电缆的敷设方法主要有以下三种。

① 机械拖放敷设。

② 机械牵引敷设。

③ 人工敷设。

(5) 高压电缆的敷设方式

高压电缆的敷设方式主要有直埋式、管道式和隧道式，见表 7-18。

表 7-18　高压电缆的敷设方式

敷设方式	说　明
直埋式	高压电缆直接敷设于地下，要求埋深不得低于 0.7m，穿越农田时不得小于 1m，在容易受重压的场所应在 1.2m 以下，并在电缆上下均匀铺设 100mm 厚的细砂或软土，并覆盖混凝土板等保护层，覆盖超出电缆两侧各 50mm；在寒冷地区，则应埋设在冻土层以下
管道式	将高压电缆敷设于预制的管路（如混凝土管）中，要求每隔一定距离配有人孔，用于引入和连接电缆，如电缆为单芯电缆，为减少电力损失和防止输送容量的下降，引起电缆过热，管材应采用非磁性或不导电的
隧道式	电缆敷设于专门的电缆隧道内桥架或支架上，电缆隧道内可敷设大量电缆，散热性好，便于维护检修，但工程量较大，一般只在城市内使用

(6) 直埋电缆的保护措施

直埋电缆的常用保护措施见表 7-19。

表 7-19　直埋电缆的常用保护措施

序号	类型	保护措施
1	机械损伤	加电缆导管
2	化学作用	换土并隔离（加陶瓷管）
3	地下电流	加套陶瓷管或采取屏蔽
4	振动	用地下水泥桩固定
5	热影响	用隔热耐腐材料隔离
6	腐殖物质	采取换土或隔离
7	虫鼠危害	加保护管等

7.2.2　电缆终端头和中间接头的制作

(1) 电缆终端头和中间接头的基本要求

与电缆本体相比，电缆终端和中间接头是薄弱环节，电缆终端和中间接头质量的好坏直接影响电缆线路的安全运行。为此，电缆终端和中间接头应满足表 7-20 的要求。

表 7-20　电缆接头的基本要求

序号	基本要求	说　明
1	导体连接良好	对于终端，电缆的芯线与出线杆、出线鼻子之间要连接良好；对于中间接头，电缆芯线要与连接管之间连接良好。 要求接触点的电阻小且稳定，与同长度同截面积导线相比，对新装的电缆终端头和中间接头，其接触电阻的比值要不大于 1；对已运行的电缆终端头和中端接头，其接触电阻的比值应不大于 1.2
2	绝缘可靠	要有能满足电缆线路在各种状态下长期安全运行的绝缘结构，所用绝缘材料不应在运行条件下加速老化而降低绝缘的电气强度
3	密封良好	结构上要能有效地防止外界水分和有害物质侵入到绝缘中去，并能防止绝缘内部的绝缘剂向外流失，避免"呼吸"现象发生，保持气密性
4	有足够的机械强度	能适应各种运行条件，能承受电缆线路上产生的机械应力
5	耐压合格	能够经受电气设备交流试验标准规定的直流（或交流）耐压试验
6	焊接好接地线	防止电缆线路流过较大故障电流时，在金属护套中产生的感应电压可能击穿电缆内衬层，引起电弧，甚至将电缆金属护套烧穿

（2）制作电缆终端头和中间接头需用的材料

① 分支手套和雨罩（采用硬质聚氯乙烯塑料制成）是制作电缆终端头所必需的材料。分支手套由软聚氯乙烯塑料制成，如图 7-18 所示。雨罩是保证户外电缆终端头有足够的湿闪络电压，其顶部有四个阶梯，使用时可按电缆绝缘外径大小，将一部分阶梯切除。

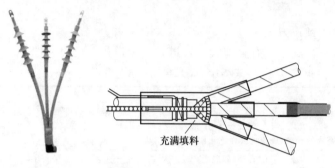

充满填料

图 7-18　分支手套

② 聚氯乙烯胶黏带，用于电缆终端头和中间接头的一般密封，但不能依靠它作长期密封用。

③ 自黏性橡胶带，是一种以丁基橡胶和聚异丁烯为主的非硫化橡胶，有良好的绝缘性能和自黏性能，在包绕半小时后即能自黏成一整体，因而有良好的密封性能。但它机械强度低，不能光照，容易产生龟裂，因此在其外面还要包两层黑色聚氯乙烯带作保护层。

④ 黑色聚氯乙烯带，这种塑料带比一般的聚氯乙烯带的耐老化性好，其本身无黏性且较厚，因而在其包绕的尾端，为防松散，还要用线扎紧。

（3）制作电缆终端头

制作电缆终端头的操作步骤及方法见表 7-21。

表 7-21　制作电缆终端头的操作步骤及方法

序号	步骤	操作方法	图　　示
1	剥除塑料外套	根据电缆终端的安装位置与连接设备之间的距离决定剥塑尺寸，一般从末端到剖塑口的距离不小于 900m	
2	锯铠装层	在离剖塑口 20mm 处扎绑线，在绑线上侧将钢甲锯掉，在锯口处将统包带及相间填料切除	

序号	步骤	操作方法	图　示
3	焊接地线	将 10～25mm² 的多股软铜线分为三股，在每相的屏蔽上绕上几圈。若电缆屏蔽为铝屏蔽，要将接地铜线绑紧在屏蔽上；若为铜屏蔽，则应焊牢	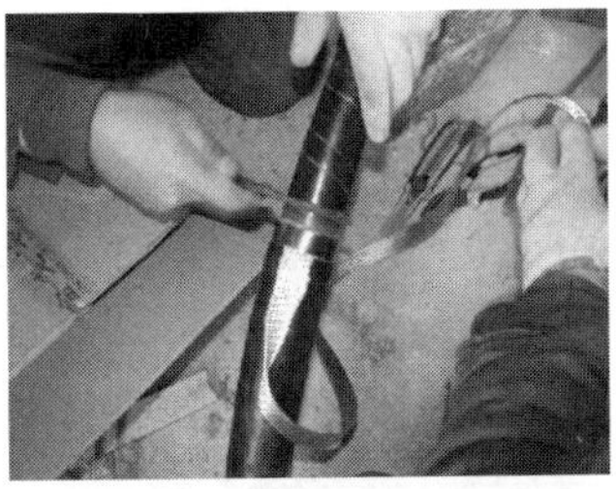
4	套手套	用透明聚氯乙烯带包缠钢甲末端及电缆线芯，使手套套入，松紧要适度。套入手套后，在手套下端用透明聚氯乙烯带包紧，并用黑色聚氯乙烯带包缠两层扎紧	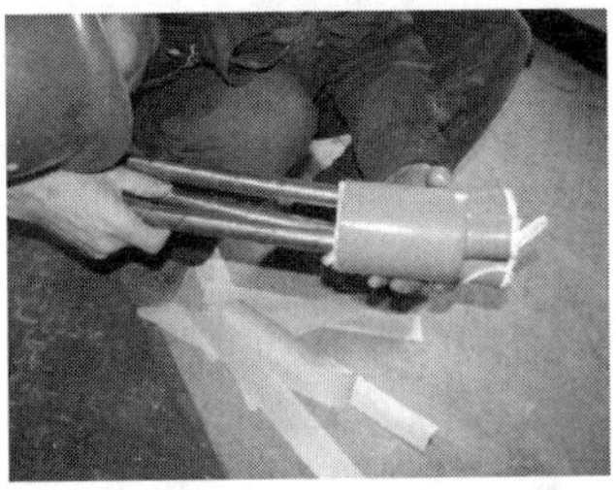
5	剥切屏蔽层	在距手指末端 20mm 处，用直径为 1.25mm 的镀锡铜丝绑扎几圈，将屏蔽层扎紧，然后将末端的屏蔽层剥除。屏蔽层内的半导体布带应保留一段，将它临时剥开缠在手指上，以备包应力锥	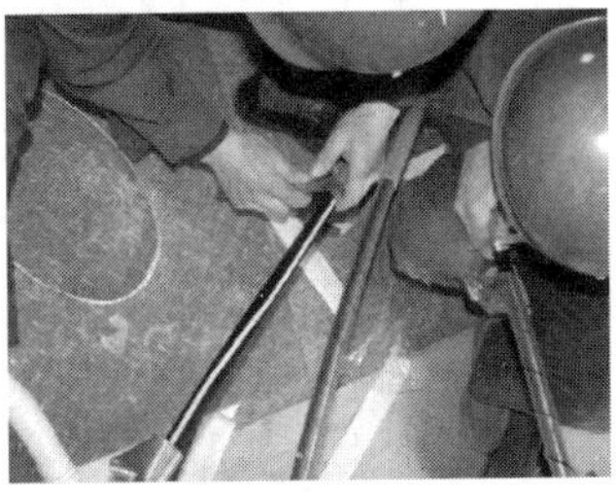
6	包应力锥	①用汽油将线芯绝缘表面擦拭干净，主要擦除半导体布带黏附在绝缘表面上的炭黑粉 ②用自黏胶带从距手指 20mm 处开始包锥。锥长 140mm，最大直径在锥的一半处。锥的最大直径为绝缘外径加 15mm ③将半导体布带包至最大直径处，在其外面，从屏蔽切断处用 2mm 铅丝紧密缠绕至应力锥的最大直径处，用焊锡将铅丝焊牢，下端和绑线及铜屏蔽层焊在一起（铝屏蔽则只将铅丝和镀锡绑线焊牢） ④在应力锥外包两层橡胶自黏带，并将手套的手指口扎紧封口	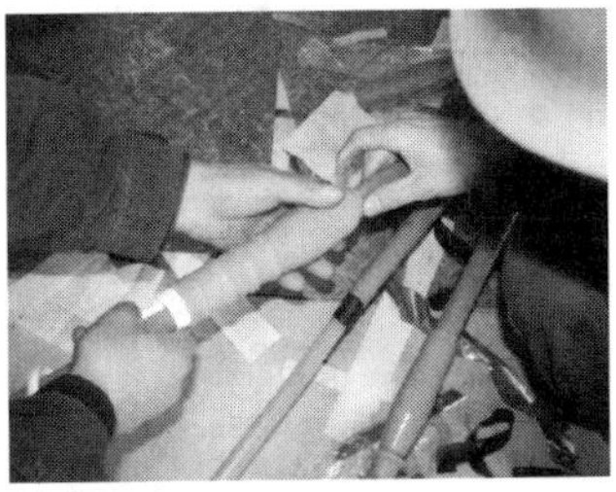
7	压接线鼻子	在线芯末端长度为线鼻子孔深加 5mm 处剥去线芯绝缘，然后进行压接。压好后用自黏橡胶带将压坑填平，并用橡胶自黏带绕包线鼻子和线芯，将鼻子下口封严，防止雨水渗入芯线	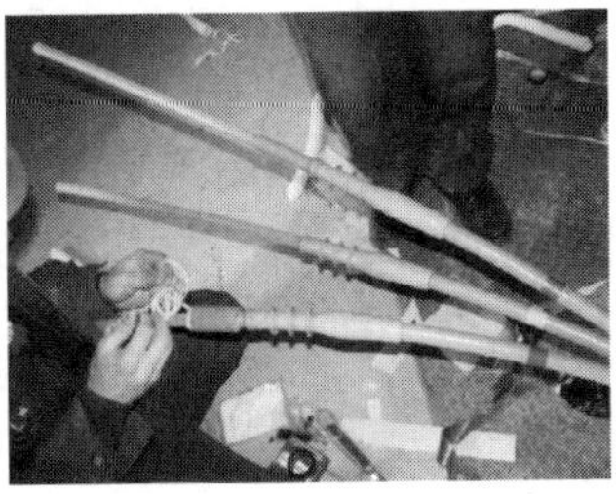
8	包保护层	从线鼻子到手套分岔处，包两层黑色聚氯乙烯带。包缠时，应从线鼻子开始，并在线鼻子处收尾	

序号	步骤	操作方法	图　示
9	标明相色	在线鼻子上包相色塑料带两层，标明相色，长度为80～100mm。也应从末端开始，末端收尾。为防止相色带松散，要在末端用绑线绑紧	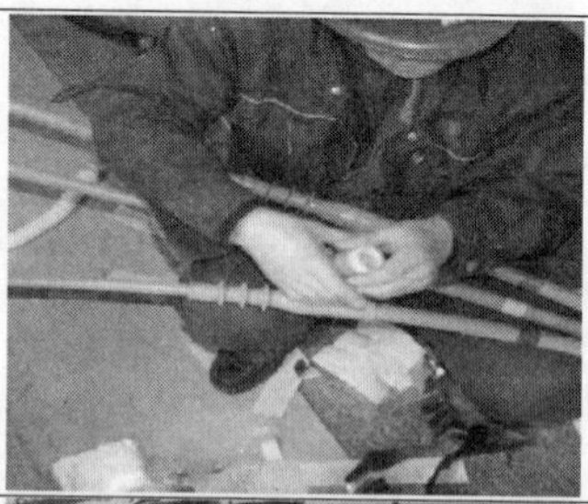
10	套防雨罩	对户外电缆终端头还应在压接线鼻子前先套进防雨罩，并用自黏橡胶带固定，自黏带外面应包两层黑色聚氯乙烯带。从防雨罩固定处到应力锥接地处的距离要小于400mm	

（4）制作电缆中间接头

10kV电缆中间接头制作的步骤及方法见表7-22。

表7-22　制作电缆中间接头的步骤及方法

序号	步骤	操作方法	图　示
1	切割电缆	将待接头的两段电缆自断口处交叠，交叠长度为200～300mm；量取交叠长度的中心线并做记号，同时将黑色填充保留后翻，不要割断	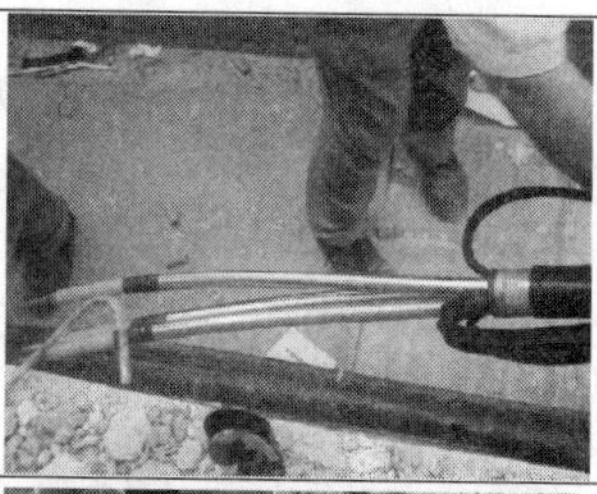
2	芯线处理	将热缩套件中（一长一短两根）直径最大的黑色塑料管分别套入两段电缆，然后处理线芯	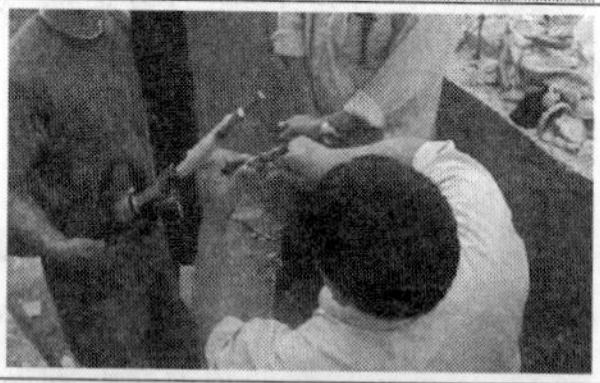
3	清洁半导层	用清洗剂清洁芯线（注意整个过程操作者的手要保持干净）	
4	套入应力控制管	包缠应力疏散胶，并套入应力控制管（图中的黑色短管）	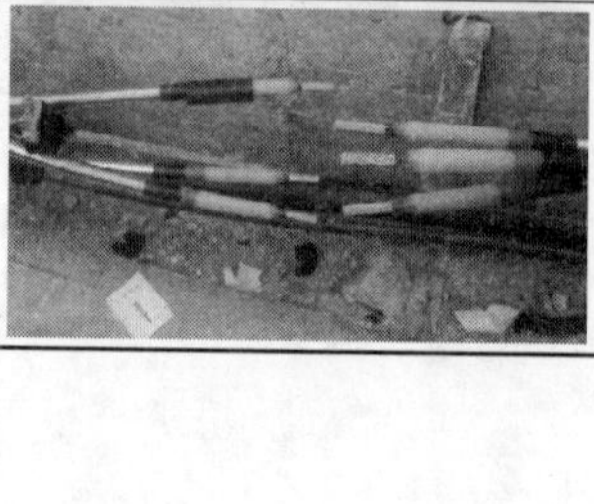

续表

序号	步骤	操作方法	图　示
5	烘烤应力控制管	用喷灯的火焰烘烤应力控制管,图中为已经烘好的应力管	
6	套屏蔽铜网	在长端尾部套入屏蔽铜网	
7	套绝缘材料和半导电管	在长端依次套入绝缘材料,短端套入内半导电管	
8	压接芯线	用压接钳压接芯线,注意压接质量	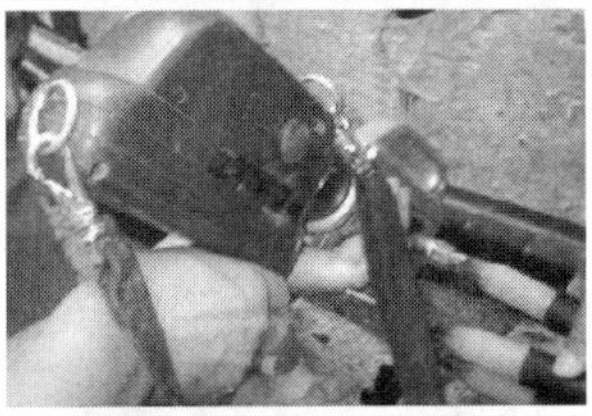
9	打磨压接头	用锉刀打磨压接头,以消除尖端放电	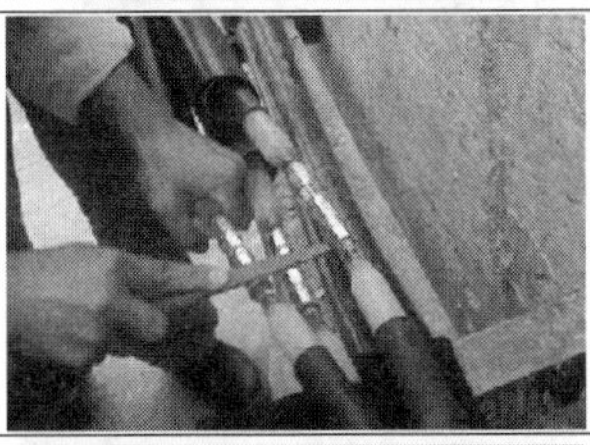
10	包绕半导电带	在接头上包绕黑色半导电带,包缠后接头处外径与主绝缘大小一致;在铅笔头上用红色应力胶填充,将铅笔头填满	
11	烘烤内半导电管	将短端已经套入的黑色内半导电管移至接头上烘烤收缩,用配套清洁剂清洁整个芯线的绝缘层和半导电管及应力管	

序号	步骤	操作方法	图　示
12	烘烤内绝缘	将套入长端最内层的红色内绝缘管移至接头上，在该管两管口部位包绕热熔胶，然后从中间向两端加热收缩	
13	烘烤外绝缘管	将套入长端第二层的红色外绝缘管移至接头上，在该管两管口部位包绕热熔胶，然后从中间向两端加热收缩，完成后在两端包绕高压防水胶布密封	
14	烘烤外半导电层	将套入长端最外层的黑色外半导电层移至接头上，在该管两管口部位包绕热熔胶，然后从中间向两端加热收缩	
15	套入铜网屏蔽	各相分别套入铜网屏蔽。将套入长端铜屏蔽网移至接头上，用手将屏蔽网在各相上整平，同时注意将铜网两端压在电缆原来的屏蔽层上，用锡焊焊接	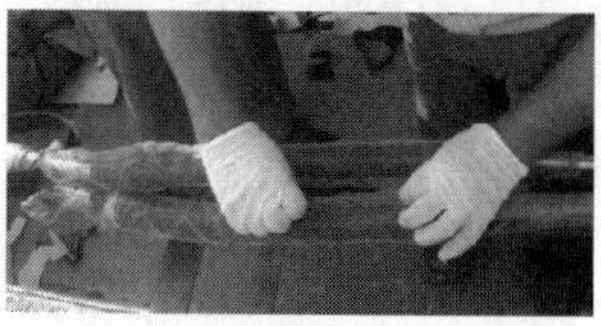
16	绑扎，整形	将原来切割电缆时翻起的填充物从新翻回，然后用白纱带将三相芯线绑扎在一起	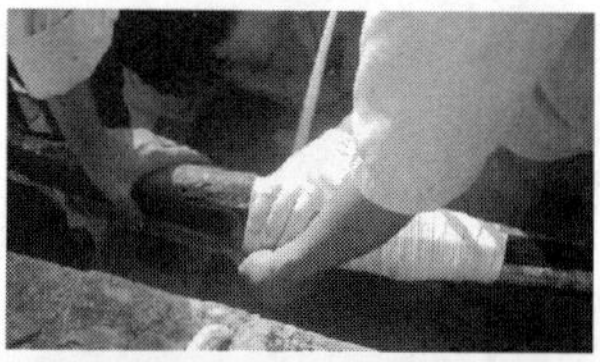
17	焊接地线	用附带的编织铜线将接头两端的保护钢铠连接（焊接）起来	
18	烘烤外护层	将一端电缆中早已套入的长外护套管移到超过压接套管位置时开始热缩；将另一端电缆中早已套入的短外护套管移到超过压接管位置，套住先收缩的长外护套管100mm时开始热缩	

续表

序号	步骤	操作方法	图　示
19	包缠封口	用黑胶布在外护套交叠处做包缠封口处理	

制作电缆接头的注意事项如下。

① 在电缆接头的制作过程中，应防止粉尘、杂物和潮气、水雾进入绝缘层内，严禁在多尘或潮湿的场所进行制作。电缆接头的制作应连续进行。在保证质量的前提下，作业时间越短越好，以免潮气侵入。操作时应戴医用手套和口罩，防止手汗和口中热气进入绝缘层。

② 在室内或充油电缆接头制作现场，应备有消防器材，以防火灾。

③ 制作电缆接头用的绝缘材料，应与电缆电压等级相适应，其抗拉强度、膨胀系数等物理性能与电缆本身绝缘材料的性能相近。橡胶绝缘和塑料绝缘电缆应使用黏性好、弹性大的绝缘材料。密封包扎用的绝缘材料，使用前要擦拭干净。

④ 连接电缆线芯用的金具，应采用标准的接线套管或接线端子，其内径应与线芯紧密配合，其截面积应为线芯截面积的 1.2～1.5 倍，并按要求进行压接。

⑤ 充油电缆有中间接头时，应先制作、安装中间接头，后制作、安装终端头；线路两端有落差时，应先制作、安装低位终端头。低压电缆终端头与中间接头之间的距离不应小于 50m。

⑥ 剥切电缆时不应损伤线芯和内层绝缘。用喷灯封铅或焊接地线时，操作应熟练、迅速，防止过热，避免灼伤铅包皮和绝缘层。

7.2.3　电力电缆线路敷设工艺

(1) 工艺流程

准备工作→直埋电缆敷设（电缆沿支架、桥架敷设）→铺砂盖砖→回填土→埋标桩→水平敷设→垂直敷设→挂标志牌→管口防水处理→剥麻刷油→挂标志牌。

(2) 准备工作

① 施工前应对电缆进行详细检查。规格、型号、截面积、电压等级均应符合设计要求，外观无扭曲、坏损及漏油、渗油等现象。

② 电缆敷设前进行绝缘摇测或耐压试验。1kV 以下电缆，用 1kV 兆欧表摇测线间及对地的绝缘电阻应不低于 10MΩ；3～10kV 电缆应事先做耐压和泄漏试验，试验标准应符合国家和当地供电部门的规定，必要时敷设前仍需用 2.5kV 兆欧表测量绝缘电阻是否合格。电缆测试完毕，油浸纸绝缘电缆应立即用焊料（铅锡合金）将电缆头封好，其他电缆应用聚氯乙烯带密封后再用黑胶布包好。

(3) 电缆敷设

1）直埋电缆敷设

① 清除沟内杂物，铺完底砂或细土。

② 电缆敷设。电缆敷设可用人力拉引或机械牵引。采用机械牵引可用电动绞磨或托撬（旱船法）。电缆敷设时，应注意电缆弯曲半径应符合规范要求，如图 7-19 所示。

电缆在沟内敷设应有适量的蛇形弯，电缆的两端、中间接头、电缆井内、垂直位差处均

(a) 人力拉引电缆

(b) 电缆弯曲半径

图 7-19　直埋电缆敷设

应留有适当的裕度。

③ 铺砂盖砖。电缆敷设完毕，应请建设单位、监理单位及施工单位的质量检查部门共同进行隐蔽工程验收。隐蔽工程验收合格，电缆上下分别铺盖 100mm 砂子或细土，然后用砖或电缆盖板将电缆盖好，覆盖宽度应超过电缆两侧 5cm。使用电缆盖板时，盖板应指向受电方向。

④ 回填土。回填土前，再做一次隐蔽工作检验，合格后，应及时回填土并进行夯实。

⑤ 埋标桩。电缆在拐弯、接头、交叉、进出建筑物等地段应设明显方位标桩。直线段应适当加设标桩。标桩露出地面以 15cm 为宜。

电缆地下埋设的注意事项如下。

a. 电缆敷设前，应沿全线检查电缆沟是否符合要求，合格后即铺细砂，铺砂完毕后，再沿全线检查，无不妥及无妨碍敷设电缆时，方可敷设电缆。

b. 电缆敷设完毕，应沿全线进行检查和整理。敷设在沟内的电缆应有一些波形余量，不要拽得特直，以防冬季遇冷收缩时损伤电缆；多根电缆同沟敷设，应排列整齐并调整好间隙，不得有交叉。沟内不得有石块及硬物。

c. 全部核查无误后，在电缆上面再盖一层细砂，在砂子上面铺盖一层红砖或水泥板，其宽度应超出电缆两侧各 50mm。向沟内回填软土时，应分层填好夯实，且覆盖土要高于地面 150～200mm，以防沉陷。

d. 在直埋电缆直线段每隔 50～100m 处、电缆接头处、转弯处、进入建筑物等处，应设置明显的方位标志或标桩。

e. 直埋电缆属于隐蔽工程，因此在直埋电缆敷设完毕后，应会同建设单位或监理单位进行检查验收，并办理隐蔽工程验收手续。

f. 电缆进入电缆沟、竖井、建筑物以及穿入管子时，出入口应封闭，管口应密封。有麻皮保护层的电缆，进入室内部分，应将麻皮剥掉，并涂防腐漆。

2）电缆沿桥架水平敷设

① 敷设方法可用人力或机械牵引。

② 电缆沿桥架或托盘水平敷设时，应单层敷设，排列整齐，如图 7-20 所示。不得有交叉，拐弯处应以最大截面电缆允许弯曲半径为准。

③ 不同等级电压的电缆应分层敷设，高压电缆应敷设在上层。

④ 同等级电压的电缆沿支架敷设时，水平净距不得小于 35cm。

图 7-20 电缆沿桥架水平敷设

3）电缆沿桥架垂直敷设

① 电缆垂直敷设，有条件的最好自上而下施工。在土建未拆吊车前，将电缆吊至楼层顶部。敷设时，同截面电缆应先敷设低层，后敷设高层。要特别注意，在电缆轴附近和部分楼层应采取防滑措施。

② 自下而上敷设时，低层小截面电缆可用滑轮大绳人力牵引敷设。高层、大截面电缆宜用机械牵引敷设。

③ 沿支架敷设时，支架距离不得大于 1.5m，沿桥架或托盘敷设时，每层最少加装两道卡固支架。敷设时，应放一根立即卡固一根。

④ 电缆穿过楼板时，应装套管，敷设完后应将套管用防火材料封堵严密，如图 7-21 所示。

图 7-21 电缆穿过楼板的防火处理

(4) 挂标志牌

① 标志牌规格应一致，并有防腐性能，挂装应牢固。

② 标志牌上应注明电缆编号、规格、型号及电压等级。

③ 直埋电缆进出建筑物、电缆井及电缆终端头、电缆中间接头处应挂标志牌。

④ 沿支架桥架敷设电缆在其首端、末端、分支处应挂标志牌。

7.3 配电变压器的安装

7.3.1 变压器安装要求及施工准备

(1) 变压器安装的安全要求

① 施工图及技术资料齐全无误。土建工程基本施工完毕，标高、尺寸、结构及预埋件

强度符合设计要求。

② 10kV 及以下变压器的外廓与周围栅栏或围墙之间的距离应考虑变压器运输与维修的方便，距离不应小于 1m；在需要操作的方向应留有 2m 以上的距离。

③ 地上安装的变压器变台的高度一般为 0.5m，其周围应装设不低于 1.7m 的栅栏，并在明显部位悬挂警告牌。

④ 315kV·A 及以下的变压器可采用杆上安装方式，其底部距地面不应小于 2.5m。

⑤ 杆上变台应平稳牢固，腰栏采用 $\phi4.0mm$ 的铁线缠绕 4 圈以上，铁线不应有接头，缠后应紧固，腰栏距带电部分不应小于 0.2m。

⑥ 杆上和地上变台二次侧的熔断器安装位置应满足以下要求。

a. 二次侧有隔离开关者，应装于隔离开关与低压绝缘子之间。

b. 二次侧无隔离开关者，应装于低压绝缘子的外侧，并用绝缘线跨接在熔断器两端的绝缘线上。

⑦ 杆上和地上变台的所有高低压引线均应使用绝缘导线。

⑧ 变压器安装在有一般除尘排风口的厂房附近时，其距离不应小于 5m。

(2) 变压器安装的主要机具

① 搬运吊装机具：汽车吊，卷扬机，吊链，三步搭，道木，钢丝绳，带子绳，滚杠。

② 安装机具：台钻，砂轮，电焊机，气焊工具，电锤，台虎钳，活络扳手，榔头，套丝板。

③ 测试器具：钢卷尺，钢板尺，水平尺，线坠，兆欧表，万用表，电桥及试验仪器。

7.3.2　变压器安装前的检查项目

(1) 密封性检查和绕组绝缘检查

在变压器运抵现场后，应及时按出厂技术文件（拆卸装箱清单一览表）清点全部附件，检查附件包装是否完整，有无碰损现象，变压器本体有无机械损伤，法兰螺栓有无缺损，各处密封是否严密良好，有无渗漏油现象。确认全部附件基本完好后，应进一步对变压器进行密封性检查和绕组绝缘试验。

1）密封检查

一般变压器的密封检查仅限于外观检查，只要外部无渗漏油的痕迹，即可认为该变压器密封良好。

对于充高纯氮运输的变压器，到达现场后氮气压力不低于 9.8kPa 时，可认为油箱密封良好。

2）绝缘试验

绕组绝缘试验是在油箱充满变压器油的情况下，测量各电压等级绕组的绝缘电阻和吸收比，介质损失角正切值和变压器油箱内油的绝缘强度，如图 7-22 所示。当变压器不带套管运输时，可打开套管法兰把绕组引线抽出来，用绝缘棒、塑料带固定起来进行测量。试验时，注意记录环境温度，以便对实测结果进行换算，用来和变压器出厂值比较。

3）绝缘判断

经过以上绕组绝缘试验和密封检查就可以对变压器进行绝缘判断。如果绝缘合格，可以继续进行吊芯检查和安装。如果绝缘不合格，则需要干燥处理。实质上，这是确定是否可以不经干燥把变压器投入电网运行的问题，绝缘判断要对各项指标做综合分析。一般 35kV 带

图7-22 变压器绝缘测试

油运输的变压器不经干燥投入运行的条件如下。

① 变压器密封良好。

② 油箱内变压器油的击穿电压不低于35kV。

③ 变压器油内不含水分。

④ 绝缘电阻值不低于制造厂所测数值的70%，介质损失角正切值不超过制造厂所测数值的130%。

⑤ 当测量时的温度与制造厂测量时的温度不同时，应对测量值进行换算。

35kV以上电压等级的变压器不经干燥投入运行的条件更为严格。

绝缘判断是非常重要的，只有根据绝缘判断的结果，才能确定变压器是否需要干燥，据此才能最后确定安装方案。从这个意义上来说，绝缘检查应尽早进行。

(2) 附件检查

1) 套管的检查

① 套管的瓷件应完整无损，表面和内腔要擦拭干净。

② 充油套管要试油压检漏。在套管内加0.15MPa的油压，3h应无渗漏油。检查渗漏时要拆下套管下部的均压罩，仔细检查下端有无渗漏。

③ 套管电气试验合格。瓷套管和带有附加绝缘的套管应做工频耐压试验。充油套管应做绝缘电阻、介质损失角正切值试验和绝缘油电气试验，有条件时应做工频耐压试验和绝缘油的气相色谱分析。

④ 套管附属的绝缘件应经干燥处理（浸油运输的绝缘件可不处理）。

⑤ 充油套管应充油至正常油位。

2) 潜油泵检查

① 外观检查无渗漏油，视孔玻璃应完好。

② 用0.2～0.3MPa油泵试漏检查，3h应无渗漏油。

③ 应做绝缘电阻和工频耐压试验，有条件时可做空载和转速试验。

3) 气体继电器检查

除外观检查外，要做0.05MPa油压试漏检查，并要按继电保护要求做流速整定、绝缘电阻试验。

4) 风扇电动机检查

除外观检查外，要做绝缘电阻和工频耐压试验。有条件时可做空载和转速试验。

5) 其他附件的检查

散热器（风冷却器、水冷却器）、储油柜、防爆筒、净油器等各附件内部应彻底清理干净，必要时，应用干净的变压器油冲洗，或用干燥清洁的压缩空气吹净。各附件还应按不同规定做 0.05～0.15MPa 的油压试漏检查，持续 3h 应无渗漏油。

注意：变压器附件经检查和电气试验合格后，应妥善保管，做好必要的防护措施，尤其是瓷件防止碰破，充油附件做好密封。根据工程进度和现场条件，适时地运到现场，摆放在适当位置准备安装。

（3）器身检查

器身检查是为了排除变压器在运输过程中对铁芯、绕组和引线所造成的损伤，处理制造过程中一时疏忽遗留的局部缺陷，清理油箱中的杂物。

电力变压器器身检查前一般要进行吊芯检查，吊芯检查对确保变压器安全运行非常重要。当运行中的变压器内部出现故障时，也需要进行必要的检查和修理。除制造厂有特殊规定的以外，所有变压器投入运行前必须做吊芯检查，如图 7-23 所示。制造厂有特殊规定者，1000kV·A 以下，运输过程中无异常情况者，短途运输，事先参与了厂家的检查并符合规定，运输过程中确认无损伤者，可不做吊芯检查。

图 7-23　变压器吊芯检查

吊芯检查应在气温不低于 0℃，芯子温度不低于周围空气温度、空气相对湿度不大于75％的条件下进行（器身暴露在空气中的时间不得超过 16h）。

吊芯检查的主要内容如下。

① 绕组绝缘检查。绕组绝缘完整，表面无变色、脆裂，各线圈排列整齐、间隙均匀，绝缘无移动变位，垫块完整无松动，油路畅通，引线绝缘良好，电气距离应符合要求。同时，用兆欧表测绝缘电阻。

图 7-24　测量铁芯绝缘电阻

② 铁芯检查。铁芯无变形，铁芯叠片绝缘无局部变色，铁芯叠片无烧损，油路畅通，铁芯接地良好，还要用兆欧表测量铁芯的绝缘电阻，如图 7-24 所示。

③ 机械结构检查。所有螺栓包括夹件、穿心螺杆、压包螺栓、拉杆螺栓、木件紧固螺栓等均应紧固且有防松措施。木质螺栓应无损伤，并有防松绑扎。

④ 调压装置检查。调压装置（如接地板、无励磁调压开关、有载调压开关）与分接引线连接正确、可靠。各分接触点清洁，接触压力适当。活动触点正确地停留在各个位置上，且与指示器的指示相符。调压装置的机械传动部件完整无损，动作正确可靠，并根据实际情况调节分接开关的位置，如图 7-25 所示。

图 7-25　调节分接开关

⑤ 电气测试。经器身检查后，应拆开铁芯接地片，做铁芯对上、下夹件（包括压包钢环）、穿心螺杆对夹件、铁芯的绝缘电阻检查和 1000V 工频耐压试验。当铁芯有外部接地套管时，最好做 2000V 工频耐压试验。有载调压变压器的选择切换开关及无载调压变压器的调节开关各触点应做接触电阻试验。

器身检查全部完成后，应做油箱的清理工作。排净油箱底部的残油，清理一切杂物。检查各个阀门和油堵的密封，检查阀门启闭指示应正确无误。

变压器器身检查注意事项如下。

a. 器身检查不论是采取吊芯或吊罩方法，起重所使用的器具和设备，事前必须经过检查，不准超载使用。绳扣的角度和吊重的位置，必须符合制造厂规定。起吊和落下时一定要加强监视，注意不得使芯子和油箱碰撞，起重工作应由富有经验的检修工人指挥。做电气试验时，要注意相互呼应，避免触电。器身恢复前，应认真清点工具和材料，仔细检查芯子，不得在芯子上遗留任何杂物。

b. 经器身检查后，要密封油箱，注满合格的变压器油。有条件时，对 110kV 及以上电压等级的变压器，要采用真空注油。

c. 器身检查工作要事先做好充分准备，明确分工，尽量提高工作效率，缩短器身在空气中暴露的时间。

d. 吊芯、复位、注油必须在 16h 内完成。吊芯检查完成后，要对油系统密封进行全面仔细检查，不得有漏油渗油现象。

7.3.3　室内变压器的安装

变压器安装工艺流程如下：

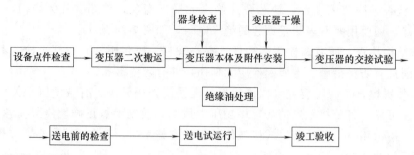

（1）设备点件检查

设备点件检查应由安装单位、供货单位会同建设单位代表共同进行，并做好记录。设备点件检查的主要项目如下。

① 按照设备清单、施工图纸及设备技术文件核对变压器本体及附件备件的规格型号是否符合设计图纸要求，是否齐全，有无丢失及损坏。

② 变压器本体外观检查无损伤及变形，油漆完好无损伤。

③ 油箱封闭是否良好，有无漏油、渗油现象，油标处油面是否正常，发现问题应立即处理。

④ 绝缘瓷件及环氧树脂铸件有无损伤、缺陷及裂纹。

（2）变压器二次搬运

变压器二次搬运是指从原设备库装运到变压器新的安装地点。变压器二次搬运应由起重工作业，电工配合。

① 根据变压器自身重量及吊装高度来决定采用何种搬运工具进行装卸。最好采用汽车吊吊装，也可采用吊链吊装。在农村交通不方便的地方，还得采用人力搬运，如图 7-26 所示。

图 7-26　变压器人力搬运

② 在搬运过程中，要注意交通路线情况，到达地点后要做好现场保护工作。

③ 变压器搬运时，应注意保护瓷瓶，最好用木箱或纸箱将高低压瓷瓶罩住，使其不受损伤。

④ 变压器搬运过程中，不应有冲击或严重振动情况。利用机械牵引时，牵引的着力点应在变压器重心以下，以防倾斜。运输时倾斜角不得超过 15°，防止内部结构变形。

⑤ 用千斤顶顶升大型变压器时，应将千斤顶放置在油箱专门部位。

（3）变压器稳装

变压器就位可用汽车吊直接吊进变压器室内（如图 7-27 所示），或用枕木搭设临时轨道，用三步搭、吊链吊至临时轨道上，然后用吊链拉入室内合适位置。

图 7-27　室内变压器稳装

变压器就位时，其方位和距离墙体的尺寸应与图纸相符，允许误差为 ±25mm，图纸无标注时，纵向按轨道就位，横向距墙不得小于 800mm，距门不得小于 1000mm。

油浸变压器安装时，应考虑能在带电的情况下，便于值班人员观察油枕和套管中的油位、上层油温、瓦斯继电器等。

(4) 变压器的附件安装

① 气体继电器安装　气体继电器应水平安装，观察窗应装在便于检查的一侧，箭头方向应指向油枕，与连通管的连接应密封良好。

截油阀应位于油枕和气体继电器之间。

事故喷油管的安装方位，应注意到事故排油时不致危及其他电气设备。

② 防潮呼吸器的安装　防潮呼吸器安装前，应检查硅胶是否失效，如已失效（浅蓝色硅胶变为浅红色，即已失效），应在 115～120℃ 温度下烘烤 8h。白色硅胶，不加鉴定一律烘烤。

防潮呼吸器安装时，必须将呼吸器盖子上橡皮垫去掉，使其通畅，并在下方隔离器具中装适量的变压器油，起滤尘作用。

③ 温度计的安装　套管温度计安装，应直接安装在变压器上盖的预留孔内，并在孔内加以适当变压器油。刻度方向应便于检查。

电接点温度计安装前应进行校验，油浸变压器一次元件应安装在变压器顶盖上的温度计套筒内，并加适当变压器油；二次仪表挂在变压器一侧的预留板上。

干式变压器一次元件应按厂家说明书位置安装，二次仪表安装在便于观测的变压器护网栏上。软管不得有压扁或死弯弯曲半径不得小于 50mm，富余部分应盘圈并固定在温度计附近。

干式变压器的电阻温度计，一次元件应预埋在变压器内，二次仪表应安装在值班室或操作台上，导线应符合仪表要求，并加以适当的附加电阻校验调试后方可使用。

④ 电压切换装置的安装　变压器电压切换装置各分接点与线圈的连线应紧固正确，且接触紧密良好。转动点应正确停留在各个位置上，并与指示位置一致。

电压切换装置的拉杆、分接头的凸轮、小轴销子等应完整无损；转动盘应动作灵活，密封良好。

电压切换装置的传动机构（包括有载调压装置）的固定应牢靠，传动机构的摩擦部分应有足够的润滑油。

有载调压切换装置的调换开关的触点及铜辫子软线应完整无损，触点间应有足够的压力，一般为 8～10kN（千牛顿）。有载调压切换装置的控制箱一般应安装在值班室或操作台上，连线应正确无误，并应调整好，手动、自动工作正常，挡位指示正确。

(5) 变压器接线安装

变压器安装接线可分为高压侧接线和低压侧接线，如图 7-28 所示。

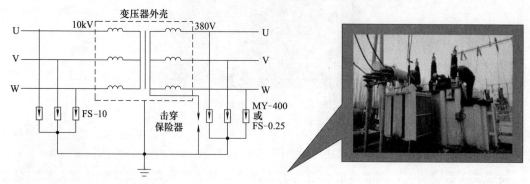

图 7-28　变压器接线图

(6) 变压器送电前的检查

变压器试运行前应做全面检查，必须由质量监督部门检查合格，确认符合试运行条件后方可投入运行。变压器试运行前的检查内容如下。

① 各种交接试验单据齐全，数据符合要求。

② 变压器应清理、擦拭干净，顶盖上无遗留杂物，本体及附件无缺损，且不渗油。

③ 变压器一、二次引线相位正确，绝缘良好。

④ 接地线良好。

⑤ 通风设施安装完毕，工作正常，事故排油设施完好，消防设施齐备。

⑥ 油浸变压器油系统油门应打开，油门指示正确，油位正常。

⑦ 油浸变压器的电压切换装置及干式变压器的分接头应处于正常电压挡位。

⑧ 保护装置整定值符合规定要求，操作及联动试验正常。

⑨ 干式变压器护栏安装完毕。各种标志牌挂好，门装锁。

(7) 变压器送电试运行

① 变压器第一次投入时，可全压冲击合闸，冲击合闸时一般可由高压侧投入。变压器第一次受电后，持续时间不应少于 10min，无异常情况。

② 变压器应进行 3～5 次全压冲击合闸，且无异常情况，冲击合闸时产生的瞬时励磁电流不应引起保护装置误动作。

③ 变压器试运行要注意冲击电流，空载电流，一、二次电压，温度，并做好详细记录。

④ 变压器空载运行 24h，无异常情况，方可投入负荷运行，同时应办理验收手续。

7.3.4　室外变压器的安装

(1) 变压器室外安装的方式

变压器室外安装方式有杆塔式、台墩式和地台式 3 种。

1) 杆塔式安装

杆塔式就是将变压器及其附属设备都装设在电杆及构架上，可分为单杆式、双杆式和三杆式 3 种。其中，单杆式仅适用于容量在 30kV·A 以下的配电变压器；双杆式使用较多，

适合于 $40\sim180$kV·A 的变压器，双杆式变压器台的结构如图 7-29 所示；三杆式变压器台对变压器的支撑与双杆式类似，只是将高压跌落熔断器另设一杆，使检修操作更安全，其缺点是造价较高。

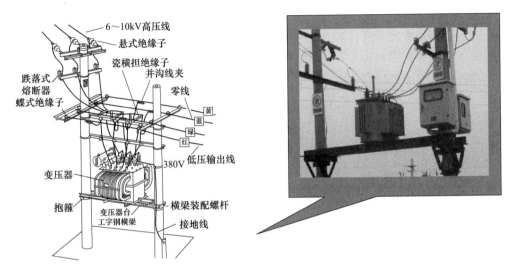

图 7-29　双杆式变压器台的结构

2）台墩式和地台式安装

地台式是将配电变压器装在砖、石块砌成的台上，如图 7-30（a）所示，这种安装方式适用于较大容量的配电变压器。安装变压器的台墩通常可做成一间配电室，这样可以节约投资，如图 7-30（b）所示。

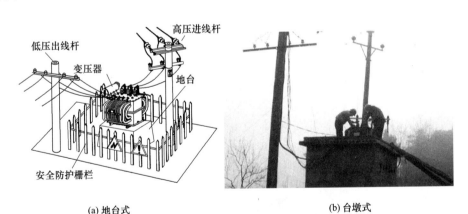

(a) 地台式　　　　　　　　　　　　　　　　(b) 台墩式

图 7-30　台墩式和地台式安装变压器

在台墩式和地台式变压器周围，应设置较大的围栏，其高度在 1.5m 左右，与变压器至少相距 $1.5\sim2$m。围栏外应挂上"高压危险，不许攀登"的标示牌，只有在停电后，操作人员才能进入围栏工作。

室外变压器安装注意事项如下。

① 油浸电力变压器的安装应略有倾斜。没有储油柜的一方向有储油柜的一方应有 $1\%\sim1.5\%$ 的上升坡度，以便油箱内意外产生的气体能比较顺利地进入气体继电器。

② 变压器各部件及本体的固定必须牢固。

③ 电气连接必须良好，铝导体与变压器的连接应采用铜铝过渡接头。

④ 变压器的接地一般是其低压绕组中性点、外壳及其阀型避雷器三者共有的接地，变压器的工作零线应与接地线分开，工作零线不得埋入地下，接地必须良好。接地线上应有可断开的连接点。

⑤ 变压器防爆管喷口前方不得有可燃物体。

⑥ 变压器的一次引线和二次引线均应采用绝缘导线。

⑦ 双杆柱上安装变压器，两杆的根开为 2m。配电变压器台架用两条或四条槽钢固定于两电杆上，台架距地面高度不低于 2.5m，台架的平面坡度不大于 1/100。腰栏应采用直径不小于 4mm 的铁线缠绕两圈以上，缠绕应紧牢，腰栏距带电部分不少于 0.2m。

⑧ 柱上变压器底部距地面的高度不应小于 2.5m，裸导体距地面高度不应小于 3.5m。

⑨ 落地式变压器台的高度一般不应低于 0.5m，其围栏高度不应低于 1.7m，变压器的壳体距围栏不应小于 1m，在有操作的方向应留有 2m 以上的宽度。

配电变压器安装要求可归纳为以下口诀。

> **配电变压器安装要求**
>
> 风餐露宿变压器，放在杆上或台上。
>
> 距地最少二米五，地台安装设围障。
>
> 若是经济能允许，箱式安装更妥当。
>
> 除非临时有用途，不宜露天地上放。
>
> 室内安放要通风，周围通道要适当。

(2) 变压器台架及上层部件的安装

为保证变压器的安全运行，户外配电变压器通常安装在固定的支承台架上。变压器台架主要由变压器支承台架、低压刀闸、跌落熔断器、避雷器横担、高低压引下线横担及耐张横担等基本构架组成。

变压器台架安装应注意以下几点。

① 变压器台架安装高度应符合规定，户外变压器台架 2.5m 以下不允许有攀登物。

② 安装加强型抱箍时，螺栓的安装方向应由内向外，螺栓应按规定收紧，如图 7-31 所示。

螺栓由内向外

图 7-31　加强型抱箍安装

③ 安装支承台时，由内向外分别安装内横担、外横担及撑铁，螺栓穿向应由内向外，调整台面水平后，将所有螺栓进行紧固，如图 7-32 所示。

图 7-32　支承台的安装

④ 起吊槽钢时，应尽量保持槽钢平衡提升。槽钢提升到支承台后，在事先加工好的螺孔中分别穿入加长螺栓并拧紧，如图 7-33 所示。

图 7-33　槽钢的固定

⑤ 安装踏脚板时，将踏脚板两端用绳索系好，固定于支承台上，连接螺栓插入方向应由下而上，如图 7-34（a）所示。台面安装完毕后，应用水平仪进行台架测平，尽量保持台架面水平，如图 7-34（b）所示。

(a) 安装踏脚板　　　　　　　　　(b) 台架水平测量

图 7-34　踏脚板安装及台架水平测量

⑥ 安装靠背时，螺栓插入方向一律由里向外，用扳手拧紧，使各连接点牢固可靠。注意靠背角铁应竖直，靠背扁铁应水平，如图 7-35 所示。

⑦ 低压刀闸横担、熔断器横担等台架上层部件的安装，如图 7-36 所示。支承横担的方

图 7-35　台架靠背的安装

向应与台架主、副杆连线方向垂直。低压刀闸横担与支承横担连接时，连接螺栓穿入方向应由下向上，且螺栓的连接应牢固。

图 7-36　台架上层部件的安装

(3) 低压刀闸和熔断器的安装

台架上层构架部件安装完毕，接下来进行低压刀闸、熔断器的安装。

安装低压刀闸时，应先连接低压刀闸上端部，再固定下端部。安装时应注意方向正确，连接牢固、可靠，动触点机构灵活，如图 7-37 所示。

图 7-37　低压刀闸的安装

高压跌落式熔断器的底部对地面的垂直距离不低于 4.5m，各相熔断器的水平距离不小于 0.5m，为了便于操作和熔丝熔断后熔丝管能顺利地跌落下来，跌落式熔断器的轴线应与垂直线成 15°～30°，如图 7-38 所示。

跌落式熔断器的熔丝应按照"配电变压器内部或高、低压出线管发生短路时能迅速熔

图 7-38　跌落式熔断器的安装

断"的原则来进行选择，熔丝的熔断时间必须小于或等于 0.1s。配电变压器额定容量在 100kV·A 以下者，高压侧熔丝的额定电流按变压器额定电流的 2～3 倍选择；额定容量在 100kV·A 以上者，高压侧熔丝的额定电流按变压器额定电流的 1.5～2 倍选择。变压器低压侧熔丝按低压侧额定电流选择。

（4）避雷器的安装

高压侧避雷器安装在高压熔断器与变压器之间，并尽量靠近变压器，但必须保持距变压器端盖 0.5m 以上，这样不仅减少雷击时引下线电感对配电变压器的影响，而且又可以避免整条线路停电进行避雷器维护检修，还可防止避雷器爆炸损坏变压器瓷套管等。

为了防止低压反变换波和低压侧雷电波侵入，应在低压侧配电箱内装设低压避雷器，从而起到保护配电变压器及其总计量装置的作用。避雷器间应用截面积不小于 25mm² 的多股铜芯塑料线连接在一起。为避免雷电流在接地电阻上的压降与避雷器的残压叠加作用在变压器绝缘上，可将避雷器的接地端、变压器的外壳及低压侧中性点用截面积不小于 25mm² 的多股铜芯塑料线连接在一起，再与接地装置引上线相连接。

避雷器的安装方法有两种。变压器位于室外，则通过金属支架直接将避雷器安装在小型变压器高压进线侧，如图 7-39（a）所示。变压器位于室内，避雷器可安装在穿墙套管外墙高压引入端，如图 7-39（b）所示。

避雷器的接线要尽量靠近变压器进行安装，接地线要与变压器低压侧的中性点及金属外壳连接在一起，如图 7-40 所示。

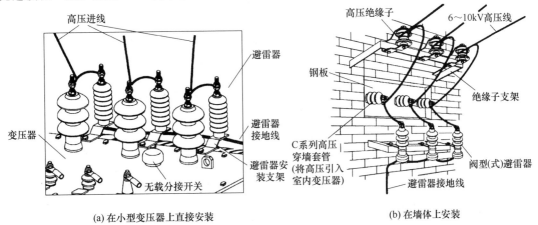

(a) 在小型变压器上直接安装　　　　　　(b) 在墙体上安装

图 7-39　避雷器安装示意图

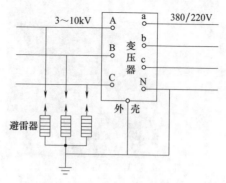

图 7-40　避雷器接线示意图

7.4　低压进户装置与配电箱的安装

7.4.1　低压进户装置的安装

低压进户装置是指由架空线引来的电源，通过墙外第一支持物引入总配电箱（柜）总开关的一段线路上的装置，这些装置是户内外线路的衔接装置。这段线路及装置通常在室内布线安装完毕之后再安装，也可先行安装完成后再安装室内线路。

低压进户装置通常由进户杆或者角钢支架、接户线、进户线和进户管等组成，如图7-41所示。

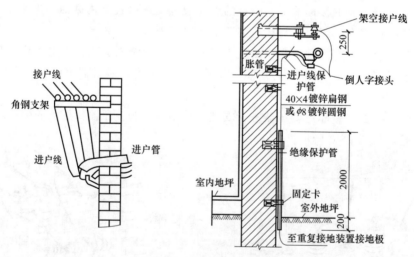

图 7-41　低压进户装置

从低压电力线路接户杆到室外用户集装箱的一段线路叫接户线；从户外集装箱出线端至用户配电装置的一段线路叫进户线。接户线与进户线通过集装箱和室内配电箱的配电装置向每个用户供电。

（1）接户线、进户线安装

接户线的几种做法如图 7-42～图 7-44 所示。

① 为使三相四线制线路的中性线电流不超过配变额定电流的 25%，生活照明接户线与

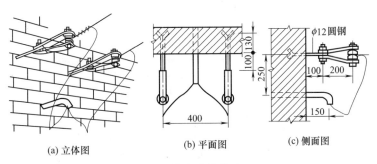

图 7-42 接户线的做法一

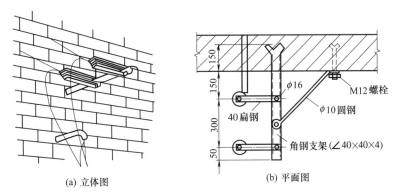

图 7-43 接户线的做法二

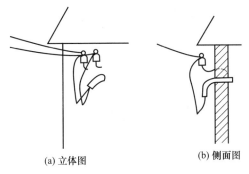

图 7-44 接户线的做法三

低压线路的接线点要求从线路首端起按三相 U、V、W 和 N 线的次序循环依次 T 接在相邻电杆上。

② 楼房居民区和商业区，因照明负荷较大，接户线采用四芯铜芯电缆以同一基电杆引 380/220V 电压，电缆用架空敷设或地下埋深，通过电缆接线盒，沿楼房段采用 BV 铜芯塑料线穿 PVC 管敷设，每 4～6 户引一相电源。导线截面积的选择要满足穿管后载流量要求，一般选 16～35mm² 导线。

电力电缆进户多用于城市住宅楼或住宅小区。带钢铠装的三相四芯电缆从配电变压器台或配电柜（箱）埋地敷设至用户电缆接线箱或集中电能表箱，并在此处重复接地，接地电阻不大于 4Ω，如图 7-45 所示。

③ 平房居民区，照明接户线沿墙敷设段要与通信线、电视线分开架设，交叉接近时其距离不小于 0.3m。导线要求用瓷绝缘子固定，两支持点不大于 6m。

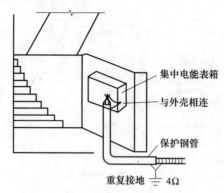

集中电能表箱

与外壳相连

保护钢管

重复接地 ⊥ 4Ω

图 7-45　电力电缆进户的做法

④ 平房的居民区，每户进户线导线选用 BVVLK 6mm² 两芯铝护套线，沿墙明敷的用 ∠40mm×5mm 角钢横担 PD-2 针式瓷绝缘子固定，两支持点不大于 6m。沿房檐明敷设的进户线用瓷珠固定，两支持点的距离不应大于 2m。进户线对地垂直距离不得低于 3m，进户端不小于 2.5m。进户线穿越砖时要通过 PVC 管，不得与通信线、电视线一起穿墙。

⑤ 沿墙和房檐敷设的进户线要与通信线、电视线分开敷设，交叉或接近时其距离不小于 0.3m。在楼房内的进户线，要求布线用 BV6mm² 铜芯塑料线穿 PVC 管后沿墙敷设。管内穿线要求导线截面积总和（包括绝缘层）不应超过管内有效面积的 40%，最小管径不应小于 13mm。

⑥ 农村低压接户线从电杆下来到用户外第一支持点或集控箱距离不得大于 25m，沿墙敷设接户线两个支持点之间不超过 6m；接户和进户线要采用绝缘导线，接户线导线截面积为 6~10mm²，接户线对地距离不小于 2.5m，跨越街道、公路时对地距离为 5~6m；与阳台窗户水平和垂直距离不小于 0.8m；进户线进户时要有穿墙套管，进户线与广播通信线必须分开进户，穿墙管的滴水弯对地距离大于 2m。

（2）接户与进户线施工注意事项

① 施工放线时应作外表检查：绝缘护套线不得有机械损伤、漏芯，且无硬弯。放线时，谨防打卷扭折和其他损伤。紧线前，应使用摇表摇测每相对地之间的绝缘电阻。紧线时，每档接户线的弧垂应控制在 0.5~0.6m 之间。

② 接户与进户线在墙上敷设时，要求导线平直。导线始终端用茶台固定绑扎，中间段用瓷绝缘子"顶绑法"固定，转角处瓷绝缘子用"侧绑法"固定，在房檐布线用瓷珠绑扎固定。

瓷绝缘子、瓷珠与导线固定用纱包铁芯线绑扎。接户、进户线穿墙，集装箱进出端应做滴水弯，如图 7-46 所示。

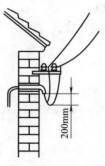

200mm

图 7-46　滴水弯

③ 接户线与带电主干线接线时，应在停电的情况下进行，应注意线路的相序，防止相线与中性线错接。

7.4.2 电能表的选用与安装

(1) 电能表的选用

① 单相电能表的选用 单相电能表多用于家用配电线路中，常用的有感应式机械电能表和电子式电能表，近年来广泛应用的是电子式电能表。

在选用电能表的容量或电流前，应先进行计算。一般应使所选用的电能表负载总瓦数为实际用电总瓦数的 1.25～4 倍。

② 三相电能表的选用 三相电能表主要用于三相动力配电电路中。按接线方式不同，三相电能表可分为三相四线制和三相三线制两种，按照负载容量和接线方式不同又分为直接式和互感器式两种。直接式常用于电流容量较小的电路中，常用规格有 10A、20A、50A、100A 等；互感式三相电能表的基本量程为 5A，可以按电流互感器的不同比率（变化）扩展量程，常用于电流较大的电路中。

三相电能表如果不配用电流互感器，则按照电能表额定电流为实际用电电流的 2～3 倍选用。

三相电能表如果配用电流互感器，电能表的额定电流必须是 5A。电流互感器可根据负载电流的大小选择变比，一般按负载电流为电流互感器额定电流的 2/3 左右选用。例如负载电流为 50A，则电流互感器变比可选 75/5；如负载电流为 70A，则电流互感器变比可选 100/5；如负载电流为 100A，则电流互感器变比可选 150/5。另外，电流互感器的准确等级一般选 1.0 级或 0.5 级。

(2) 安装电能表

1) 安装场所

居民住宅用户的电能表，一般应安装在下列场所。

① 居民住宅院或分散居民住宅，低压单相供电的，应明装设在住宅室外门口或墙壁上的防雨电能计量表箱内。

② 7 层以下单元居民住宅，应采用明装或暗装式表箱，集中装设在第一层楼梯间或第一至第二层楼梯转向处的墙壁上。

③ 高层建筑可每 5～10 层集中装于专用电能表箱内。

电能表在配电板中的一般安装位置如图 7-47 所示。

2) 安装接线

电能表安装接线时应按照仪表端钮盖上的接线图或说明书上相应接线图进行接线；对于直接接入式电能表接线时应注意接线方向，最好使用多股软铜线引入，再将螺钉拧入。

① 单相电能表的接线盒里共有 4 个接线柱（为了便于说明，从左到右按 1、2、3、4 编号），电能表的 1、3 号端子为电源进线；2、4 号端子为电源的出线，并且与开关、熔断器、负载连接，如图 7-48 所示。国产电能表统一采用这种接线方式。

② DS 型 5～10A 三相三线有功电能表直入式接线原理，如图 7-49（a）所示。导线与端子的连接，如图 7-49（b）所示。

③ DT 型 5～10A 三相四线有功电能表直入式接线原理，如图 7-50 所示。

④ DT 型 40～80A 三相四线有功电能表直入式接线原理，如图 7-51 所示。

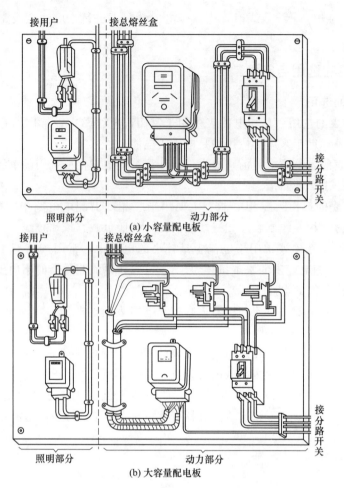

(a) 小容量配电板

(b) 大容量配电板

图 7-47　电能表在配电板中的一般安装位置

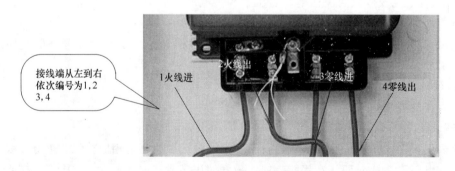

图 7-48　单相电能表接线

⑤ DS 型三相三线有功电能表配电流互感器的接线原理，如图 7-52 所示。

⑥ DS 型三相三线有功电能表配电压互感器、电流互感器的接线原理，如图 7-53 所示。

⑦ DT 型三相四线有功电能表配电流互感器的接线原理，如图 7-54 所示。

3）电能表安装注意事项

① 电能表的表身要安装端正，与地面保持垂直。电能表如有明显倾斜，容易造成计度不准、停走或空走等毛病，如图 7-55 所示。

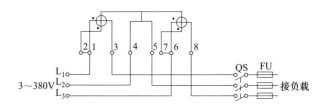

(a) 接线原理

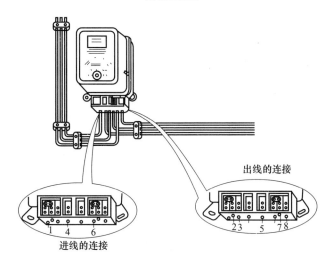

(b) 导线与端子的连接

图 7-49　DS 型 5～10A 三相三线有功电能表直入式接线

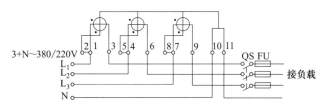

图 7-50　DT 型 5～10A 三相四线有功电能表直入式接线

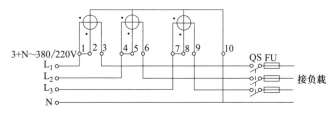

图 7-51　DT 型 40～80A 三相四线有功电能表直入式接线

② 电能表的安装高度应符合安全规定。在农村，电能表可适当挂得高一些，但要便于维护和抄表。

③ 电能表最好安装在配电箱中。

④ 接线要正确，接线盒内的接线柱螺钉要拧紧。

⑤ 三相电能表要按照规定的相序（正相序）接线。三相四线的零线必须进入电能表内，

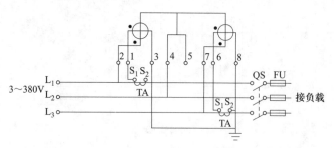

图 7-52 DS 型三相三线有功电能表配电流互感器的接线

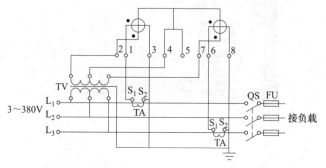

图 7-53 DS 型三相三线有功电能表配电压互感器、电流互感器的接线

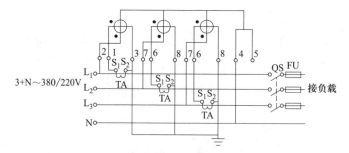

图 7-54 DT 型三相四线有功电能表配电流互感器的接线

图 7-55 电能表要安装端正

开关、熔断器应接于电能表的负载侧。

⑥ 与电能表相连接的导线必须使用铜芯绝缘导线，导线的截面积应能满足导线的安全载流量及机械强度的要求，导线中间不得有接头。

⑦ 更换电能表拆线时，先拆电源侧，后拆负荷侧；恢复时，先接负荷侧，后接电源侧。

⑧ 送电后，要仔细观察电能表运行是否正常。如运行正常，应按照规定正确加封印。

⑨ 电能表安装完毕后，用500V绝缘电阻表对线路进行绝缘摇测。摇测项目包括相线与相线之间、相线与零线之间、相线与地线之间、零线与地线之间的绝缘电阻。

7.4.3 配电柜（盘、箱）的安装

(1) 配电柜（盘）的检查

外观检查：柜（盘、箱）本体应无损伤及变形，油漆完整无损。

内部检查：电气装置及元件、绝缘瓷件齐全，无损伤、裂纹等缺陷。

安装前，应核对设备的编号是否与安装位置相符，按设计图纸检查其箱号、箱内回路号。柜门、箱门接地应采用软铜编织线、专用接线端子。

(2) 作业条件

配电柜（盘、箱）安装场所土建应具备内粉刷完成、门窗已装好的基本条件。预埋管道及预埋件均应清理好；场地具备运输条件，保持道路平整畅通。

(3) 配电柜（盘）定位

根据设计要求，现场确定配电柜（盘、箱）的安装位置以及现场实际设备安装情况，按照其外形尺寸进行弹线定位。

(4) 基础型钢安装

① 按图纸要求预制加工基础型钢架，并做好防腐处理，按施工图纸所标位置，将预制好的基础型钢架放在预留铁件上，找平、找正后将基础型钢架、预埋铁件、垫片用电焊焊牢。最终基础型钢顶部宜高出抹平地面10mm。

② 基础型钢安装完毕后，应将接地线与基础型钢的两端焊牢，焊接面为扁钢宽度的二倍，然后与柜接地排可靠连接。并做好防腐处理。

(5) 配电柜（盘）安装

① 柜（盘）安装，应按施工图的布置，将配电柜（盘）按照顺序逐一就位在基础型钢上。对单独配电柜（盘）的柜面和侧面的垂直度进行调整可用加垫铁的方法解决，但不可超过三片，并焊接牢固。成列配电柜（盘）各台就位后，应对柜的水平度及盘面偏差进行调整，应调整到符合施工规范的规定。

② 柜（盘）调整结束后，应用螺栓将柜体与基础型钢进行紧固。

③ 柜（盘）接地：每台柜（盘）单独与基础型钢连接，可采用铜线将柜内PE排与接地螺栓可靠连接，并必须加弹簧垫圈进行防松处理。每扇柜门应分别用铜编织线或多芯软线与PE排可靠连接，如图7-56所示。

图7-56 配电柜柜门接地

④ 柜（盘）顶与母线进行连接，要采用配套扳手按照要求进行紧固，接触面应涂中性凡士林。柜间母线排连接时，应注意母线排是否距离其他器件或壳体太近，并注意相位正确。

⑤ 控制回路检查：应检查线路是否因运输等因素而松脱，并逐一进行紧固，电气元件是否损坏。原则上柜（盘）控制线路在出厂时就进行了校验，不应对柜内线路私自进行调整，发现问题应与供应商联系。

⑥ 控制线校线后，将每根芯线煨成圆圈，用镀锌螺钉、眼圈、弹簧垫连接在每个端子板上。端子板的每侧，一般一个端子压一根线，最多不能超过两根。多股线应涮锡，不准有断股。

（6）配电箱安装

① 挂墙式配电箱可采用膨胀螺栓固定在墙上，但空心砖或砌块墙上要预埋燕尾螺栓或采用对拉螺栓进行固定。

② 安装嵌入式配电箱应预埋套箱，安装后面板应与墙面齐平，如图 7-57 所示。

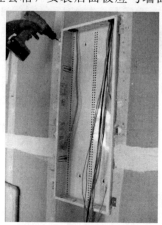

图 7-57 预埋套箱

7.5 防雷与接地装置的安装

7.5.1 电气设备的接地和接零

（1）接地的类型

为保护人身和设备的安全，电气设备一般应根据实际情况采取接地措施。接地的类型见表 7-23。

表 7-23 接地的类型

接地方式	说明	原理图
工作接地	在三相交流电力系统中，电源变压器低压中性点接地称为工作接地。采取工作接地，可减轻高压窜入低压的危险，减低低压某一相接地时的触电危险。 工作接地是低压电网运行的主要安全设施，工作接地电阻必须小于 4Ω	零点 L₁ L₂ L₃ 工作接地 接地体

续表

接地方式		说明	原理图
安全接地	保护接地	为了防止电气设备外露的不带电导体意外带电造成危险,将该电气设备经保护接地线与深埋在地下的接地体紧密连接起来的做法叫保护接地。 　　保护接地是中性点不接地低压系统的主要安全措施。在一般低压系统中,保护接地电阻应小于4Ω	
	防雷接地	为了防止电气设备和建筑物因遭受雷击而受损,将避雷针、避雷线、避雷器等防雷设备进行接地,叫做防雷接地	
	防静电接地	为消除生产过程中产生的静电而设置的接地,叫做防静电接地	
	屏蔽接地	为防止电磁感应而对电力设备的金属外壳、屏蔽罩、屏蔽线的外皮或建筑物金属屏蔽体等进行接地,叫做屏蔽接地	
	重复接地	三相四线制的零线(或中性点)一处或多处经接地装置与大地再次可靠连接,称为重复接地	
	共同接地	在接地保护系统中,将接地干线或分支线多点与接地装置连接,叫做共同接地	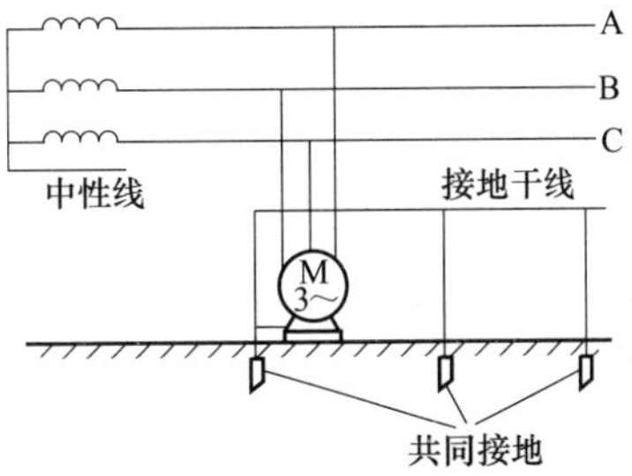

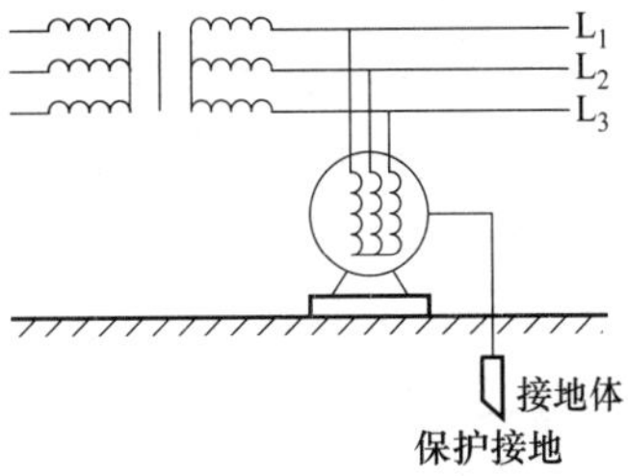

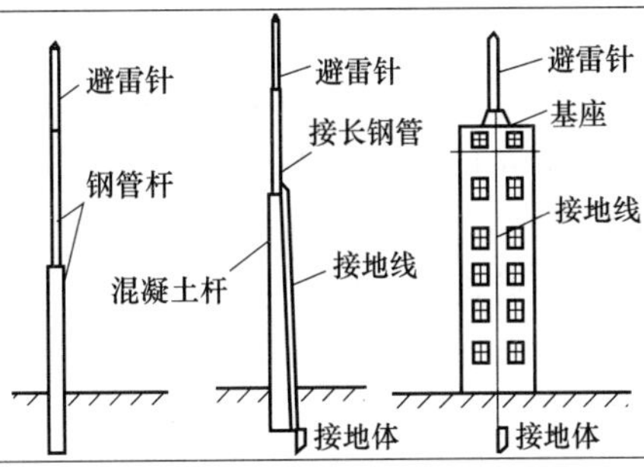

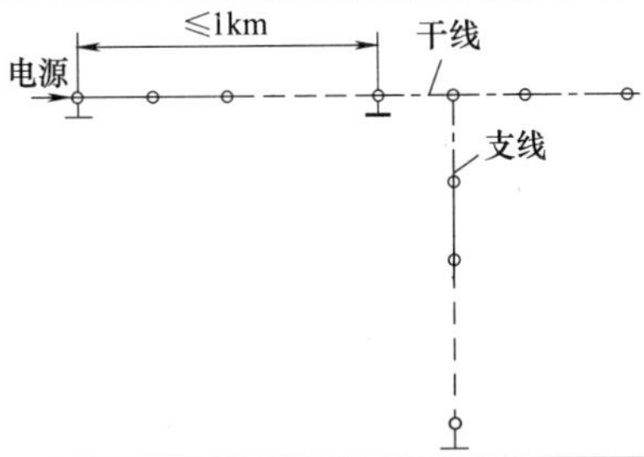

(2) 对接地装置的技术要求

为了保证接地装置起到安全保护作用,一般接地装置应满足以下要求。

① 低压电气设备接地装置的接地电阻不宜超过4Ω。

② 低压线路零线每一重复接地装置的接地电阻不应大于10Ω。

③ 在接地电阻允许达到10Ω的电力网中,每一重复接地装置的接地电阻不应超过30Ω,

但重复接地不应少于 3 处。

④ 接地线与接地体连接处一般应焊接。如采用搭接焊，其搭接长度必须为扁钢宽度的 2 倍或圆钢直径的 6 倍。如焊接困难，可用螺栓连接，但应采取可靠的防锈措施。

（3）接地保护的应用范围

在中性点不接地电网中，电气设备及其装置，除特殊规定要求外，均应采取接地保护，以防其漏电时对人体及设备构成危害。采用接地保护的电气设备及装置主要有：

① 电动机、变压器、电器、开关、携带式或移动式用电设备的金属底座及外壳。

② 电气设备的传动装置。

③ 互感器的二次绕组。

④ 配电屏、控制柜（台）、保护屏及配电箱（柜）等的金属外壳或构架。

⑤ 配电装置的金属构架、钢筋混凝土构架以及靠近带电部位的金属遮栏或围栏。

⑥ 电缆接头盒、终端盒的金属外壳，电缆保护钢管以及电缆的金属护套、屏蔽层、金属支架等。

⑦ 装避雷线的电力线路的杆塔。

⑧ 非沥青地面的居民区内，无避雷线的小电流接地架空电力线路的金属杆塔或钢筋混凝土杆塔。

电气设备的下列金属部分，除特殊规定要求外，可不接地。

① 在木质、沥青等不良导电地面的干燥房间内，交流额定电压 380V 及以下、直流额定电压 440V 及以下的电气设备外壳，但当维护人员可能同时触及电气设备外壳和接地物体时以及爆炸危险场所除外。

② 在干燥场所，交流额定电压 127V 及以下、直流额定电压 440V 及以下电气设备外壳，但爆炸危险场所除外。

③ 安装在屏、柜、箱上的电气测量仪表，继电器和其他低压电器的外壳以及当其发生绝缘损坏时，在支持物上不会引起危险电压的绝缘子金属底座。

④ 装在已接地的金属构架上的设备，如穿墙套管，但应保证其底座与构架接触良好。爆炸危险场所除外。

⑤ 额定电压 220V 及以下的蓄电池室内的金属支架。

⑥ 与已接地的机床机座、底座之间有可靠电气接触的电动机和电器的金属外壳，但危险爆炸场所除外。

⑦ 由工业企业区域内引出的铁路导轨。

⑧ 木杆塔、木构架上绝缘子的金具横担。如果电气设备在高处，作业人员必须登上木梯才能接近作业时，由于人体触及故障带电体的危险性较小，而人体同时触及带电体和电气设备外壳的可能性和危险性较大，一般不应采取保护接地措施。

（4）保护接零

把电气设备在正常情况下不带电的金属部分与电网的零线（或中性线）紧密地连接起来，称为保护接零。保护接零的方法适合于三相四线制供电系统（TN-C）和三相五线制供电系统（TN-S）。

① 在中性点接地的三相四线制供电系统（TN-C）中，保护零线（PE）与工作零线（N）合二为一，即工作零线也充当保护零线，如图 7-58 所示。

当电气设备绝缘损坏，金属外壳带电时，由于保护接零的导线电阻很小，相当于对中性

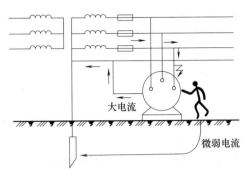

图 7-58 TN-C 系统保护接零原理图

线短路，这种很大的短路电流将使线路的保护装置迅速动作，切断电路，既保护了人身安全又保护了设备安全。

② 在三相五线制供电系统（TN-S）中，专用保护零线（PE）和工作零线（N）除在变压器中性点共同接地外，两根线不再有任何联系，严格分开，如图 7-59 所示。

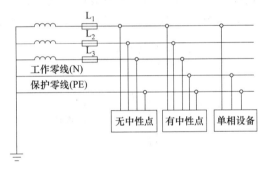

图 7-59 TN-S 系统的保护接零

(5) 保护接地与保护接零的比较

保护接地与保护接零的比较见表 7-24。

表 7-24 保护接地与保护接零的比较

比较		保护接地	保护接零
相同点		都属于用来保护电气设备金属外壳带电而采取的保护措施	
		适用的电气设备基本相同	
		都要求有一个良好的接地或接零装置	
区别	适用系统不同	适用于中性点不接地的高、低压供电系统	适用于中性点接地的低压供电系统
	线路连接不同	接地线直接与接地系统相连接	保护接零线则直接与电网的中性线连接，再通过中性线接地
	要求不同	要求每个电器都要接地	只要求三相四线制系统的中性点接地

7.5.2 接地装置的应用及安装

接地装置包括接地体和接地引线。接地体又分自然接地体与人工接地体两种，而接地引线则是与接地体可靠连接的导线，也称接地线。

(1) 自然接地体的应用

自然接地体包括直接与大地可靠接触的各种金属构件、金属井管、钢筋混凝土建筑物的基础、金属管道和设备（通过或储存易燃易爆介质的除外）、水工构筑物和类似构筑物的金属桩。交流电气设备应充分利用人工接地体，即可节约钢材和人工费用，又可降低绝缘电阻，但应注意以下几点。

① 利用自然接地体并外引接地装置时，应用不少于两根导体在不同地点与人工接地体可靠连接，但电力线路除外。

② 直流电力回路中，不应利用自然接地体接地。直流电力回路中专用的中性线、接地体和接地引线不应与自然接地体相连接。

③ 自然接地体的接地电阻符合要求时，一般不再设人工接地体，但发电厂和变电所及爆炸危险场所除外。当自然接地体在运行时连接不可靠或阻值较大不能满足要求时，应采用人工接地体。

④ 当利用自然、人工两种接地体时，应设置将自然接地与人工接地体分开的测量点。

（2）人工接地体的应用

人工接地体一般为垂直敷设，通常用 40～50mm 镀锌钢管或 40mm×40mm×4mm～50mm×50mm×5mm 的镀锌角钢或 25～30mm 的镀锌圆钢，长度一般为 2500～3000mm，垂直打入深约 0.8m 的沟内，如图 7-60 所示，其根数的多少及排列布置由接地电阻值决定。

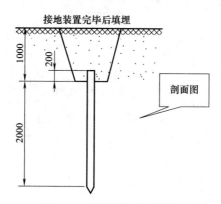

图 7-60　垂直接地体的设置

在多岩石地区，接地体可水平敷设，一般采用 40mm×4mm～50mm×5mm 的镀锌扁钢或 16～20mm 的镀锌圆钢，埋设在深 0.8m 的沟内，其布置排列图形及长度则由接地电阻值决定，常用的水平排列布置如图 7-61 所示。

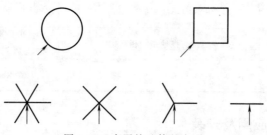

图 7-61　水平接地体的布置

（3）接地体的加工

根据设计要求的数量、材料规格进行加工，材料一般采用钢管和角钢切割。如采用钢管打入地下应根据土质加工成一定的形状，遇松软土壤时，可切成斜面形。

为了避免打入时受力不均使管子歪斜，也可加工成扁尖形；遇土质很硬时，可将尖端加工成锥形，如选用角钢时，角钢的一端应加工成尖头形状。

（4）接地线的应用

接地引线应尽量利用自然导体，如建筑物或构筑物的钢结构梁、柱、架，钢筋混凝土结构内部的主钢筋（连接时必须双面搭接焊），生产用的金属结构中的起重机轨道，配电装置的金属外壳，走廊、平台、电梯竖井内部的主筋，配线用的钢管、电缆金属构架、铅铝外皮等。

工业车间或其他场所如电气设备较多时，应设置接地干线。车间接地干线一般为沿车间四周墙体明设，距地 300mm，与墙有 15mm 的距离。材料一般为 15mm×4mm～40mm×4mm 的镀锌扁钢。

人工接地线的材料一般为镀锌扁钢 30mm×4mm～50mm×5mm 或 8～12mm 的镀锌圆钢，沿深 0.8m 的沟敷设，并与接地体可靠焊接并涂沥青漆（以沥青为主要成分的清漆）。

（5）接地线的安装

接地干线应与接地体的扁钢相连接，可分为室内与室外连接两种，室外接地干线与支线一般敷设在沟内。室内的接地干线多为明敷，但部分设备连接的支线需经过地面，也可以埋设在混凝土内。

1）室外接地干线敷设

① 首先进行接地干线的调直、测位、打眼、煨弯，并将断接卡子及接地端子装好。

② 敷设前按设计要求的尺寸位置先挖沟，然后将扁钢放平埋入。回填土应压实但不需打夯，接地干线末端露出地面应不超过 0.5m，以便接引地线。

2）室内接地干线明敷设

① 预留孔与埋设支持件。按设计要求尺寸位置，预留出接地线孔，预留孔的大小应比敷设接地干线的厚度、宽度各大出 6mm 以上。

② 支持件固定。根据设计要求先在砖墙（或加气混凝土墙、空心砖）上确定坐标轴线位置，然后随砌墙将预制成 50mm×50mm 的方木样板放入墙内待墙砌好后将方木样板剔出，然后将支持件放入孔内，同时洒水淋湿孔洞，再用水泥砂浆将支持件埋牢，待凝固后使用。现浇混凝土墙上固定支架，先根据设计图要求弹线定位，钻孔，支架做燕尾埋入孔中，找平正，用水泥砂浆进行固定。

3）明敷接地线安装

当支持件埋设完毕，水泥砂浆凝固后，可敷设墙上的接地线。将接地扁钢沿墙吊起，在支持件一端用卡子将扁钢固定，经过隔墙时穿跨预留孔，接地干线连接处应焊接牢固。末端预留或连接应符合设计要求。

7.5.3 防雷装置的安装

（1）防雷装置的作用

防雷装置也称避雷装置，主要有避雷针、避雷线（避雷网、接闪带）、避雷器和保护间隙等装置，各个装置的作用见表 7-25。

注意：避雷装置必须与接地装置可靠连接，才能有防雷作用。

（2）避雷针

避雷针不但能保护被保护物，还能保护被保护物周围一定范围内的建筑物，避雷针的保护范围是按一定规则经过计算确定的。

表 7-25　防雷装置的作用

装置名称	作　　　用
避雷针	主要用来保护高耸孤立的建筑物或构筑物及其周围的设施,也常用来保护室外的变配电装置,如变电所、站;避雷线常与架空线路同杆塔架设,用来保护架空线
避雷网	主要用来保护平顶且面积较大的建筑物
接闪带	一般常与避雷针、避雷网配合使用,用来保护高层建筑的立侧面,以避免受到侧雷击的侵害
避雷器	属于专用防雷设备,常与设备线路连接,用来保护线路、电气设备及其他电气设施,避免其过电压
保护间隙	是一种简易的防雷装置,可以自制,主要用来保护线路和电气设备

避雷针一般用直径为 25mm 的镀锌圆钢制成，长 2500mm，端部呈尖状，也可分叉设置。避雷针应垂直安装在被保护物的顶部，将避雷针的尾部用镀锌圆钢或镀锌扁钢经被保护物的四壁用支持物引下与接地装置可靠连接，如图 7-62 所示。避雷针的接地电阻一般不大于 10Ω。

图 7-62　安装避雷针

(3) 避雷线

避雷线不但能保护被保护线路，也能保护被保护线路周围一定范围内的设施，避雷线的保护范围是按一定规则经过计算确定的。

避雷线一般用直径为 $25\sim50mm^2$ 的镀锌钢绞线与架空线路同杆塔架设，架设方法及垂度要求与架空线路相同，并且在首尾及中间各部位与接地装置相连，接地电阻不大于 10Ω，最大不得超过 30Ω。与接地装置的连接可利用混凝杆的主筋或用镀锌圆钢或扁钢沿杆而下，也可用塔身金属件本身引下，与接地装置可靠连接。杆塔上部的引下线应与相线保持允许的安全距离，用塔身引下时，塔身螺栓连接的连接部位必须焊接跨接线，跨接线的截面积应不小于引下线的截面积。

在雷电活动频繁、雷电强度大、雷暴日多的地区，在雷击建筑物附近的交流供电线路，可按如图 7-63 所示的方法，对高压电力线以及变压器实施保护。

(4) 避雷网

避雷网是保护平顶或斜顶屋面且屋顶面积较大的建筑物的。先是沿屋顶边缘及凸出物、屋面凸出物的边缘设置避雷线，避雷线一般用 $12\sim16mm$ 的镀锌圆钢制成，并用同径圆钢或专用卡子支持，卡子间距一般为 $600\sim800mm$，如图 7-64 所示。

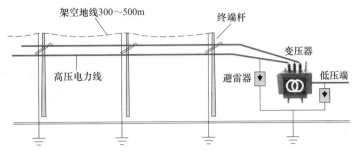

图 7-63　高压电力线路防雷保护示意图

图 7-64　在建筑物上设置避雷网示例

在屋顶同样用 12～16mm 镀锌圆钢将屋外分成 6m×6m 或 6m×10m 或 10m×10m 的方格，并与屋缘先设置的避雷线相焊接，再用专用支座将屋面的镀锌圆钢线网格支起，支座的间距一般为 1000～1200mm。

最后同样用 12～16mm 镀锌圆钢在屋面四角或两个角将做好的避雷网引至地下的接地装置，引下线与避雷网焊接后沿墙引下，并用专用支持卡子支好，卡子间距 2000～2500mm。引下线也可用钢筋混凝土柱子内的主筋代用，但连接必须可靠。

避雷网保护范围一般是自身，不必计算，但在设置避雷网的周围较之低的建筑也在保护范围内，设置避雷网的建筑物的侧面或四角处的保护范围可参考避雷针的保护范围进行估算。因此，建筑群内较低的建筑物一般可不设避雷网。

（5）接闪带

接闪带曾经称为避雷带，是用来保护高层建筑的立面或侧面免遭雷击的，它和屋顶的避雷网或避雷针一起组成了完整的避雷系统。

自建筑物 30m 高处及以上每三层沿建筑物四周设接闪带，接闪带一般用 12mm 圆钢或 12mm×4mm 扁钢铸入建筑物圈梁的外皮上（即拆模后应裸露在混凝土圈梁的外皮上），并与柱子的主筋可靠焊接。同时，建筑物四周墙壁上的金属窗、金属构架（物）必须与接闪带多点可靠连接。接闪带的保护范围同避雷网。

（6）避雷器

避雷器的工作原理简单地讲，就是这种装置设置在线路或电气设备上，当工作电压正常时，装置与地是绝缘的，当雷电侵入或电压增高时，装置与地由绝缘变成导通并击穿放电，将雷电流或过电压引入到大地，限制电压或电流，起保护作用。雷电或过电压过后，迅速恢复原来对地绝缘的状态，准备再次起保护作用。

避雷器一般分四种类型，见表 7-26。

表 7-26　避雷器的类型

类型	结构特点及应用	图　示
保护间隙	结构简单，但性能较差。一般常用于电压不高且不太重要的线路上或农村线路上	
管型避雷器	实际是一种具有较高熄弧能力的保护间隙，它由两个串联间隙组成。常用于 10kV 配电线路，作为变压器、开关、电容器、电缆头、套管等电气设备的防雷保护。适用于工频电网容量小、线路长、短路电流不大而雷电活动又很强且频繁的农村或山区	
阀型避雷器	结构复杂，常用于 3～550kV 电气线路、变配电设备、电动机、开关等的防雷保护。适用于交直流电网，不受容量、线路长短及短路电流的限制，工业系统中的变配电所、电气设备及线路都能使用	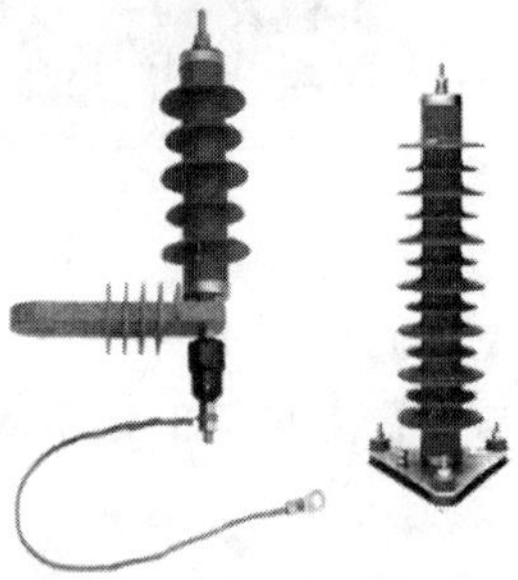
氧化锌避雷器	无放电延时，大气过电压作用后无工频续流，可经受多重雷击，残压低，通流容量大，体积小，重量轻，使用寿命长，运行维护简单，常用于 0.25～550kV 电气系统及电气设备的防雷及过电压保护，也适用于低压侧的过电压保护	

参 考 文 献

［1］　杨清德，沈文琴. 电气安装技能直通车. 北京：电子工业出版社，2013.

［2］　杨清德. 电工师傅的秘密之电工入门. 北京：电子工业出版社，2014.

［3］　杨清德. 就是要轻松：看图学家装电工技能（双色版）. 北京：机械工业出版社，2015.

［4］　孙克军. 袖珍电工技能手册. 北京：化学工业出版社，2016.

［5］　杨建新. 学会家装电工技能就这么容易. 北京：化学工业出版社，2014.

化学工业出版社电气类图书推荐

书号	书　名	开本	装订	定价/元
06669	电气图形符号文字符号便查手册	大 32	平装	45
15249	实用电工技术问答(第二版)	大 32	平装	49
10561	常用电机绕组检修手册	16	平装	98
10565	实用电工电子查算手册	大 32	平装	59
07881	低压电气控制电路图册	大 32	平装	29
12759	电机绕组接线图册(第二版)	横 16	平装	68
20024	电机绕组布线接线彩色图册(第二版)	大 32	平装	68
13422	电机绕组图的绘制与识读	16	平装	38
15058	看图学电动机维修	大 32	平装	28
12806	工厂电气控制电路实例详解(第二版)	16	平装	38
09682	发电厂及变电站的二次回路与故障分析	B5	平装	29
05400	电力系统远动原理及应用	B5	平装	29
20628	电气设备故障诊断与维修手册	16	精装	88
08596	实用小型发电设备的使用与维修	大 32	平装	29
10785	怎样查找和处理电气故障	大 32	平装	28
11271	住宅装修电气安装要诀	大 32	平装	29
11575	智能建筑综合布线设计及应用	16	平装	39
12034	实用电工电子控制电路图集	16	精装	148
12759	电力电缆头制作与故障测寻(第二版)	大 32	平装	29.8
13862	电力电缆选型与敷设(第二版)	大 32	平装	29
09381	电焊机维修技术	16	平装	38
14184	手把手教你修电焊机	16	平装	39.8
13555	电机检修速查手册(第二版)	B5	平装	88
19705	高压电工上岗应试读本	大 32	平装	49
22417	低压电工上岗应试读本	大 32	平装	49
12313	电厂实用技术读本系列——汽轮机运行及事故处理	16	平装	58
13552	电厂实用技术读本系列——电气运行及事故处理	16	平装	58
13781	电厂实用技术读本系列——化学运行及事故处理	16	平装	58
14428	电厂实用技术读本系列——热工仪表及自动控制系统	16	平装	48
23556	怎样看懂电气图	16	平装	39
23123	电气二次回路识图(第二版)	B5	平装	48
14725	电气设备倒闸操作与事故处理 700 问	大 32	平装	48
15374	柴油发电机组实用技术技能	16 开	平装	78
15431	中小型变压器使用与维护手册	B5	精装	88
23469	电工控制电路图集(精华本)	16	平装	88

以上图书由化学工业出版社　机械电气出版中心出版。如要以上图书的内容简介和详细目录，或者更多的专业图书信息，请登录 www.cip.com.cn。

地址：北京市东城区青年湖南街 13 号 （100011）

购书咨询：010-64518888

如要出版新著，请与编辑联系。

编辑电话：010-64519265

投稿邮箱：gmr9825@163.com